자동차 구조 교과서

COLOR ZUKAI DE WAKARU KURUMA NO MECHANISM
Copyright ⓒ 2013 MOTOO AOYAMA All right reserved.

No part of this book may be used or reproduced in any manner
whatsoever without written permission except in the case of brief quotations
embodied in critical articles and reviews.

Originally published in Japan in 2013 by SB Creative Corp.
Korean Translation Copyright ⓒ 2015 by BONUS Publishing Co.
Korean edition is published by arrangement with SB Creative Corp. through BC Agency.

이 책의 한국어판 저작권은 BC 에이전시를 통한 저작권자와의 독점 계약으로 보누스출판사에 있습니다.
저작권법에 의해 한국 내에서 보호를 받는 저작물이므로 무단전재와 무단복제를 금합니다.

자동차 구조교과서

How ○ Your ○ Car ○ Works

**전문가에게 절대 기죽지 않는
자동차 마니아의 메커니즘 해설**

아오야마 모토오 지음 | **김정환** 옮김 | **임옥택** 감수

보누스

머리말

최근 젊은이들의 운전면허 취득률이 떨어지고 있다고 한다. 얼마 전까지만 해도 자동차는 데이트 필수 아이템으로 통했으며, 자동차를 모는 일 자체가 즐겁다는 젊은이도 많았다. 자동차가 없으면 여자 친구를 사귀기가 불가능하다는 말까지 있을 정도였다. 그러나 지금은 자동차 말고도 즐길 거리가 무궁무진하다. 애초에 도시에 살고 있으면 대중교통이 발달한 덕분에 자가용이 없어도 그다지 불편을 느끼지 않는다. 게다가 자동차는 유지비가 들어간다.

젊은이들이 자동차를 멀리하면서 자동차의 실용성이 주목받기 시작했다. 아이를 데리고 이동해야 하는 가족들이 자동차 소비 시장의 주류로 떠오르면서, 자동차를 실용성이라는 측면에서 바라보는 시각이 크게 형성된 것이다. 자동차 제조사는 판매가 최우선이므로 이동의 편리함과 실용성을 전면에 내세운 자동차를 상품 라인업에 가득 채워놓았고, 주행성이 장점인 자동차는 만들어도 팔리지 않기 때문에 점점 사라지고 있다.

그러나 고령화와 저출산, 인구 감소 때문에 자동차 제조사도 불안감을 느끼고 있다. 자동차에 흥미를 잃은 요즘 젊은이가 가정을 이루었을 때 과연 자동차를 구매할 것이냐는 질문에 그들은 선뜻 대답을 할 수가 없다. 그래서 몇몇 제조사는 자동차를 운전하는 일이 즐겁다는 사실을 젊은이들에게 알려주려고, 주행성이 뛰어난 자동차를 만들고 있다. 젊은 사람들이 그 차를 사고 있는지는 알 수 없지만 판매 성적은 좋다는 평이다.

그렇다. 자동차 자체를 좋아하는 사람은 아직도 있다. 주행이 즐거운 자동차를 타고 싶지만 가족을 위해 실용적인 자동차를 선택하는 사람도 있을 것이다. 수치만 놓고 보자면 적은 수일지도 모르지만, 그들이야말로 자동차를 진심으로 사랑하는 사람들이다. 그리고 이 책을 손에 든 여러분도 그런 사람들 중 한 명일 것이다.

이처럼 자동차를 진심으로 사랑하는 사람들을 위해, 이 책에서는 기초 중의 기초부터 자동차를 설명한다. 시중에는 자동차 메커니즘을 해설한 책이 많으며, 그 책들은 여러 가지 방법으로 자동차의 구조를 설명한다. 하지만 이 책은 구조를 설명하는 일에서 한발 더 나아가 '왜', '어떻게 해서'와 같은 원리부터 차근차근 설명한다.

이 책은 타이어가 회전하면 왜 자동차가 앞으로 나아가는지, 연료가 타면 왜 힘이 발생하는지 같은 이야기로 시작한다. 당연한 일이라고 생각할지 모르지만, 그 원리를 알면 자동차의 메커니즘을 더욱 깊게 이해할 수 있다. 예를 들어 왜 타이어의 회전을 늦추면 자동차가 감속하는지 그 원리를 알면 ABS의 역할을 쉽게 이해할 수 있다.

기본 원리를 이해하려면 아무래도 물리학을 동원해 설명해야 한다. 하지만 물리학이라고 해도 어려운 내용은 없다. 중학교에서 배우는 수준에 불과하다. 게다가 문과인 사람도 이해할 수 있도록 수식을 이용한 설명은 피했다.

최신 메커니즘의 구조나 원리는 많이 설명하지 않았다. 자동차에는 끊임없이 새로운 메커니즘이 탑재되고 있고, 제조사도 적극적으로 이 점을 홍보하지만 아무래도 책 한 권에 모두 담기에는 설명이 부실해질 수밖에 없기 때문이다. 하지만 자동차의 본질을 기초부터 이해한다면 최신 메커니즘의 구조와 원리를 가늠하는 게 쉬워질 것이다.

어쨌든, 일단 읽어보기 바란다. 읽기 어려운 책이 아니라는 사실을 금방 알 수 있을 것이다. 이 책을 여러분이 사랑하는 자동차를 좀 더 깊이 이해하는 기회로 삼기 바란다.

아오야마 모토오

차례

머리말 4

Chapter 0
자동차의 3대 요소

차의 본질은 달리고, 멈추고, 방향을 바꾸는 것 12

Chapter 1
자동차가 달리는 메커니즘

마찰력과 구동력 : 마찰이 발생하면 차는 전진한다 16
마찰력의 한계 : 한계를 넘어서면 전진하지 못한다 18
힘과 가속도 : 구동력이 발생되면 속도가 높아진다 20
관성과 주행저항 : 자동차는 주행저항과 싸운다 22
운동 에너지 : 자동차는 운동 에너지가 필요하다 24
위치 에너지 : 비탈길에서는 위치 에너지의 영향을 받는다 26
경사와 마찰력 : 노면에 경사가 있으면 구동력이 작아진다 28
주행저항 : 주행저항이 달리는 자동차를 방해한다 30
열기관과 내연 기관 : 엔진이 2단계로 에너지를 변환시킨다 32
엔진의 기본 구조 : 피스톤과 실린더가 연소 공간을 만들어낸다 34
가솔린 엔진의 4행정 사이클 : 가솔린 엔진은 4행정으로 작동한다 36
디젤 엔진의 4행정 사이클 : 디젤 엔진은 4행정으로 작동한다 38
열효율 : 연료의 에너지를 전부 이용할 수는 없다 40
엔진의 성능 : 변속기 없는 자동차는 주행할 수 없다 42
• 토막 상식 1   로터리 엔진 44

Chapter 2
엔진의 기본 메커니즘

크랭크 기구 : 피스톤은 상하 왕복 운동을 회전 운동으로 변환한다 — 46

다기통화와 플라이휠 : 연소·팽창 행정에서 운동 에너지가 발생한다 — 48

실린더 블록과 실린더 헤드 : 금속으로 실린더를 만들고 피스톤을 넣는다 — 50

연소실과 배기량 : 연소실에서 힘을 만들어낸다 — 52

기통 수와 실린더 배열 : 기통 수가 많을수록 출력이 높아진다 — 54

주운동계 : 힘을 발생시킬 때 주운동계가 작동한다 — 56

흡배기 밸브 : 4행정에 맞춰 흡기와 배기를 조절한다 — 58

밸브 시스템 : 크랭크축의 회전을 이용해 캠을 여닫는다 — 60

밸브 타이밍 : 흡배기 밸브를 여닫는 타이밍에는 미묘한 오차가 있다 — 62

엔진 본체와 보조 기구 : 엔진이 작동하려면 여러 가지 시스템이 필요하다 — 64

• 토막 상식 2   직렬 6기통 엔진 — 66

Chapter 3
엔진을 작동시키는 메커니즘

흡기 장치 : 엔진은 깨끗한 공기가 필요하다 — 68

스로틀 밸브 : 가속 페달의 조작에 맞춰 흡기의 양을 조절한다 — 70

배기 장치 : 원활한 배기가 정상적인 연소를 보장한다 — 72

촉매 변환기 : 유해 물질을 무해한 물질로 바꾼다 — 74

머플러 : 배기가스의 압력과 온도를 낮춘다 — 76

연료 공급 장치 : 최적량의 연료를 최적의 타이밍에 분사한다 — 78

포트 분사와 연소실 내 분사 : 연료는 미세한 무화 상태로 분사된다 — 80

점화 장치 : 고압 전류의 방전으로 점화를 일으킨다 — 82

직접 점화 장치 : 전류를 단속해 고압 전류를 만들어낸다 — 84

점화 플러그 : 전극을 가늘고 뾰족한 모양으로 만든다 — 86

엔진 컨트롤 유닛 : 여러 정보를 활용해 엔진 상태를 제어한다 — 88

• 토막 상식 3   초희박 연소 — 90

Chapter 4
엔진을 보조하는 메커니즘

냉각 장치 : 엔진이 너무 뜨거우면 정상적으로 작동하지 못한다 ········· 92

가압 냉각 : 냉각액은 섭씨 100도가 넘어도 끓지 않는다 ········· 94

서모스탯 : 엔진이 너무 식어도 안 좋은 점이 많다 ········· 96

윤활 장치 : 엔진 내부의 부품이 원활히 움직일 수 있게 한다 ········· 98

엔진 오일 : 윤활만이 전부가 아니다 ········· 100

시동 장치 : 크랭크축을 회전시켜 시동을 건다 ········· 102

충전 장치 : 시동과 전력 부족에 대비한다 ········· 104

배터리 : 전기를 저장하거나 방출한다 ········· 106

과급기 : 압축한 공기를 엔진에 보내서 성능을 올린다 ········· 108

• 토막 상식 4   오일과 플루이드 ········· 110

Chapter 5
바퀴에 회전을 전달하는 메커니즘

동력 전달 장치 : 앞바퀴 또는 뒷바퀴로 구동하는 방식이 있다 ········· 112

기어와 풀리와 변속 : 변속으로 회전수와 토크를 바꾼다 ········· 114

변속기 : 수동 조작의 유무와 변속 단계에 따라 분류한다 ········· 116

수동 변속기 : 변속비가 다른 기어의 조합 중에서 필요한 것을 선택한다 ········· 118

클러치 : 마찰을 이용해 회전하는 축과 축을 매끄럽게 연결한다 ········· 120

토크 컨버터 1 : 회전을 전달하고 토크를 증폭시킨다 ········· 122

토크 컨버터 2 : 클리핑으로 초저속 주행을 한다 ········· 124

유압 기구 : 액체의 압력을 이용해 기계를 작동시킨다 ········· 126

유성기어 : 자동 변속기에서 변속을 담당한다 ········· 128

자동 변속기 : TCU의 지시로 주행 상황에 맞춰 변속한다 ········· 130

CVT : 풀리의 폭을 변화시켜 변속한다 ········· 132

디퍼렌셜 기어 : 커브를 돌 때는 좌우 바퀴의 회전 속도가 달라진다 ········· 134

디퍼렌셜 기어와 파이널 기어 : 좌우 저항의 크기에 맞춰 회전을 분배한다 ·········· 136

차동 제한 장치 : 디퍼렌셜 기어의 약점을 해결한다 ·········· 138

축과 조인트 : 위치 관계가 변해도 축으로 회전을 전달할 수 있다 ·········· 140

사륜구동 : 4WD의 매력은 험로 주파만이 아니다 ·········· 142

풀타임 4WD : 앞바퀴와 뒷바퀴의 회전 속도 차이를 흡수한다 ·········· 144

스탠바이 4WD : 자동으로 2WD에서 4WD로 전환된다 ·········· 146

• 토막 상식 5   트로이달 CVT ·········· 148

Chapter 6
자동차를 멈추거나 방향을 바꾸는 메커니즘

제동력과 마찰력 : 마찰력의 반력으로 자동차를 감속시키다 ·········· 150

풋 브레이크 : 페달에 실린 힘을 브레이크 본체에 전달한다 ·········· 152

디스크 브레이크 : 원판이 마찰열을 발생시켜 속도를 줄인다 ·········· 154

드럼 브레이크 : 원통의 안쪽을 마찰재로 눌러 속도를 줄인다 ·········· 156

배력 장치 : 브레이크 페달을 밟는 힘을 보조한다 ·········· 158

ABS : 마찰력의 한계를 넘지 않도록 제어한다 ·········· 160

파킹 브레이크 : 갈고리를 걸어 브레이크의 작동 상태를 유지한다 ·········· 162

원심력과 구심력 : 커브를 돌기 위해서는 원심력에 대응해야 한다 ·········· 164

코너링 포스와 마찰력 : 타이어의 마찰과 변형이 구심력을 만들어낸다 ·········· 166

조향 장치 : 타이어가 향하려 하는 방향을 바꾼다 ·········· 168

파워 스티어링 시스템 : 유압이나 모터의 힘으로 핸들 조작을 보조한다 ·········· 170

• 토막 상식 6   엔진 브레이크 ·········· 172

Chapter 7
바퀴와 바퀴를 지탱하는 메커니즘

서스펜션 시스템 : 타이어의 접지를 확보해서 안정한 주행을 한다 ·········· 174

자동차의 움직임 : 관성력이나 원심력이 자동차를 기울이는 힘으로 작용한다 ·········· 176

스프링 : 동작 제어를 통해 서스펜션으로 활용한다 ·············· 178
쇼크 업소버 : 오일이 작은 구멍을 통과할 때의 저항으로 진동을 흡수한다 ·············· 180
차축 현가식 서스펜션 : 어떤 부분을 지탱하느냐에 따라 바퀴의 움직임이 달라진다 ·············· 182
독립 현가식 서스펜션 : 사용하는 암의 수에 따라 서스펜션의 성능이 달라진다 ·············· 184
타이어 : 부분별로 다른 성질의 고무를 사용한다 ·············· 186
트레드 패턴 : 타이어와 노면 사이에 들어간 물을 홈을 이용해 원활히 배출한다 ·············· 188
편평률 : 높이와 폭의 비율에 따라 타이어의 성격이 변한다 ·············· 190
공기압 : 내부 공기의 압력이 변하면 타이어의 성능이 달라진다 ·············· 192
휠 : 타이어에 확실히 회전을 전달한다 ·············· 194
스프링 하중량 : 휠이나 타이어가 가벼울수록 주행이 경쾌해진다 ·············· 196
- **토막 상식 7** 펌핑 브레이크 ·············· 198

Chapter 8
전기 자동차와 하이브리드 자동차

전기 자동차 : 엔진이 아닌 모터의 힘으로 주행한다 ·············· 200
영구 자석형 동기 모터 : 교류가 만들어낸 자기장 안에서 영구 자석이 회전한다 ·············· 202
회생 제동 : 버린 에너지를 회수해 낭비를 줄인다 ·············· 204
2차 전지 전기 자동차 : 전지의 용량을 키울수록 항속 거리를 늘릴 수 있다 ·············· 206
연료 전지 전기 자동차 : 수소와 산소로 전기를 만들어 주행한다 ·············· 208
하이브리드 자동차 : 두 종류의 동력원을 이용해 주행한다 ·············· 210
병렬식 하이브리드 : 회생 제동의 에너지를 이용해 모터로 엔진을 보조한다 ·············· 212
동력 분기식 하이브리드 : 양쪽 동력원을 효율적으로 사용해 주행한다 ·············· 214

참고 문헌 ·············· 216
찾아보기 ·············· 218

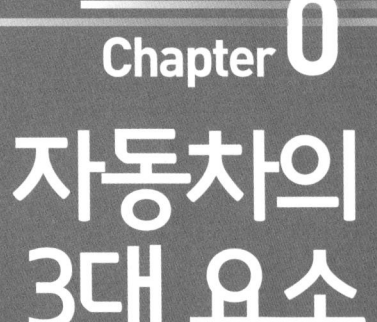

Chapter 0
자동차의 3대 요소

차의 본질은 달리고, 멈추고, 방향을 바꾸는 것

자동차란 무엇일까? 여러 가지 시각에서 설명할 수 있겠지만, 차의 역할을 중심으로 생각해 보면 사람이나 짐을 목적지까지 이동시키는 도구라고 할 수 있다. 이를 위해 필요한 능력은 달리기, 멈추기, 방향 바꾸기다.

먼저 달리는 능력이 없다면 자동차는 목적지까지 이동할 수가 없다. 또한 편리한 도구가 되려면 전진뿐만 아니라 후진도 할 수 있어야 한다. 상황에 따라 속도를 높이는 능력도 요구된다. 이와 같이 자동차를 나아가게 하는 것을 **구동**이라고 한다.

아무리 빠른 속도로 달릴 수 있는 자동차라도 운전자의 의도대로 속도를 줄이거나 멈출 수 없다면 안심하고 속도를 높일 수 없다. 요컨대 자동차에는 멈추는 능력도 필요하다. 이와 같이 자동차를 멈추게 하는 것을 **제동**이라고 한다. 움직임을 억제한다는 의미다.

당연한 말이지만, 똑바로 달리기만 해서는 목적지에 도달할 가능성이 매우 낮다. 운전자가 원하는 대로 자유롭게 방향을 바꿀 수 있어야 한다. 그래야 도로를 따라서 주행할 수 있다. 이와 같이 자동차의 방향을 바꾸는 것을 **조향**이라고 한다. 자동차는 구동, 제동, 조향이라는 능력을 실현하는 다양한 장치의 집합체다.

| 그림 1 | 자동차에 필요한 세 가지 능력 |

구동(나아가는 능력)
자동차가 이동하려면 구동 능력이 필요하다.
어느 정도의 속도가 요구되며, 후진도 할 수 있어야 한다.

제동(멈추는 능력)
멈출 수 있어야 안심하고 속도를 줄일 수 있으며
목적지에 자동차를 정지시킬 수 있다.

조향(방향을 바꾸는 능력)
직진만 해서는 목적지에 도착할 수 없다.
도로를 따라서 방향을 바꿀 수 있어야 주행할 수 있다.

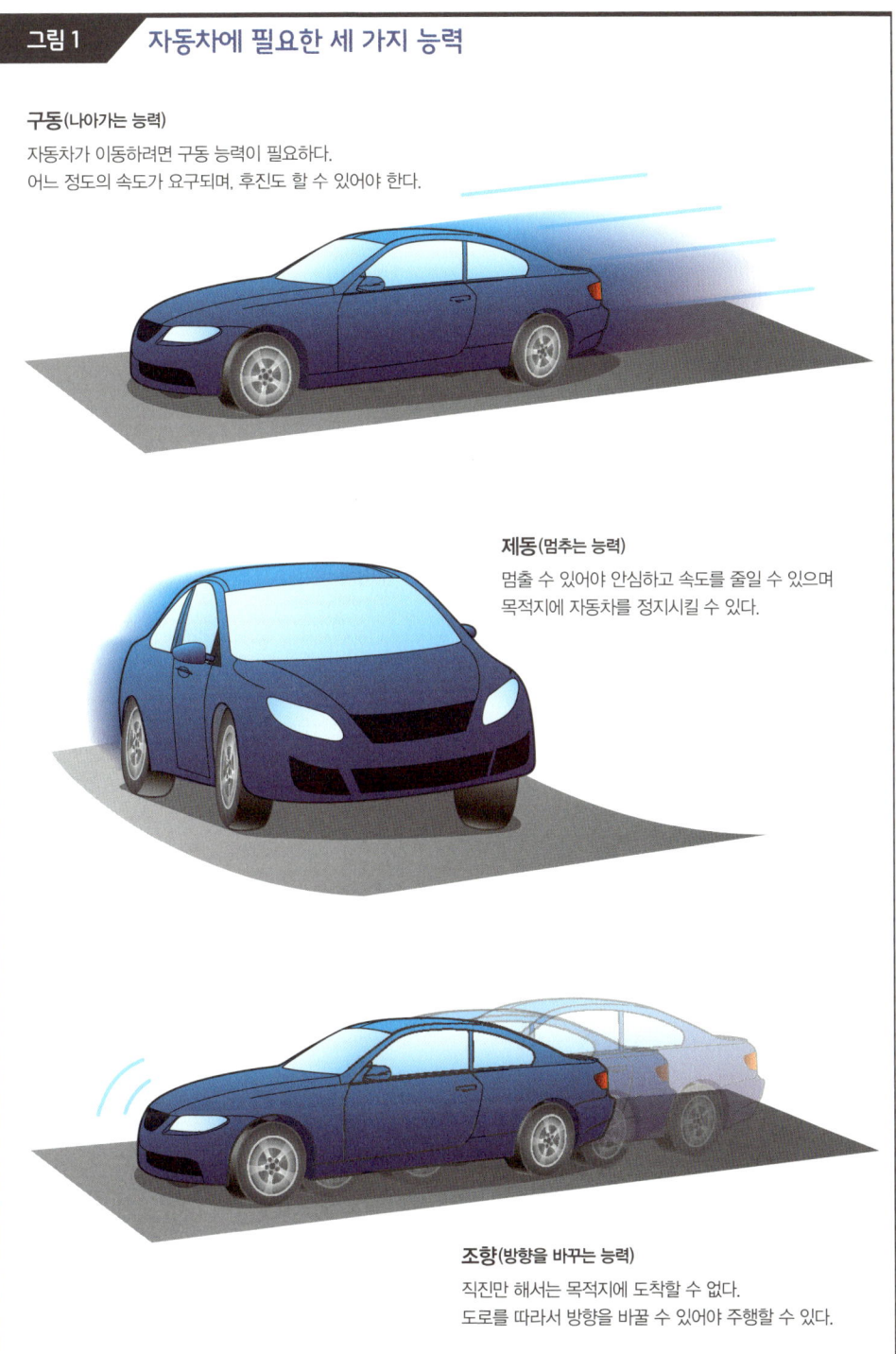

INDEX

마찰력과 구동력 • 16
마찰력의 한계 • 18
힘과 가속도 • 20
관성과 주행저항 • 22
운동 에너지 • 24
위치 에너지 • 26
경사와 마찰력 • 28
주행저항 • 30
열기관과 내연 기관 • 32
엔진의 기본 구조 • 34
가솔린 엔진의 4행정 사이클 • 36
디젤 엔진의 4행정 사이클 • 38
열효율 • 40
엔진의 성능 • 42

토막 상식 1
로터리 엔진 • 44

Chapter 1
자동차가 달리는 메커니즘

마찰력과 구동력
마찰이 발생하면 차는 전진한다

자동차는 엔진의 힘으로 타이어를 회전시켜서 전진한다. 그런데 왜 타이어를 회전시키면 자동차가 앞으로 나아가는 것일까? 이 현상은 노면과 타이어 사이에서 **마찰**이 발생하기 때문이다.

마찰은 '인간관계의 마찰'이라는 표현에서처럼 나쁜 의미로 사용될 때가 많으며, 자동차에서도 여러 가지 손실을 유발하는 것이 사실이다. 그러나 자동차가 앞으로 나아가려면 반드시 마찰이 필요하다. 일반 타이어를 장착한 자동차가 얼어붙은 호수 위를 달린다고 생각해보자. 타이어가 헛돌 뿐 자동차는 제대로 주행하지 못할 것이다.

이것은 타이어가 얼음에 미끄러지기 때문이다. 즉, 얼음과 타이어 사이에 마찰이 그다지 발생하지 않은 것이다. 마찰이 없으면 자동차를 구동하는 힘, 즉 **구동력**이 발생하지 않는다. 일반적인 포장도로는 얼음처럼 미끄럽지 않다. 따라서 타이어와 노면 사이에 적당한 마찰이 발생하기 때문에 구동력을 발휘할 수가 있다.

그런데 왜 마찰이 있으면 구동력이 발휘되는 것일까? 이것은 뉴턴의 운동법칙 중 하나인 **작용·반작용의 법칙**에 따른 현상이다. '물체 A가 물체 B를 미는 힘이 있으면 반드시 물체 B가 물체 A를 미는 힘도 있다. 두 힘의 크기는 같으며 방향은 반대가 된다'라는 것이 작용·반작용의 법칙이다. 예를 들어 양손으로 벽을 밀면 벽은 같은 힘으로 손을 되민다. 벽과 몸이 움직이지 않는 상태에서는 이 현상을 이해하기가 어려울지도 모르지만, 벽을 밀고 있는 사람이 롤러스케이트를 신고 있다면 벽을 민 방향과 반대 방향으로 몸이 움직인다. 이것이 바로 반작용에 따른 힘이다. 이 힘을 **반력**이라고 한다. 자동차의 경우, 타이어가 지면을 뒤쪽으로 미는 마찰력의 반력이 자동차를 전진시키는 구동력으로 나타난다.

그림 1   마찰이 없으면 자동차는 달릴 수 없다

얼음 위처럼 마찰이 그다지 발생하지 않는 장소에서는 타이어를 회전시켜도 헛돌기 때문에 자동차가 앞으로 나아가지 못한다.

얼음이 미끄러운 것은 물이 원인

얼음이 미끄러운 것은 사실 얼음 자체가 미끄러지기 쉬운 재질이어서가 아니다. 얼음 위에서 마찰을 일으키면 마찰열에 얼음이 녹아서 물이 된다. 그리고 이 물이 얼음과 타이어 사이에 수막을 형성하기 때문에 미끄러지는 것이다.

그림 2   작용과 반작용

 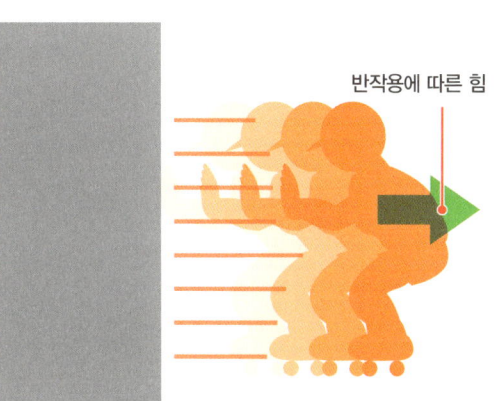

벽을 손으로 밀면 벽은 손을 되민다. 이것이 작용과 반작용의 관계인데, 되밀리고 있는 것을 실감하기가 어렵다.

롤러스케이트를 신고 있으면 몸이 뒤로 움직인다. 벽을 민 힘의 반력 때문이다.

17

마찰력의 한계
한계를 넘어서면 전진하지 못한다

일반적인 포장도로는 타이어와 노면 사이에 적당한 마찰력이 발생하도록 만들어져 있다. 그래서 자동차가 충분한 구동력을 발휘할 수 있다. 자동차 업계에서는 이런 마찰력을 **타이어의 바닥을 움켜쥐는 힘**이라고 표현할 때가 많다.

그러나 포장도로라고 해서 반드시 구동력을 발휘할 수 있는 것은 아니다. 마찰력에는 **한계**가 있다. 그 한계를 뛰어넘은 커다란 힘으로 타이어를 회전시키면 마찰이 발생하지 않고 되레 타이어가 **공회전**한다. 이런 타이어의 공회전을 **휠 스핀**(wheel spin)이라고 한다. 일반적인 타이어에서는 거의 일어나지 않지만, 경주용 자동차가 발진할 때 타이어에 너무 강한 힘을 걸면 휠 스핀이 발생하는 경우가 있다.

마찰력의 크기나 한계는 마찰을 일으키는 두 물체나 그 물체의 상태에 영향을 받는다. 자동차의 경우 타이어와 노면에 영향을 받는다. 타이어에는 여러 종류가 있는데, 스포츠 타입의 타이어에는 일반 타이어보다 마찰을 쉽게 일으키는 고무가 사용되기 때문에 커다란 구동력을 발휘할 수 있다. 또 같은 장소의 노면이라도 건조한 상태와 젖은 상태를 비교하면 젖은 상태에서 발생하는 마찰력의 한계가 더 작다.

이처럼 두 물체 사이에서 마찰이 잘 일어나는 정도를 **마찰 계수**라는 수치로 표현한다. 그리고 마찰 계수를 그리스 문자인 μ(뮤)로 표시하는 경우가 많기 때문에 잘 미끄러지는 노면을 '뮤가 낮은 노면'이라고 말하기도 한다.

또 마찰력은 마찰면과 수직 방향으로 물체를 누르고 있는 힘의 크기에 비례한다. 자동차와 노면이 수평인 상태라면 자동차가 무거울수록 마찰력의 한계가 높아진다는 말이다.

| 그림 1 | 마찰력과 구동력의 관계 |

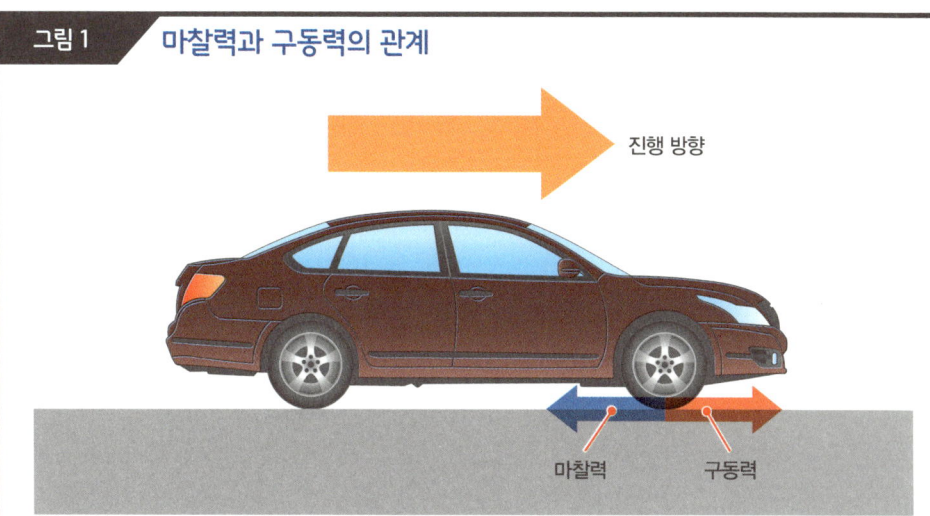

마찰력은 타이어가 노면을 뒤쪽으로 미는 힘이고, 그 힘의 반력으로서 구동력이 발생해 노면이 자동차를 앞쪽으로 밀어낸다.

| 그림 2 | 휠 스핀 |

마찰력의 한계를 넘어서는 커다란 힘으로 타이어를 회전시키면 마찰이 발생하지 않아 타이어는 공회전한다.

예외적인 휠 스핀

경주용 자동차가 휠 스핀을 일으키더라도 잠시 후 출발하는 경우가 많다. 휠 스핀이 일어나도 마찰이 완전히 사라진 것은 아니므로 그 마찰력에 타이어가 부드러워진다. 즉, 타이어의 상태가 변화해 마찰력의 한계가 높아지면 구동력이 발휘된다.

힘과 가속도
구동력이 발생되면 속도가 높아진다

구동력이라는 **힘**이 발휘되면 자동차는 앞으로 나아간다. 그렇다면 힘이란 무엇일까? 운동법칙에서는 "물체에 힘이 작용하면 그 힘이 작용하는 방향으로 가속도가 발생한다"라고 설명한다. 즉, 힘이란 **가속도**를 일으키는 것이다.

가속도란 단위 시간당 속도의 변화율을 의미한다. 가속도에 시간을 곱하면 그 시간 동안 높아진 속도를 구할 수 있다. 최초의 속도가 0이라면 가속도와 시간의 곱이 속도가 된다. 자동차의 경우, 엔진이 만들어낸 힘을 이용해 타이어에 구동력을 발생시키면 속도가 높아진다.

앞에서 소개한 운동법칙에 설명을 덧붙이자면 "그 가속도는 힘의 크기에 비례하고 물체의 질량에 반비례한다"로 이어진다. 자동차의 무게가 같다면 구동력을 키울수록 가속도를 높일 수 있다는 뜻이다. 엔진이 커다란 힘을 낼 수록 **가속 성능**이 좋아진다는 사실은 누구나 쉽게 상상할 수 있을 것이다. 다만 아무리 큰 힘을 내는 엔진을 탑재하더라도 마찰력의 한계를 넘어서면 구동력을 발휘하지 못한다.

한편 구동력이 같은 경우, 자동차를 가볍게 만들면 그만큼 가속도를 높일 수 있다. 경주용 자동차나 스포츠형 자동차가 **경량화**를 지향하는 이유는 가벼워질수록 가속 성능이 좋아지기 때문이다. 그에 비해 일반 자동차는 스포츠형 자동차만큼 가속 성능이 필요 없다. 가속도는 물체의 중량에 반비례하므로 추구하는 가속도가 같다면 자동차가 가벼울수록 작은 구동력으로도 충분하다. 즉, 에너지 절약이 가능하다. 그래서 요즘 대부분의 자동차는 경량화를 추구하고 있다.

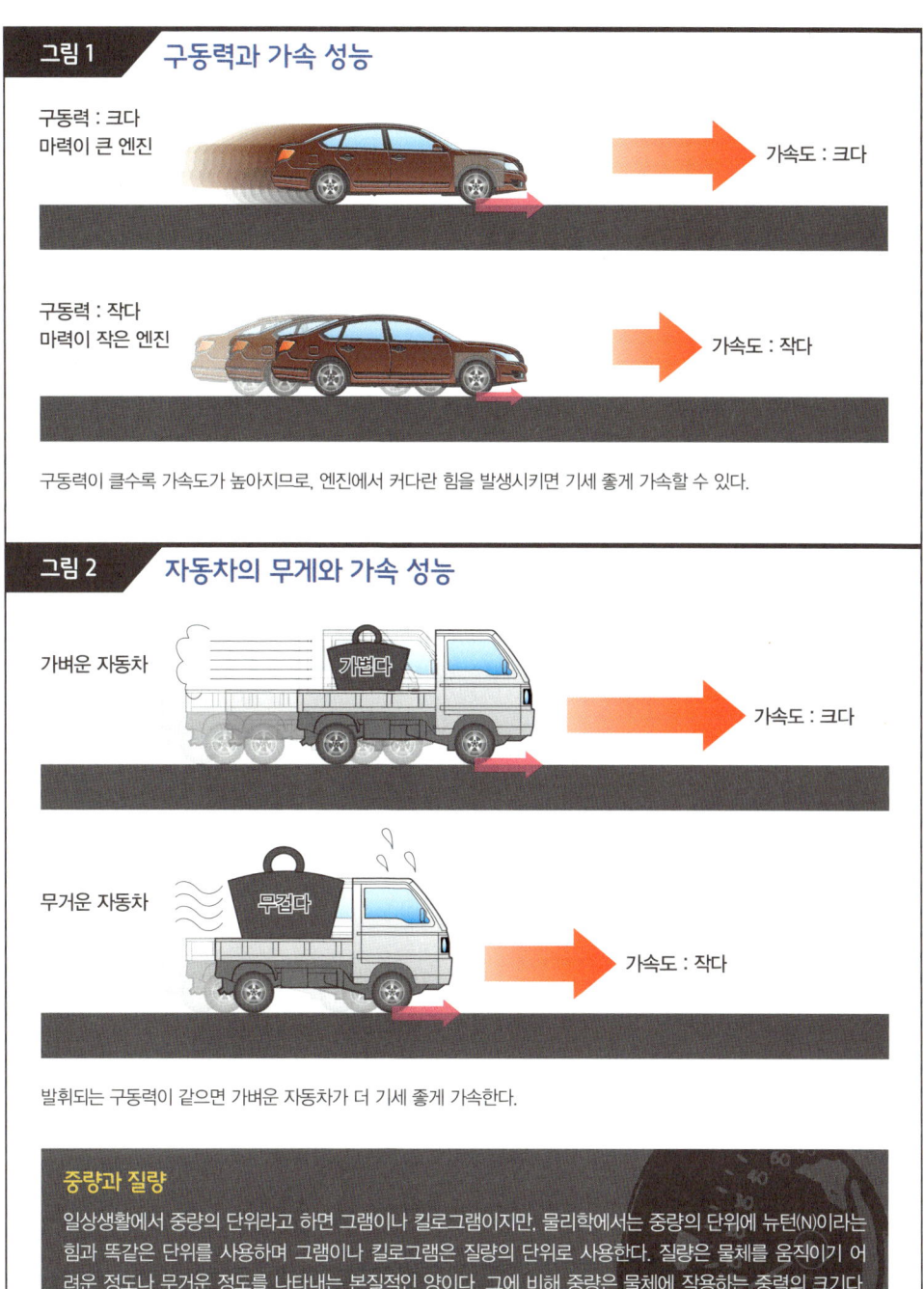

그림 1 구동력과 가속 성능

구동력 : 크다
마력이 큰 엔진

가속도 : 크다

구동력 : 작다
마력이 작은 엔진

가속도 : 작다

구동력이 클수록 가속도가 높아지므로, 엔진에서 커다란 힘을 발생시키면 기세 좋게 가속할 수 있다.

그림 2 자동차의 무게와 가속 성능

가벼운 자동차

가볍다

가속도 : 크다

무거운 자동차

무겁다

가속도 : 작다

발휘되는 구동력이 같으면 가벼운 자동차가 더 기세 좋게 가속한다.

중량과 질량

일상생활에서 중량의 단위라고 하면 그램이나 킬로그램이지만, 물리학에서는 중량의 단위에 뉴턴(N)이라는 힘과 똑같은 단위를 사용하며 그램이나 킬로그램은 질량의 단위로 사용한다. 질량은 물체를 움직이기 어려운 정도나 무거운 정도를 나타내는 본질적인 양이다. 그에 비해 중량은 물체에 작용하는 중력의 크기다. 즉, 중력이 지구보다 작은 달의 표면에서는 지상에서보다 물체의 중량이 작아지지만, 질량은 달의 표면에서나 지상에서나 똑같다.

관성과 주행저항
자동차는 주행저항과 싸운다

운동법칙에는 **관성의 법칙**이라는 것이 있다. "물체에 힘이 작용하지 않으면 물체는 속도나 방향을 바꾸지 않는다"라는 법칙이다. 요컨대 힘이 작용하지 않으면 물체는 일정한 속도를 유지한다는 말이다. 물체가 운동 상태를 계속 유지하려는 성질을 **관성**이라고 하는데, 관성은 움직이고 있는 물체뿐만 아니라 정지해 있는 물체에도 적용한다. 멈춰 있는 물체는 속도 0의 상태를 계속 유지하려 한다.

운동법칙이라고 하면 왠지 어려워 보이지만, 사실은 누구나 **관성력**을 느끼고 있다. 자동차를 타고 갈 때, 속도를 줄이면 몸이 앞으로 밀리는 느낌을 받는다. 자동차가 속도를 줄이더라도 몸은 그때까지의 속도를 유지하려 하기 때문에 앞으로 밀리는 것이다. 또 자동차가 가속할 때는 반대로 몸이 뒤쪽으로 밀린다. 이때 몸에 작용하는 것처럼 느껴지는 힘을 관성력이라고 한다.

관성력은 물체의 질량과 속도의 제곱에 비례한다. 속도가 같아도 질량이 두 배라면 관성력도 두 배가 된다. 또 질량이 같아도 속도가 두 배가 되면 관성력은 네 배가 된다.

자동차에도 관성의 법칙이 작용한다. 따라서 이론적으로는 엔진의 힘을 이용한 구동을 멈춰도 그 시점의 속도로 계속 나아가야 한다. 하지만 실제로는 점점 속도가 줄어든다. 즉, 어떤 힘이 자동차에 작용하고 있다는 말이다. 이 힘을 **주행저항**이라고 한다.

자동차가 움직이고 있으면 반드시 주행저항이 발생한다. 그러므로 자동차가 일정 속도로 계속 달리려면 주행저항과 같은 크기의 **구동력**을 발휘해야 한다. 만약 구동력이 주행저항보다 작다면 자동차의 속도는 줄어든다. 또한 자동차를 가속시키기 위해서는 주행저항보다 큰 구동력이 필요하다.

그림 1 관성력이란?

가속

자동차가 가속해도 몸은 그때까지의 속도를 유지하기 때문에 몸이 뒤쪽으로 밀린다.

감속

자동차가 감속해도 몸은 계속 그때까지의 속도로 움직이기 때문에 관성력에 따라 몸이 앞으로 밀린다.

그림 2 구동력과 주행저항

달리는 자동차에는 항상 주행저항이 작용한다. 자동차가 가속하느냐 감속하느냐는 구동력과 주행저항의 관계에 따라 결정된다.

구동력 < 주행저항 → 감속
구동력 = 주행저항 → 정속
구동력 > 주행저항 → 가속

운동 에너지
자동차는 운동 에너지가 필요하다

에너지의 측면에서 바라보면 자동차가 달리고 있는 상태는 곧 **운동 에너지**가 있는 상태다. 물리학에서는 움직이는 물체가 지니고 있는 에너지를 운동 에너지라고 한다.

에너지는 일상 대화에서도 흔히 사용하는 말이다. 기력이나 활력 등을 포함해 다양한 힘을 만들어내는 원천의 의미로 사용할 때가 많다. 가령 에너지 절약은 에너지의 소비를 억제하는 것이다. 소비되면 사라져버리는 에너지를 소중히 사용하자는 의미다. 즉, 일반적인 의미에서 에너지는 소비하면 사라진다. 그러나 물리학에서는 에너지가 사라지지 않는다.

물리학에서 말하는 에너지에는 운동 에너지 외에도 전기나 열, 빛, 소리 등 다양한 형태의 에너지가 있는데, 그 총량은 절대 변하지 않는다. 어떤 상태의 에너지가 없어졌다면 반드시 그만큼의 에너지가 다른 형태로 변한 것이다. 이것을 **에너지 보존의 법칙**이라고 한다.

예를 들어 자동차 엔진은 화학 에너지(연료)를 운동 에너지로 변환시키는 장치인데, 안타깝게도 화학 에너지를 전부 운동 에너지로 변환시키기가 불가능하다. 물론 에너지는 사라지지 않으므로 운동 에너지가 되지 못한 에너지는 다른 형태의 에너지가 된다. 이렇게 목적한 형태 이외의 에너지로 변환된 분량을 **손실**이라고 한다.

주행 중인 자동차의 엔진이 정지하면 주행 저항에 따라 속도가 줄어든다. 이것은 운동 에너지가 줄어든다는 뜻이다. 줄어든 에너지는 **열에너지**로 변환된다.

그림 1   에너지 보존의 법칙

에너지에는 다양한 형태가 있어서, 어떤 형태의 에너지가 감소했을 경우 반드시 다른 형태의 에너지가 증가한다. 자동차 엔진은 연료라는 화학 에너지를 운동 에너지로 변환시키는 장치이지만, 화학 에너지의 일부는 열에너지가 된다.

그림 2   운동 에너지에서 열에너지로

자동차를 구동하지 않으면 점차 속도가 줄어든다. 이때 자동차의 운동 에너지는 열에너지로 변환된다.

위치 에너지
비탈길에서는 위치 에너지의 영향을 받는다

비탈길에 공을 놓으면 가만히 둬도 아래로 굴러간다. 공이 움직인다는 것은 어떤 에너지가 **운동 에너지**로 변환되었음을 의미한다. 이때 운동 에너지로 변환된 에너지를 **위치 에너지**라고 한다.

위치 에너지는 '높이에 따른 에너지'로 정의되며, 높을수록 위치 에너지가 커진다. 다만 절대적인 양으로 표시할 수 있는 운동 에너지나 열에너지 등 다른 형태의 에너지와 달리 위치 에너지는 상대적인 양으로밖에 표시하지 못한다. 기준이 되는 위치를 정하고 그곳보다 높을수록 위치 에너지가 커진다.

예를 들어 공을 수직으로 높이 던지면 공의 속도는 점점 느려진다. 이것은 공의 운동 에너지가 위치 에너지로 변환되었음을 의미한다. 최초의 높이를 기준 위치로 삼으면 이때의 위치 에너지는 0이다. 공의 속도는 점점 느려지며, 속도가 0이 된 위치가 최고점이다. 이때 운동 에너지는 0이 되며 위치 에너지는 최대가 된다. 그런 뒤 공이 낙하하기 시작한다. 이번에는 위치 에너지가 운동 에너지로 변환되기 때문에 공의 속도가 빨라진다.

자동차도 비탈길을 주행할 때는 위치 에너지의 영향을 받는다. 내리막길에서는 자동차를 구동하지 않아도 자동차에 가속이 붙는 경우가 있다. 이것은 위치 에너지가 운동 에너지로 변환되기 때문이다. 반대로 그때까지 평탄한 길에서 일정 속도로 달리다가 똑같은 구동력으로 오르막길을 오르면 자동차의 속도가 줄어든다. 이것은 운동 에너지가 위치 에너지로 변환되기 때문이다.

그림 1   위치 에너지와 운동 에너지

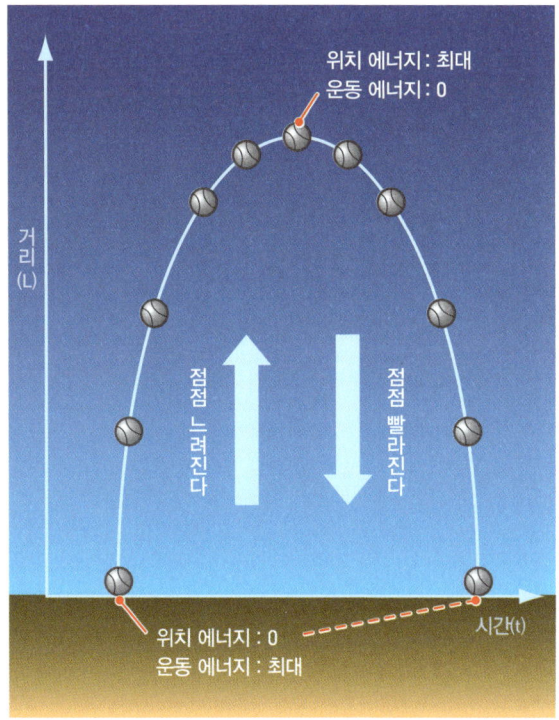

공을 던지는 위치를 기준 높이로 삼으면 최초의 위치에서 공의 위치 에너지는 0이 된다. 그리고 최고점에서 위치 에너지는 최대가 된다. 반대로 운동 에너지는 던질 때 최대가 되며 최고점에서 정지했을 때는 0이 된다.

그림 2   자동차의 운동 에너지와 비탈길

내리막길에서는 구동력을 발휘해 가속하지 않아도 위치 에너지의 차이만큼 운동 에너지가 늘어나기 때문에 자동차가 가속한다. 오르막길의 경우, 위치 에너지의 차이만큼 운동 에너지를 증가시키지 않으면 속도가 줄어든다.

경사와 마찰력
노면에 경사가 있으면 구동력이 작아진다

비탈길은 위치 에너지의 변화에 따라 **운동 에너지**를 증가시키거나 감소시킨다. 그리고 **마찰력**에도 영향을 준다. 이미 설명했듯이 **마찰력**은 마찰면과 수직 방향으로 물체를 누르는 힘의 크기에 비례한다. 자동차와 지면이 수평 상태일 경우 타이어를 노면에 대해 수직으로 누르는 힘은 자동차의 중량(무게)이지만, 노면에 경사가 있다면 자동차의 모든 중량이 타이어를 노면으로 누르는 힘은 아니다.

이럴 경우는 힘을 성분으로 나눠서 생각한다. 오른쪽 그림처럼 자동차의 중량을 노면에 대해 수직인 성분과 수평인 성분으로 나누면, 노면에 대해 수직인 성분만이 타이어를 노면으로 누르는 힘이 된다. 그런데 이 힘은 자동차의 중량보다 작아지므로 노면에 경사가 있다면 마찰력은 작아진다. 요컨대 구동력이 작아진다. 경사가 급할수록 타이어를 노면으로 누르는 힘이 약해지므로 구동력이 작아진다. 마찰력의 한계도 작아지기 때문에 비탈길에서 타이어에 강한 힘을 걸면 평탄한 길보다 휠 스핀이 잘 일어난다. 오르막길은 물론이고 내리막길도 마찬가지다.

한편 노면에 대해 수평인 성분은 자동차의 진행에 영향을 끼친다. 오르막길의 경우 자동차의 진행 방향과 반대로 작용하기 때문에 자동차의 속도를 저하시킨다. 이 힘이 바로 운동 에너지에서 위치 에너지로 변환된 힘이다. 내리막길의 경우는 노면에 대해 수평인 성분이 자동차의 진행 방향으로 작용하기 때문에 자동차의 속도를 높인다. 앞의 경우와는 반대로 이 성분은 위치 에너지에서 운동 에너지로 변환된 힘이다.

그림 1   노면의 경사와 자동차의 중량

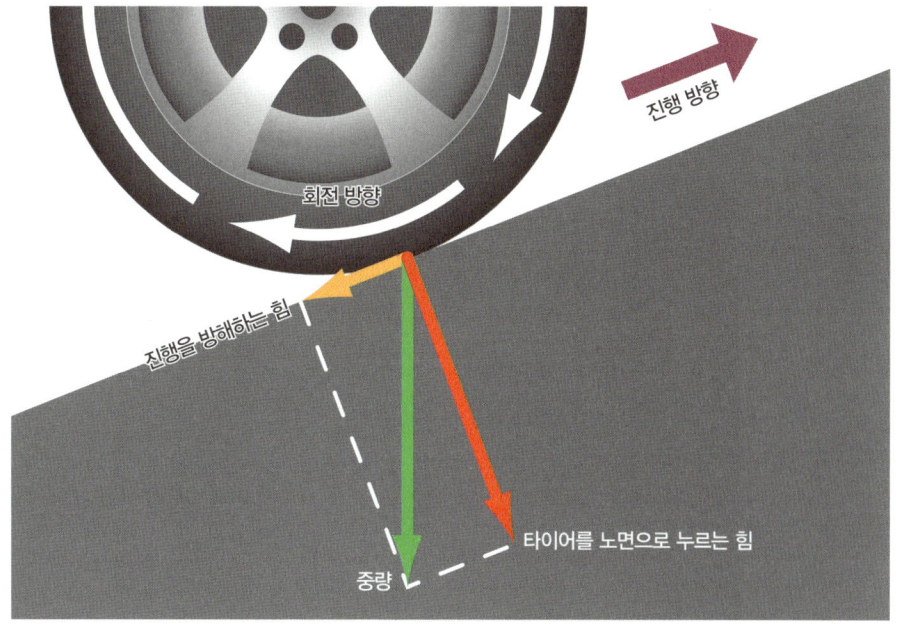

노면에 경사가 있으면 자동차의 중량 가운데 노면에 대해 수직인 성분만이 타이어를 노면으로 누르는 힘이 된다. 이 때문에 구동력이 저하된다. 노면에 대해 수평인 성분은 오르막길에서는 진행을 방해하는 힘이 되며, 내리막길에서는 진행을 돕는 힘이 된다.

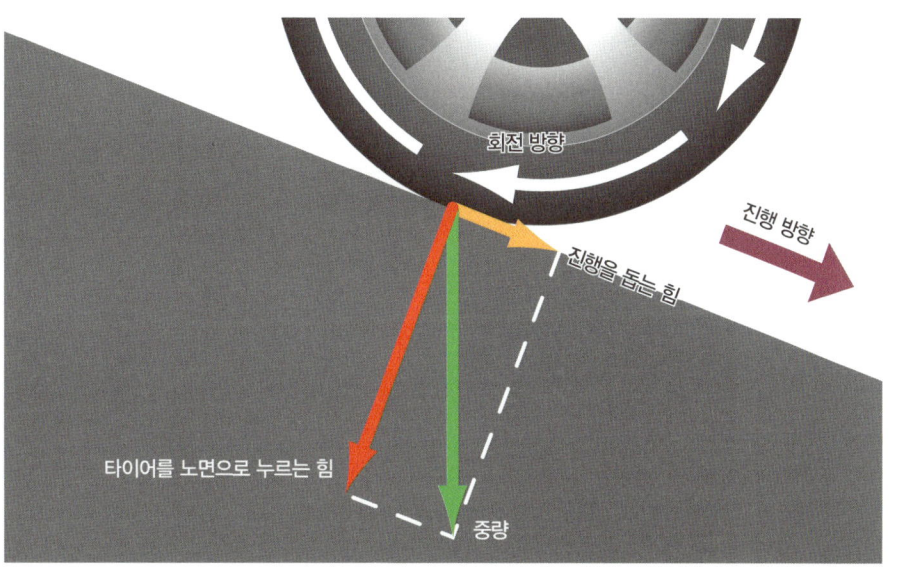

주행저항
주행저항이 달리는 자동차를 방해한다

자동차의 주행저항에는 여러 가지가 있는데, 주된 것은 **구름저항**과 **공기저항**이다. 자동차 타이어는 고무로 만들어졌다. 주행 중의 타이어는 노면과 닿은 부분이 변형되어 평평해지며, 노면에서 떨어지면 원래 형태로 복원된다. 변형되거나 복원된다는 것은 어떤 힘이 작용했다는 뜻이다. 이 힘이 구름저항이다. 변형이나 복원이 일어날 때는 타이어의 고무 부분에서 **마찰**이 일어나 마찰열이 발생한다. 그리고 이에 따라 운동 에너지가 열에너지로 변환된다.

공기저항에는 **압력저항**과 **마찰저항**이 있다. 자동차가 나아가면 전방의 공기가 밀리면서 압력이 높아져 자동차를 되밀어내려 한다. 그런데 후방에서는 그때까지 존재했던 자동차가 없어지기 때문에 공기의 압력이 낮아져 자동차를 다시 끌어오려 한다. 이 되밀어내는 힘과 끌어오는 힘이 압력저항이다. 또 자동차가 주행하면 공기와의 사이에 마찰이 발생해 마찰저항이 발생한다. 일상생활에서는 공기와의 마찰을 느낄 일이 없지만, 마찰저항은 속도의 제곱에 비례하기 때문에 고속으로 주행할수록 마찰저항에 영향을 많이 받는다.

그 밖에 비탈길에서 발생하는 **등판저항**이나 가속할 때 발생하는 **가속저항**도 주행저항에 포함해 생각할 때가 있다. 오르막길에서는 자동차의 중량 가운데 노면에 대해 수평인 성분이 자동차의 진행을 방해하는 힘이 된다. 이것을 **구배저항**이라고 한다. 내리막길의 경우는 등판저항이 마이너스로 작용하기 때문에 주행저항이 경감된다.

관성이라고 하면 자동차의 주행을 도와주는 것으로 생각하기 쉬운데, 가속을 할 때는 그때까지의 속도를 유지하려고 하기 때문에 관성력이 주행저항이 된다. 이것을 가속저항 또는 **관성저항**이라고 한다.

그림 1 　구름저항

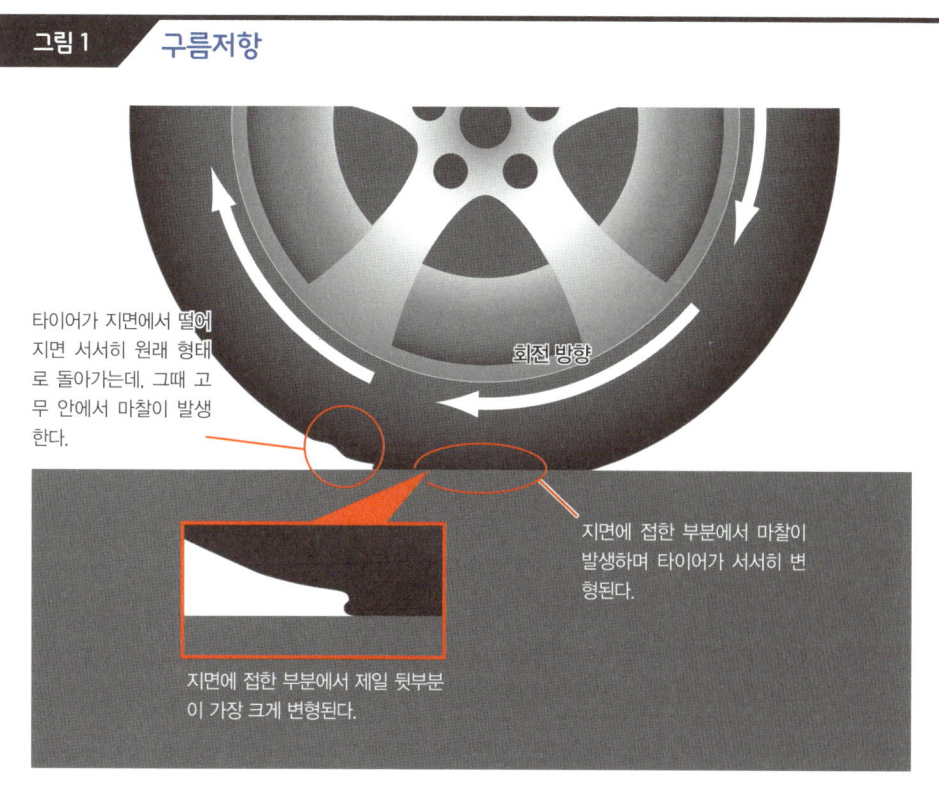

타이어가 지면에서 떨어지면 서서히 원래 형태로 돌아가는데, 그때 고무 안에서 마찰이 발생한다.

회전 방향

지면에 접한 부분에서 마찰이 발생하며 타이어가 서서히 변형된다.

지면에 접한 부분에서 제일 뒷부분이 가장 크게 변형된다.

자동차가 달리는 도중 타이어의 변형과 복원이 일어난다는 것은 구동력의 일부가 사용되었음을 의미한다.

그림 2 　공기저항

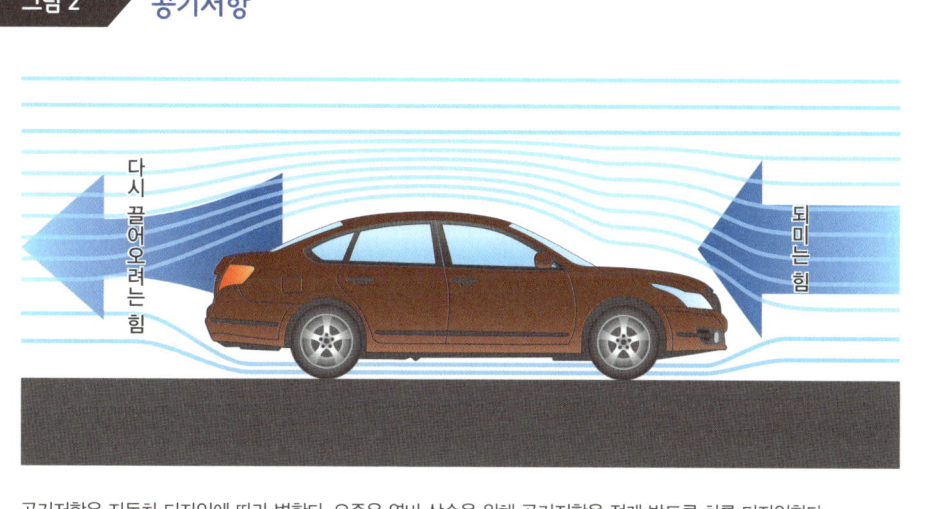

다시 끌어오려는 힘

도미는 힘

공기저항은 자동차 디자인에 따라 변한다. 요즘은 연비 상승을 위해 공기저항을 적게 받도록 차를 디자인한다.

열기관과 내연 기관
엔진이 2단계로 에너지를 변환시킨다

자동차의 동력원인 **엔진**은 연료의 화학 에너지를 운동 에너지로 변환시키는 장치인데, 실제로는 화학 에너지를 일단 열에너지로 변환시킨 다음 그 열에너지를 운동 에너지로 변환시킨다. 이와 같이 열에너지를 운동 에너지로 변환시켜 힘을 만들어내는 장치를 **열기관**이라고 한다.

예를 들어 주전자를 가스레인지에 올려놓고 가열시켜 물을 끓이면 주전자의 뚜껑이 덜컥덜컥 움직인다. 이것은 가스레인지가 발생시킨 열에너지(가스의 화학 에너지를 변환시킨 것)가 뚜껑을 들어 올리는 운동 에너지로 변환되었다고 할 수 있다. 이와 마찬가지로 물이 끓고 있는 주전자의 주둥이 앞에 바람개비를 대면 분출하는 증기의 힘으로 바람개비가 회전한다. 바람개비의 회전도 열에너지가 운동 에너지로 변환되었음을 의미한다.

열기관에는 다양한 종류가 있는데, 자동차 엔진은 대부분 **실린더**와 **피스톤**으로 구성되어 있다. 실린더와 피스톤의 구조를 쉽게 이해할 수 있는 예로는 주사기가 있다. 주사기의 통 부분을 실린더, 통의 내부를 왕복하는 부분을 피스톤이라고 이해하면 된다. 주삿바늘을 끼우는 부분을 막고 내부에서 연료를 태우면 이때 발생한 이산화탄소와 연소에 사용되지 않고 남은 공기가 연소의 열에 팽창해 피스톤을 밀어낸다. 이것이 자동차 엔진의 기본 원리다. 기관의 내부에서 연소가 일어나기 때문에 이런 열기관을 **내연 기관**이라고 한다. 참고로 증기 기관차의 동력원인 증기 기관은 기관의 외부에서 연소가 일어나기 때문에 **외연 기관**이다.

그림 1   열기관

뚜껑이 움직인다 = 운동 에너지

수증기 = 작동 유체
열에너지가 수증기를 통해 운동 에너지가 된다

화력 = 열에너지

가스레인지의 열에 주전자의 물이 끓으면 주전자 뚜껑이 움직이거나 주둥이 앞에 가져다댄 바람개비가 회전한다. 열에너지가 운동 에너지로 변환되었기 때문이다. 가스레인지는 가스라는 연료의 화학 에너지를 열에너지로 변환시킨다.

그림 2   내연 기관과 외연 기관

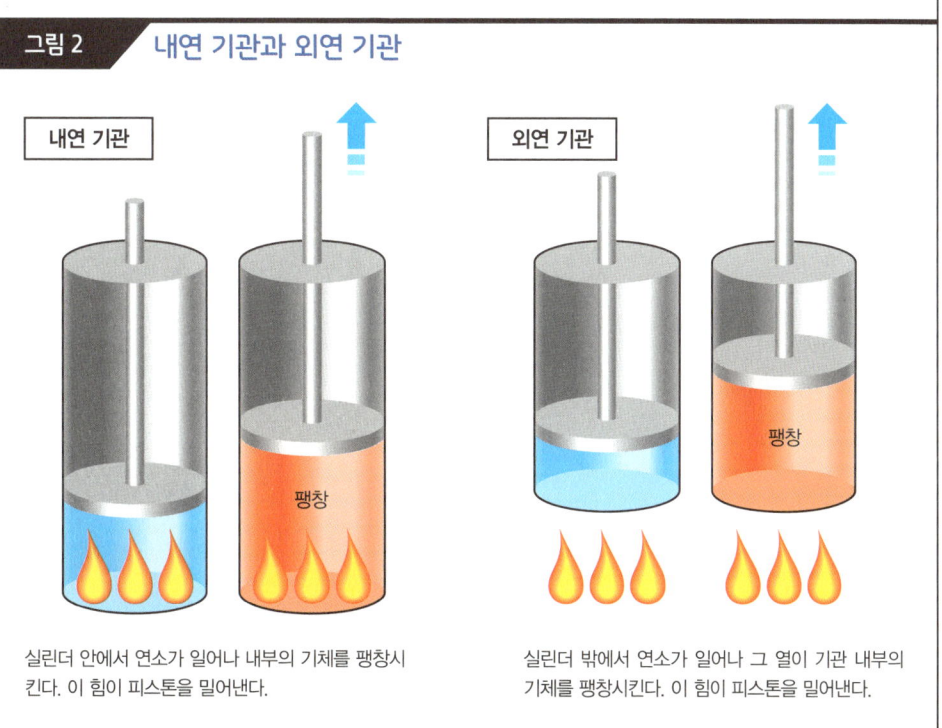

실린더 안에서 연소가 일어나 내부의 기체를 팽창시킨다. 이 힘이 피스톤을 밀어낸다.

실린더 밖에서 연소가 일어나 그 열이 기관 내부의 기체를 팽창시킨다. 이 힘이 피스톤을 밀어낸다.

엔진의 기본 구조
피스톤과 실린더가 연소 공간을 만들어낸다

앞에서 연소 기관을 설명할 때 언급한 실린더와 피스톤은 연속적으로 운동 에너지를 발생시키지 못한다. 그래서 실제 엔진에는 피스톤과 실린더에 다양한 구조가 추가된다. 이와 같이 피스톤과 실린더를 이용한 엔진을 **왕복 엔진** 또는 **피스톤 엔진**이라고 부른다. 운동 에너지를 발생시킬 때 피스톤이 왕복 운동을 하기 때문에 이렇게 부른다.

왕복 엔진에는 여러 종류가 있는데, 현재 자동차 엔진의 주류는 가솔린(휘발유)을 연료로 하는 엔진이다. 이것을 일반적으로 **가솔린 엔진**이라고 부른다. 이 엔진은 4행정으로 작동되기 때문에 **4행정 사이클 엔진**(4stroke cycle engine) 또는 **4스트로크 엔진**(4stroke engine)이라고 한다. 이것을 종합하면 현재의 자동차 엔진은 '가솔린 4사이클 왕복동 엔진'이 되는데, 보통은 간단히 '가솔린 엔진'이라고 부를 때가 많다.

가솔린 엔진의 실린더는 비스듬하거나 누워 있는 것도 있지만 기본적으로는 수직으로 놓여 있으며, 상부가 닫혀 있다. 피스톤이 이동할 수 있는 가장 높은 위치를 **상사점**(上死點), 가장 낮은 위치를 **하사점**(下死點)이라고 한다. 피스톤이 상사점에 달한 상태에서도 실린더 내부에는 일정 공간이 남아 있는데, 이 공간을 **연소실**(燃燒室)이라고 한다. 연소실에는 공기나 연료를 흡입하는 입구인 **흡기 포트**(intake port)와 연소 후의 가스를 배출하는 **배기 포트**(exhaust port)가 있으며, 각각 **흡기 밸브**(intake valve)와 **배기 밸브**(exhaust valve)라는 밸브로 열고 닫을 수 있다. 또 연소실 안에는 점화 플러그의 전극이 돌출되어 있는데, 이 전극이 불꽃을 방전해 연료에 불을 붙인다.

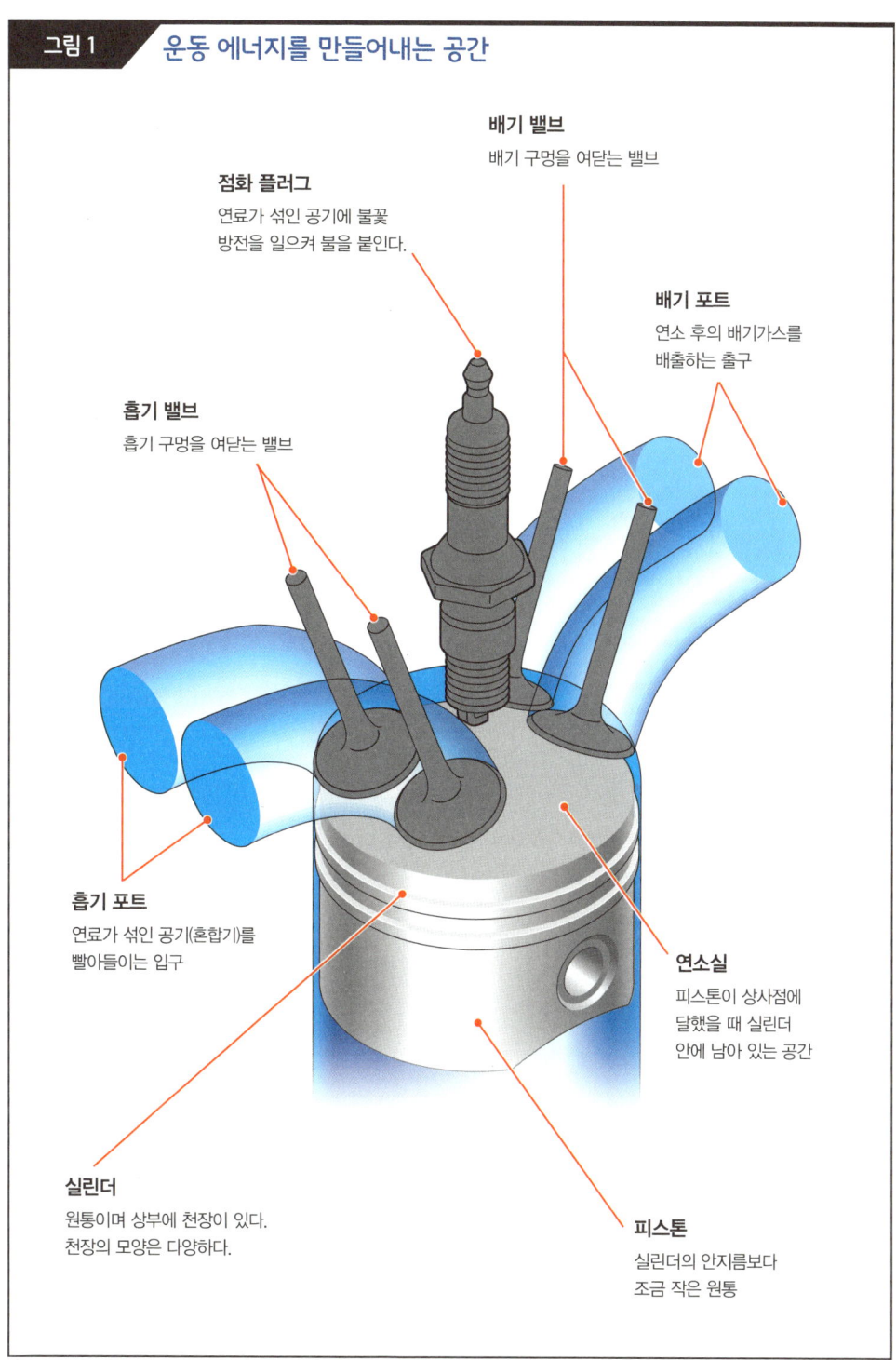

그림 1 운동 에너지를 만들어내는 공간

가솔린 엔진의 4행정 사이클
가솔린 엔진은 4행정으로 작동한다

엔진의 4행정은 ①**흡기 행정**, ②**압축 행정**, ③**연소·팽창 행정**, ④**배기 행정**으로 구성되어 있다.

①흡기 행정은 피스톤이 상사점에 있을 때 시작된다. 배기 밸브가 닫힌 상태에서 흡기 밸브를 열고 피스톤을 하강시키면 실린더 안의 압력이 낮아져 흡기 포트에서 공기와 무화(霧化) 상태의 연료가 섞인 기체(혼합기라고 한다)가 들어온다.

피스톤이 하사점에 이르면 두 밸브를 모두 닫고 피스톤을 상승시켜 혼합기를 압축한다. 이것이 ②압축 행정이다. 기체는 압축되면 온도가 상승하기 때문에 연소하기 쉬운 상태가 된다.

피스톤이 상사점에 다다르면 점화 플러그로 혼합기에 불을 붙인다. 여기부터가 ③연소·팽창 행정이다. 혼합기는 폭발적인 연소를 일으켜 높은 열을 발생시킨다. 연소로 발생한 가스와 연소에 사용되지 않았던 공기(합쳐서 연소 가스라고 한다)가 열 때문에 팽창해 피스톤을 밀어낸다. 이때 열에너지가 운동 에너지로 변환되어 힘이 만들어진다.

피스톤이 하사점에 이르면 ④배기 행정이 시작된다. 배기 밸브를 열고 피스톤을 상승시키면 연소 가스의 배기가 진행된다. 그리고 피스톤이 상사점에 이르면 다시 흡기 행정이 시작된다.

이와 같이 4행정이 진행되는 사이에 피스톤은 상사점과 하사점을 두 번 왕복한다. 이 같은 피스톤의 왕복 운동은 뒤에서 설명할 크랭크축과 타이로드(tie rod)를 통해 회전 운동으로 변환된다.

지금까지의 설명은 어디까지나 기본적인 4행정을 전제로 한 것이다. 실제 엔진의 경우, 각 행정의 개시와 종료 타이밍이 미묘하게 다를 때가 많으며 연료 공급 방법이 서로 다른 엔진도 있다.

그림 1   가솔린 엔진의 4행정 사이클

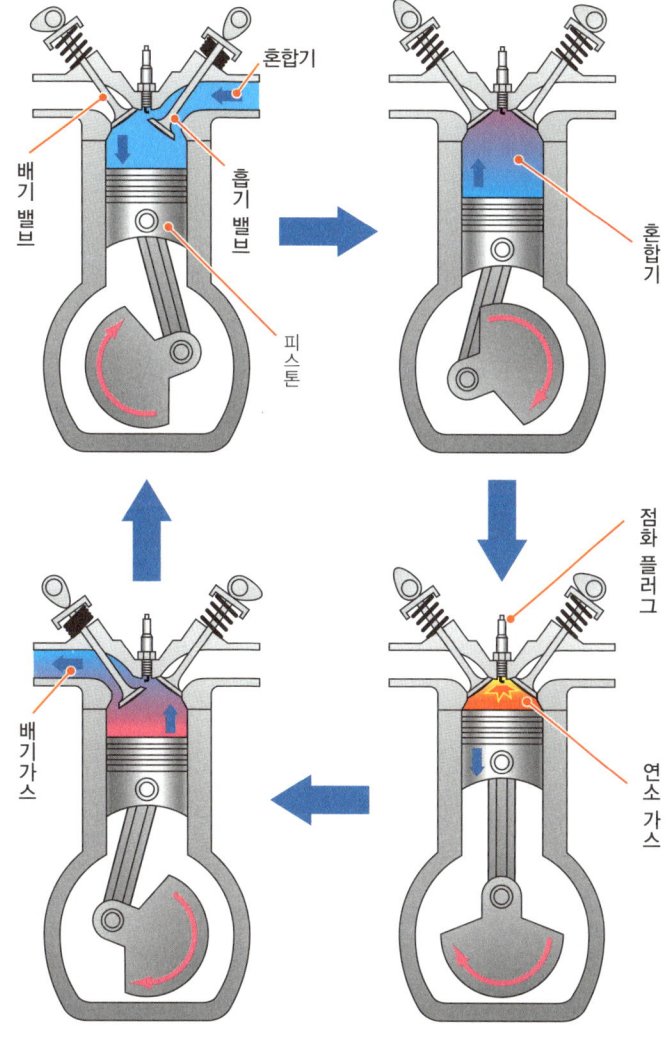

① 흡기 행정
피스톤이 하강하면 실린더 내부의 압력은 낮아지고 혼합기가 흡입된다. 흡기 밸브가 열리고 배기 밸브는 닫힌다.

② 압축 공정
피스톤이 상승하면 실린더 내부의 압력이 높아지고 혼합기가 압축된다. 흡기 밸브와 배기 밸브가 모두 닫힌다.

④ 배기 행정
피스톤이 상승하면 피스톤 내부의 연소 가스가 배출된다. 흡기 밸브가 닫히고 배기 밸브는 열린다.

③ 연소·팽창 행정
압축된 혼합기에 불을 붙여 연소를 일으킨다. 연소 가스가 팽창해 피스톤이 하강한다. 흡기 밸브와 배기 밸브가 닫힌다.

디젤 엔진의 4행정 사이클
디젤 엔진은 4행정으로 작동한다

이 책에서는 주로 가솔린 엔진을 설명하지만, 자동차에 사용되는 왕복 엔진에는 **디젤 엔진**도 있다. 디젤 엔진의 배기가스가 대기 오염을 일으켰기 때문에 승용차에 전혀 쓰이지 않았던 시기도 있었지만, 원래 디젤 엔진은 가솔린 엔진보다 효율이 높은 엔진이다. 즉, 연비가 좋고 환경에도 이로운 엔진이라고 할 수 있다.

디젤 엔진도 가솔린 엔진과 마찬가지로 **4행정 사이클 엔진**이다. 4행정의 기본적인 개념도 같지만, 실린더와 피스톤이 가솔린 엔진보다 압축 효율이 높도록 설계되어 있다. 연소실에 점화 플러그가 없고 그 대신 연료 분사 노즐(연료를 분사하는 부품)이 장착되어 있다.

①흡기 행정에서는 혼합기가 아니라 공기가 흡입된다. 그리고 ②압축 행정에서 이 공기를 압축하면 연소실 안의 온도가 섭씨 600도 이상이 되는데, 이때 연료 분사 노즐로 내부에 경유를 분사하면 연료가 자연 발화되어 ③연소·팽창 행정이 시작된다. 마지막으로 ④배기 행정에서는 연소 가스가 배출된다.

디젤 엔진은 압축 비율이 높아서 가솔린 엔진보다 큰 토크(torque)를 끌어낸다. 그러나 부품을 고압에 견딜 수 있도록 튼튼하게 만들기 때문에 결국 가솔린 엔진보다 크고 무겁다. 또 대기 오염도 유발하기 쉽다는 단점이 있어서 트럭과 버스 같은 대형차에 주로 쓰였다. 그러나 배기가스 정화 기술과 커먼레일이 부착된 엔진 연소 기술이 발전하자 승용차에도 쓰이기 시작했다. 이런 엔진을 **클린 디젤 엔진**이라고 한다.

그림 1 | 디젤 엔진의 4행정 사이클

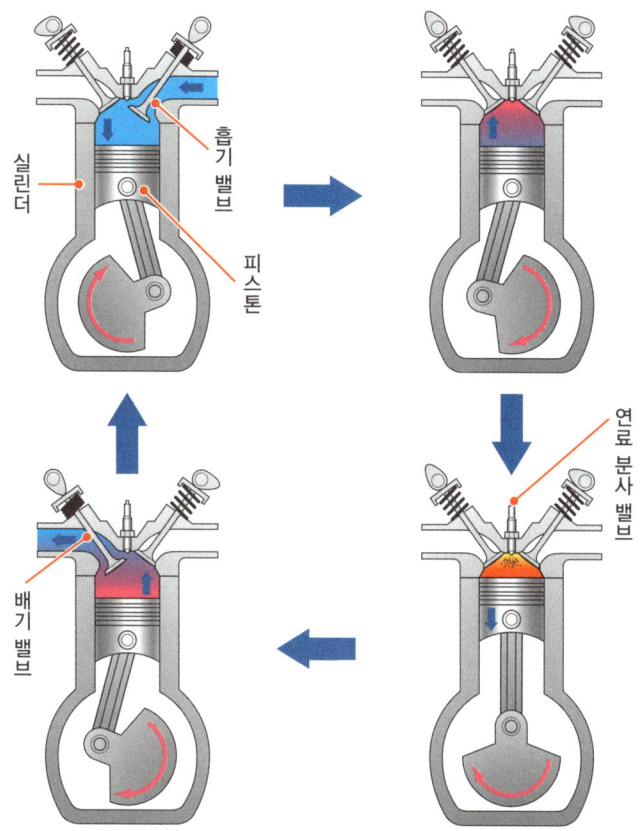

① 흡기 행정
피스톤이 하강하면 실린더 내부의 압력이 낮아져 공기가 흡입된다. 흡기 밸브가 열리고 배기 밸브는 닫힌다.

② 압축 행정
피스톤이 상승하면 실린더 내부의 압력이 높아지고, 공기를 압축해 고온으로 만든다. 흡기 밸브와 배기 밸브가 닫힌다.

④ 배기 행정
피스톤이 상승하면 피스톤 내부의 연소 가스가 배출된다. 흡기 밸브가 닫히고 배기 밸브는 열린다.

③ 연소 · 팽창 행정
고온의 공기 속에 연료를 분사해 자연 발화를 일으키면, 연소 가스가 팽창하면서 피스톤이 하강한다. 흡기 밸브와 배기 밸브가 닫힌다.

로터리 엔진
왕복 엔진처럼 피스톤의 왕복 운동을 이용하지 않고 직접 회전 운동을 만들어내는 엔진을 로터리 엔진(rotary engine)이라고 한다. 높은 출력을 얻을 수 있지만 연비가 나쁘다는 단점이 있다.

열효율
연료의 에너지를 전부 이용할 수는 없다

자동차 엔진에서 연료의 화학 에너지가 운동 에너지로 변할 때 **손실**이 발생한다. 그리고 이 손실은 매우 크다. 연료를 태울 때 불완전 연소가 일어나면 연료의 에너지가 연소 가스에 포함되며, 전부 연소되지 못하고 남은 연료가 배출될 때도 있다. 이와 같이 연료가 화학 에너지에서 열에너지로 변환될 때 일어나는 손실을 **미연 손실**이라고 한다.

실린더 안에서 발생한 열에너지는 엔진 자체도 덥힌다. 이 열을 방치하면 엔진이 과열되어 여러 가지 문제가 발생하기 때문에 냉각시킬 필요가 있는데, 이때 버려지는 열에너지가 **냉각 손실**이다. 또 배기가스는 엔진의 흡기보다 온도가 높기 때문에 열에너지를 버리게 된다. 이 손실을 **배기 손실**이라고 한다.

지금까지 설명한 손실을 제외한 나머지가 운동 에너지로 변환되는데, 그렇다고 해서 그 전부가 자동차 주행에 쓰이는 것은 아니다. 자세한 내용은 다음 장에서 설명하겠지만, 연소·팽창 행정 이외의 행정에서 피스톤을 움직이기 위해 운동 에너지가 사용된다. 이것을 **펌프 손실**이라고 한다. 이 손실을 뺀 나머지가 비로소 엔진에서 출력되는 운동 에너지다.

엔진에 공급된 화학 에너지와 출력되는 운동 에너지 사이의 비율을 **열효율**이라고 한다. 기존 가솔린 엔진의 열효율은 30퍼센트 정도였지만, 연비를 높이기 위해 많은 노력을 기울인 결과 열효율이 35퍼센트 정도인 엔진도 많다. 개중에는 40퍼센트에 육박하는 것도 있다. 다만 그렇다고 해도 총에너지 중 60퍼센트는 버려지고 있는 셈이다.

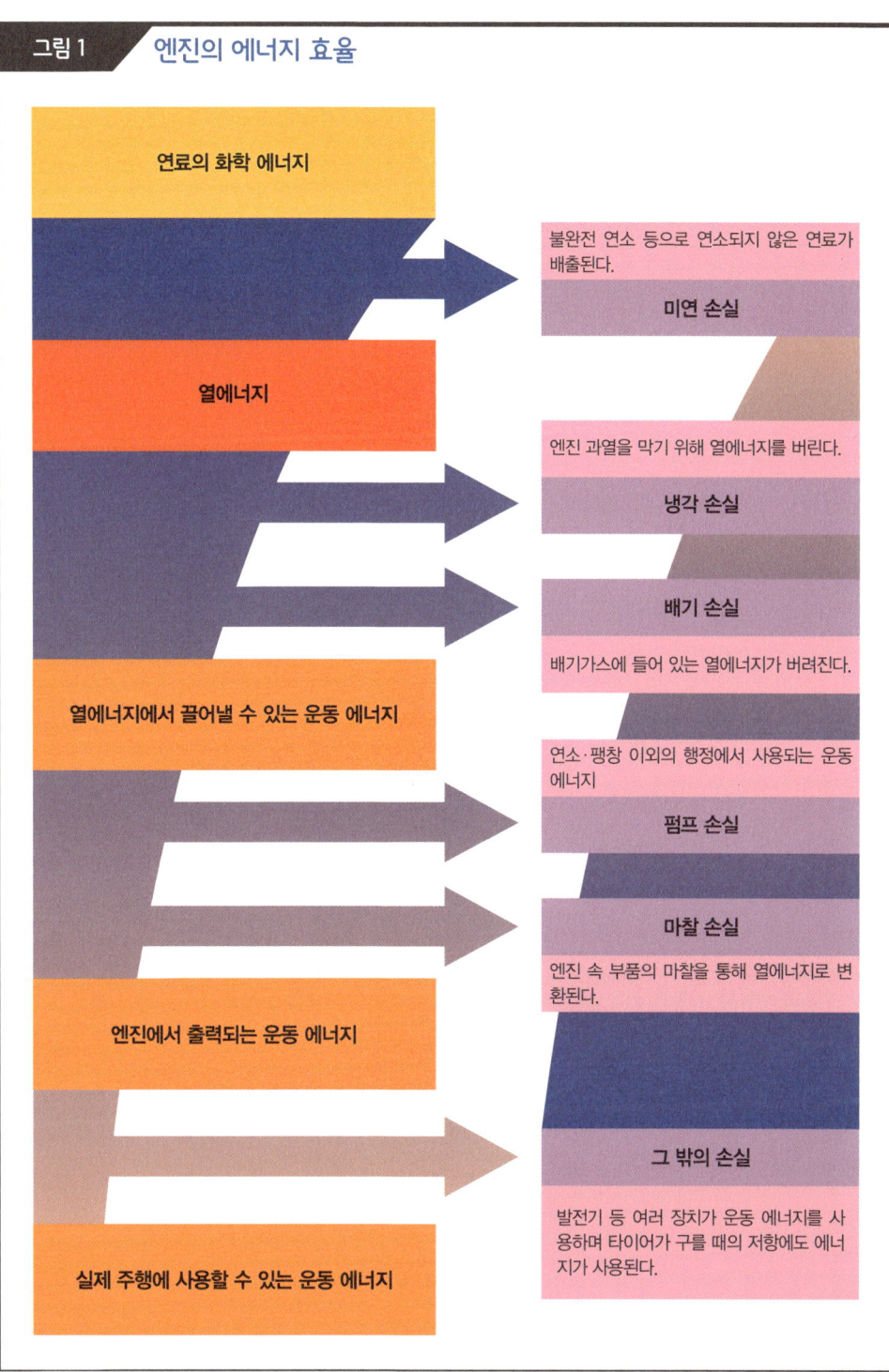

그림 1　엔진의 에너지 효율

엔진의 성능
변속기 없는 자동차는 주행할 수 없다

엔진이 발생시키는 힘은 회전하는 힘이다. 이와 같이 회전하는 힘을 **토크**라고 한다. 또 회전하는 속도는 회전수로 표현한다. 이 토크와 회전수를 곱한 것이 출력으로, 일정 시간 동안 변환할 수 있는 운동 에너지의 양이라고 할 수 있다.

엔진의 토크는 회전수가 적을 때는 작고 회전수가 증가하면 상승하다가, 일정 회전수에서 최대 토크에 이른 뒤 회전수가 그 이상 증가하면 오히려 저하된다. 이처럼 토크와 회전수 사이의 관계를 그래프로 그리면 산 모양이 된다. 최근에는 편의성을 높이기 위해 이 그래프가 사다리꼴을 그리는 엔진을 만들고 있다. 토크와 회전수의 곱인 출력도 당연히 일정 회전수에서 최대 출력을 맞이한 뒤 저하된다. 연료 소비율(일정 출력을 발휘하는 데 필요한 연료의 양)도 회전수에 따라 변하며, 일반적으로 골짜기 모양이 그래프의 기본 형태가 된다.

엔진은 회전수 0에서 갑자기 토크를 발생시키며 회전을 시작하는 것이 아니라 어느 정도의 회전수가 뒷받침되어야 의미 있는 토크를 발생시킨다. 즉, 최소한의 회전이 필요한데 이것을 **아이들링**(idling)이라고 한다.

실제 자동차 주행에서는 발진할 때 커다란 출력이 필요하지만 바퀴의 회전 속도는 낮아야 한다. 그리고 이후에 가속할 때에는 커다란 출력을 발휘하면서 바퀴의 회전 속도를 높여 나갈 필요가 있다. 정속 주행 중인 자동차는 주행저항에 대응할 수 있을 만큼의 구동력만 발휘하면 되므로 요구되는 힘이 감소한다. 이와 같이 주행 상황에 따라 바퀴에 필요한 회전수와 토크가 변하는데, 엔진의 회전을 그대로 전달해서는 적절한 회전수나 토크를 얻지 못한다. 그래서 변속기를 사용하는 것이다.

그림 1 엔진 성능 곡선

① 토크 곡선
일정 회전수에서 최대의 토크를 발휘한다. 이 부분을 정점으로 산 모양을 그리는 것이 보통인데, 최근 엔진은 최대 토크를 발휘할 수 있는 회전수의 폭이 넓어 사다리꼴에 가까운 그래프를 그리기도 한다.

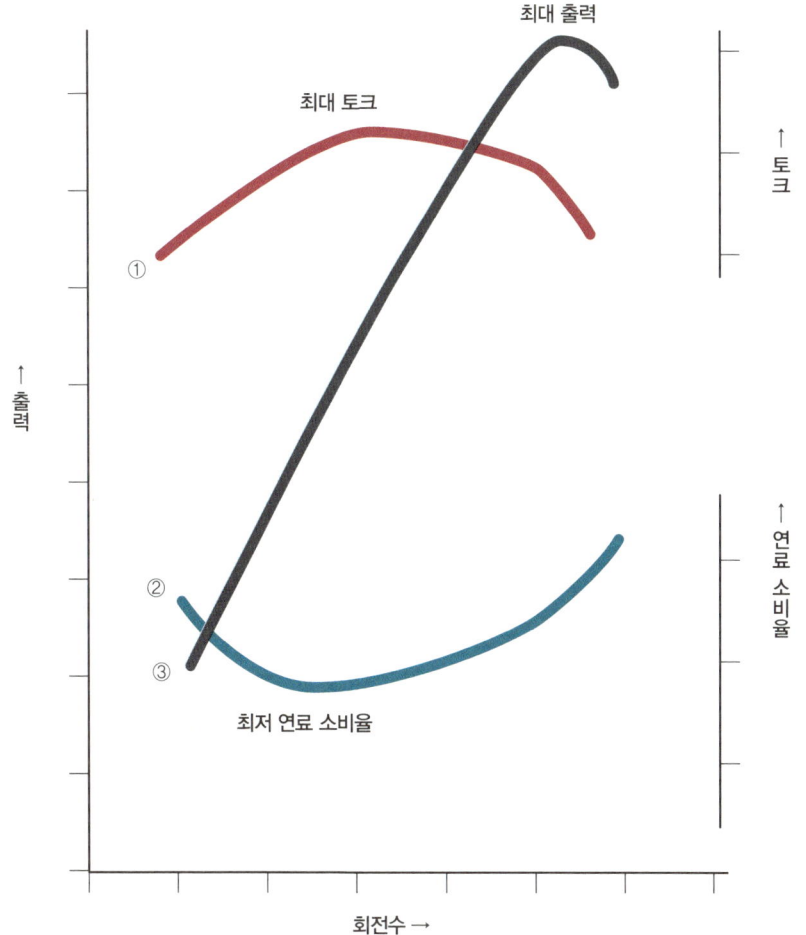

② 연료 소비율 곡선
일정 회전수를 정점으로 골짜기 모양의 그래프를 그리는 것이 일반적이다. 이 최저 연료 소비율의 회전수로 주행하면 연비를 높일 수 있다.

③ 출력 곡선
회전수와 토크의 곱인 출력은 산 모양의 그래프가 기본이지만, 최대 토크를 넘어서서 토크의 저하가 시작되어도 어느 정도까지는 회전수가 높아짐에 따라 출력이 커진다. 따라서 최대 출력의 회전수가 최대 토크의 회전수보다 높아진다.

로터리 엔진

로터리 엔진은 왕복 엔진처럼 피스톤의 왕복 운동을 이용하지 않고 직접 회전 운동을 만들어 낸다. 고출력을 내는 소형 엔진을 만들 수 있지만 충분한 토크를 얻을 수 있는 회전수의 범위가 좁은 까닭에 일반적인 의미에서는 다루기 어려운 엔진이라고 할 수 있다. 게다가 연비가 우수하다고는 말하기 어렵고 윤활과 냉각 쪽에도 문제가 있었다. 로터리 엔진의 커다란 토크가 스포츠카 제조사들에게 매력적으로 받아들여지던 시절도 있었지만, 2015년 현재 로터리 엔진을 상용차에 쓰고 있는 제조사는 없다.

로터리 엔진

INDEX

크랭크 기구 • 46

다기통화와 플라이휠 • 48

실린더 블록과 실린더 헤드 • 50

연소실과 배기량 • 52

기통 수와 실린더 배열 • 54

주운동계 • 56

흡배기 밸브 • 58

밸브 시스템 • 60

밸브 타이밍 • 62

엔진 본체와 보조 기구 • 64

토막 상식 2

직렬 6기통 엔진 • 66

Chapter 2
엔진의 기본 메커니즘

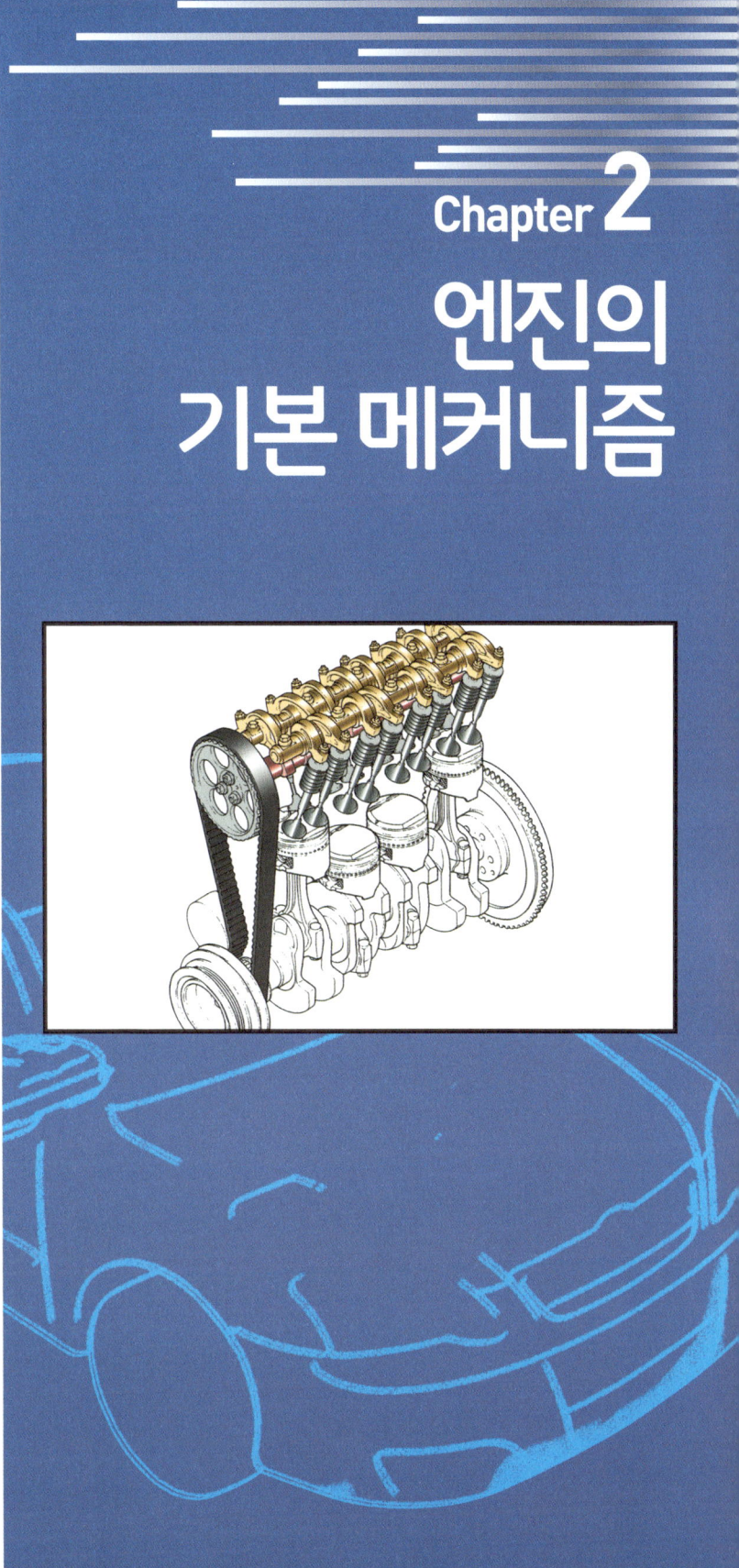

크랭크 기구

피스톤은 상하 왕복 운동을 회전 운동으로 변환한다

가솔린 엔진 같은 왕복 엔진은 피스톤이 왕복 운동을 해서 힘을 발생시키는데, 자동차가 주행하려면 타이어의 회전 운동이 필요하다. 그래서 왕복 엔진은 **크랭크축**(crankshaft)과 **커넥팅 로드**(connecting rod)를 이용해 상하 왕복 운동을 회전 운동으로 변환한다. **크랭크 기구**(crank mechanism)는 기본적인 기계요소(기계를 구성하고 있는 단위부품의 하나)로 다양한 기계에서 사용되고 있다. 자전거의 페달을 예로 들면 이해하기가 쉬울 것이다.

자전거 페달을 밟는 동작을 옆에서 바라보면 무릎이 다소 좌우로 움직이기는 하지만 기본적으로는 상하 왕복 운동을 한다. 이 무릎의 위치가 피스톤이고 무릎 아래의 다리가 커넥팅 로드, 페달과 회전 운동을 연결하는 부분이 크랭크축에 해당한다. 페달을 밟을 때 무릎이 아래로 내려간다. 그러면 페달이 크게 원을 그리고, 회전축의 **스프로킷**(sprocket, 체인이 걸려 있는 톱니바퀴처럼 생긴 부분)이 회전한다. 이에 따라 직선 운동이 회전 운동으로 바뀐다. 페달이 가장 낮은 위치에 오면 그 이상은 밟을 수 없게 된다. 일반적으로 페달에 발을 고정하지는 않지만 만약 발이 고정되어 있다면 페달을 끌어올려서, 즉 무릎을 위로 올려서 스프로킷을 회전시킬 수 있다. 이런 연속 동작을 통해 상하 왕복 운동이 회전 운동으로 바뀐다.

일반적인 자전거의 경우, 한쪽 발이 가장 낮은 위치에 있을 때 반대쪽 발은 가장 높은 위치에 있다. 높은 위치에 있는 발을 아래로 내려서 회전 운동을 계속하는데, 이때 가장 낮은 위치에 있던 발은 페달과 함께 위로 올라간다. 요컨대 크랭크 기구는 회전 운동을 상하 왕복 운동으로 바꿀 수도 있다.

그림 1　크랭크축과 커넥팅 로드

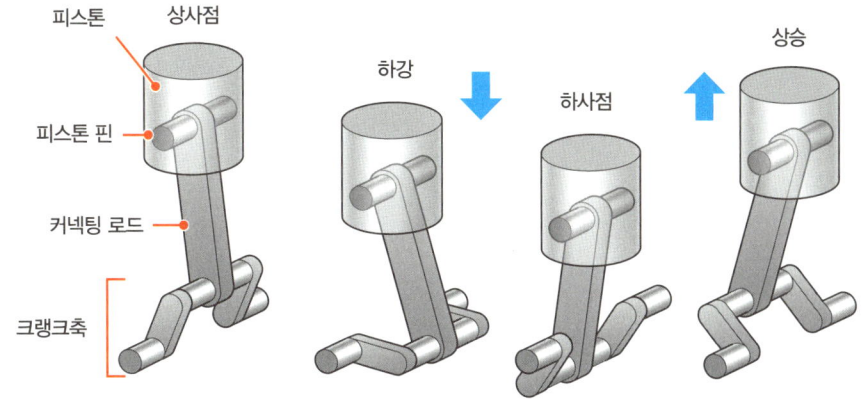

커넥팅 로드는 피스톤과 크랭크축을 연결해 상하 왕복 운동을 회전 운동으로 바꾼다.

그림 2　크랭크 기구의 작동

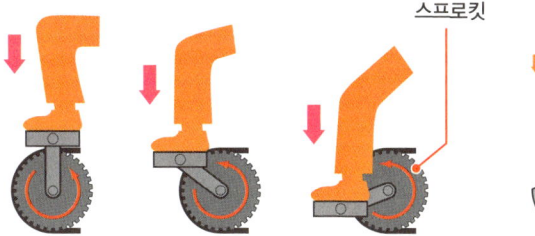

무릎이 내려가면 페달이 원호를 그리면서 스프로킷이 회전한다.

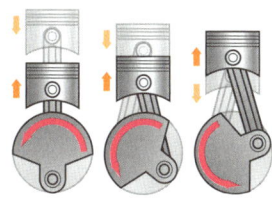

피스톤이 내려가면 크랭크축이 회전한다.

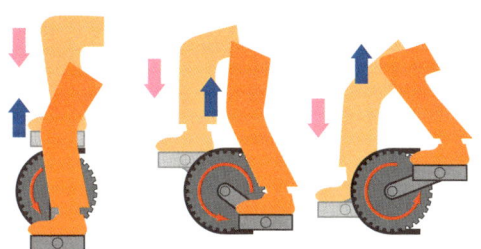

반대쪽 페달을 밟으면 다른 쪽 페달이 원호를 그리고 무릎이 올라간다.

피스톤 두 개가 짝을 이루면 하강한 피스톤을 상승시킬 수 있다.

다기통화와 플라이휠
연소 · 팽창 행정에서 운동 에너지가 발생한다

가솔린 엔진의 4행정 가운데 실제로 힘이 발생하는 구간은 연소·팽창 행정뿐이며 다른 행정에서는 피스톤이 움직이기 위한 힘이 필요하다. 그래서 자동차 엔진은 대부분 복수의 **기통**으로 구성되어 있다. 기통이란 한 세트로 구성된 실린더와 피스톤을 의미한다. 각각의 기통이 다른 행정을 담당하게 하고, 한 기통에서 발생한 힘을 이용해 다른 기통의 피스톤을 움직인다. 크랭크축에 있는 서로 다른 회전 위치에 여러 커넥팅 로드를 연결해 연소·팽창 행정에 진입한 기통의 힘을 다른 기통으로 전달한다. 승용차에는 일반적으로 3~12기통 엔진이 사용된다.

다만 실제로는 1기통(단기통)으로도 엔진의 기능을 구현할 수 있다. 이때 중요한 역할을 담당하는 것이 **플라이휠**(fly wheel)이다. 플라이휠은 크랭크축의 끝에 장착하는 금속제 원판으로, 일단 회전을 시작하면 관성에 따라 회전을 계속하려 한다. 이와 같은 회전 운동의 관성력을 **관성 모멘트**라고 하며, 이 회전력으로 연소·팽창 행정 이외의 행정에서 피스톤을 움직인다.

다기통 엔진에도 플라이휠이 장착되어 있다. 연소·팽창 행정에서 힘이 발휘된다고 해도 기세 좋게 힘이 발휘되는 것은 행정의 전반부로 한정된다. 그래서 4기통 엔진의 경우, 각각의 기통이 4행정을 담당하더라도 1회전을 하는 사이에 회전 속도가 들쭉날쭉해져 회전이 부자연스러워진다. 이때 플라이휠을 장착해 관성 모멘트를 이용하면 회전 속도를 알맞게 조절할 수 있기 때문에 회전이 자연스러워진다.

그림 1 각 기통의 행정 분담

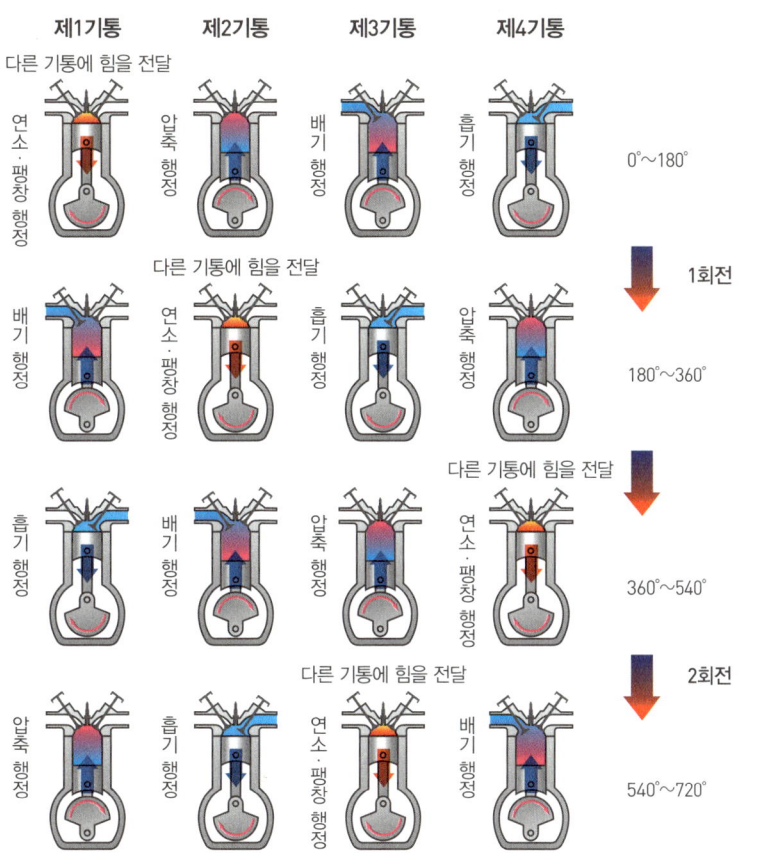

엔진을 4기통으로 구성하면 지속적으로 힘을 발생시킬 수가 있어 연료·팽창 행정 이외의 행정일 때도 피스톤을 움직일 수 있다.

그림 2 플라이휠

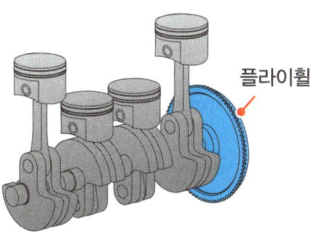

플라이휠이 일으킨 관성 모멘트 때문에 연료·팽창 행정 이외의 행정에서도 회전이 계속되며, 회전 속도의 변동을 억제해 회전을 원활하게 한다.

플라이휠이 없다

사실 요즘 자동차 엔진 중에는 플라이휠이 장착되어 있지 않은 것이 많다. 자동 변속기 차량이나 CVT 차량의 경우, 변속기의 토크 컨버터(torque converter)라는 장치가 엔진과 항상 연결되어 있다. 토크 컨버터가 플라이휠의 기능을 하기 때문에 엔진에 플라이휠을 장착할 필요가 없다.

실린더 블록과 실린더 헤드
금속으로 실린더를 만들고 피스톤을 넣는다

엔진이 힘을 발생시키는 기본 단위는 **실린더와 피스톤**이다. 실제 엔진은 내부에 실린더의 통 구조가 만들어낸 **실린더 블록**과 실린더의 천장에 있는 **실린더 헤드**로 구성되어 있다. 둘 다 연소·팽창 행정의 폭발적인 연소가 일으킨 압력 상승을 견뎌야 하기 때문에 튼튼하게 만들 필요가 있다. 하지만 내구성을 높이기 위해 부품이 무거워지면 주행 성능과 연비라는 측면에서 불리해지기 때문에 강도 유지와 상관이 없는 부분을 깎아서 경량화를 꾀하고 있다. 일반적으로는 철제이지만 가벼운 알루미늄 소재를 쓰는 경우도 있다.

실린더 블록에는 엔진의 기통 수에 맞춘 통 구조가 있다. 이 통에 피스톤이 들어가며, 피스톤과 실린더 헤드의 경계 부근이 상사점이다. 실린더 블록의 하부에는 크랭크축을 지탱하는 구조가 있는데, 지탱하는 부분이 별체(別體)일 경우도 있다. 크랭크축과 피스톤이 **커넥팅 로드**로 연결된다. 그리고 그 밑에는 엔진의 바닥이 되는 **오일 팬**이 부착되어 있다. 오일 팬은 엔진 내부를 윤활하는 엔진 오일의 저장소로도 사용된다.

실린더 헤드의 경우, 실린더 블록의 통에 대응하는 부분에 오목한 곳이 있다. 이곳이 연소실을 구성한다. 여기에는 흡기 포트나 배기 포트 등의 통로, 점화 플러그의 전극 부분을 돌출시키는 구멍, **흡배기 밸브**를 다는 구멍 등이 있다. 이들 흡배기 밸브를 여닫는 **밸브 시스템**도 실린더 헤드에 설치된다. 실린더 헤드의 상부에는 **실린더 헤드 커버**가 달려 있는데, 이 부품이 내부를 보호하고 밸브 시스템 등을 윤활하는 엔진 오일이 튀는 것을 방지한다.

그림 1 　 엔진의 기본 구조

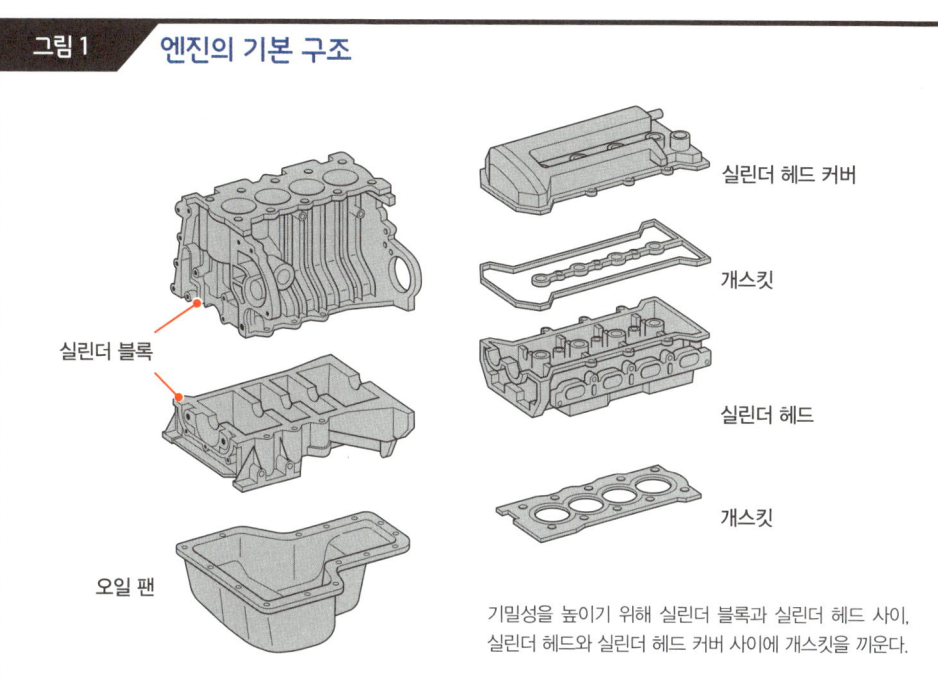

실린더 헤드 커버

개스킷

실린더 헤드

개스킷

실린더 블록

오일 팬

기밀성을 높이기 위해 실린더 블록과 실린더 헤드 사이, 실린더 헤드와 실린더 헤드 커버 사이에 개스킷을 끼운다.

그림 2 　 엔진 상부의 구조

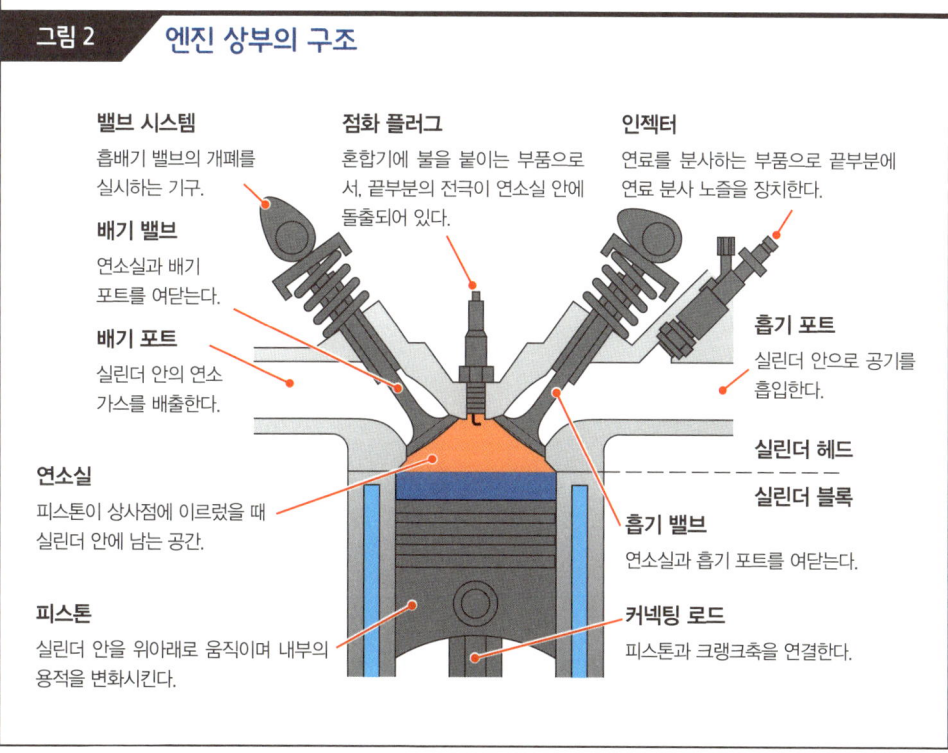

밸브 시스템
흡배기 밸브의 개폐를 실시하는 기구.

배기 밸브
연소실과 배기 포트를 여닫는다.

배기 포트
실린더 안의 연소 가스를 배출한다.

연소실
피스톤이 상사점에 이르렀을 때 실린더 안에 남는 공간.

피스톤
실린더 안을 위아래로 움직이며 내부의 용적을 변화시킨다.

점화 플러그
혼합기에 불을 붙이는 부품으로서, 끝부분의 전극이 연소실 안에 돌출되어 있다.

인젝터
연료를 분사하는 부품으로 끝부분에 연료 분사 노즐을 장치한다.

흡기 포트
실린더 안으로 공기를 흡입한다.

실린더 헤드

실린더 블록

흡기 밸브
연소실과 흡기 포트를 여닫는다.

커넥팅 로드
피스톤과 크랭크축을 연결한다.

연소실과 배기량
연소실에서 힘을 만들어낸다

연소실의 모양은 흡기와 배기의 흐름, 연료와 흡기의 섞임 등에 영향을 미친다. 또 표면적이 넓을수록 연소가 발생시킨 열에너지를 실린더 블록 등에 빼앗기기 쉽다. 지금까지 다양한 모양의 **연소실**이 개발되어 왔는데, 현재는 **펜트 루프형**(pent roof type) **연소실**이 일반적이다. 그림 1과 같은 **삼각 지붕형**이 기본형이며 필요에 따라 약간의 변형을 가한다.

피스톤은 실린더 안의 상사점과 하사점 사이를 왕복하는데, 하사점에 있을 때 실린더 안의 용적을 **실린더 용적**, 상사점에 있을 때 용적을 **연소실 용적**이라고 한다. 그리고 실린더 용적에서 연소실 용적을 뺀 것이 일련의 4행정 사이에 흡입되는 공기의 양, 즉 배출되는 연소 가스의 양이 된다. 이것을 기통당 **배기량**이라고 하며, 여기에 엔진의 기통 수를 곱한 것이 엔진의 총배기량이다.

또 실린더 용적과 연소실 용적 사이의 비율을 **압축비**라고 한다. 압축비를 높이면 그만큼 변환할 수 있는 운동 에너지의 양이 늘어나므로 효율을 높일 수 있다. 그러나 가솔린 엔진의 경우, 압축비를 너무 높이면 실린더 안에 있는 혼합기의 온도가 지나치게 상승해서 점화 플러그로 불을 붙이기 전에 노킹(knocking)이라고 부르는 이상 연소가 일어나버린다. 피스톤이 상사점에 이르기 전에 연소가 시작되어 연소 가스가 팽창하기 시작하면 엔진이 정상적으로 기능하지 못하기 때문에 가솔린 엔진의 압축비는 8:1~10:1로 설정되어 있는 경우가 많다. 참고로 자연 발화를 전제로 하는 디젤 엔진의 압축비는 20:1 정도가 많다. 가솔린 엔진에 비해 압축비가 높게 설정되어 있기 때문에 디젤 엔진의 효율이 더 좋은 것이다.

그림 1 펜트 루프형 연소실

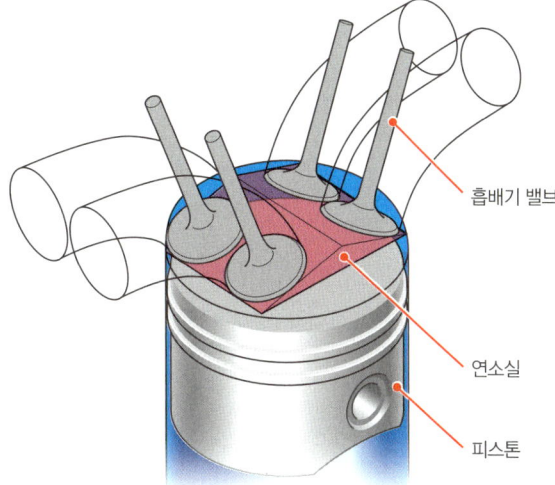

- 흡배기 밸브
- 연소실
- 피스톤

그림과 같은 삼각 지붕형이 펜트 루프형 연소실의 기본형이다. 여기에 흡배기의 흐름이나 혼합기의 상태를 검토해 모양을 다양하게 변형시킨다.

그림 2 실린더와 연소실의 용적

실린더 용적
피스톤이 하사점에 있을 때의 실린더 안의 용적

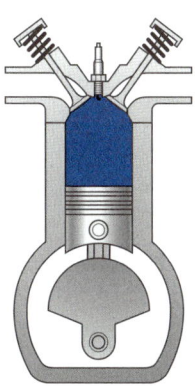

⟨기통당 배기량⟩
피스톤이 하사점에서 상사점으로 이동함에 따라 변화하는 실린더 안의 용적

연소실 용적
피스톤이 상사점에 있을 때의 실린더 안의 용적

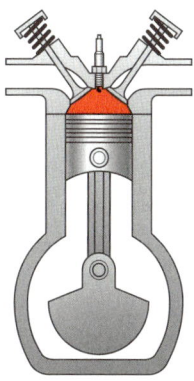

⟨압축비⟩
실린더 용적과 연소실 용적 사이의 비율

기통 수와 실린더 배열
기통 수가 많을수록 출력이 높아진다

엔진의 총배기량이 커지면 연소되는 연료의 양이 늘어나기 때문에 출력이 높아진다. 그러나 단순히 기통당 배기량을 키우면 문제가 발생한다. 연소실 안에서 연소가 일어날 때는 전체가 한꺼번에 불타는 것이 아니라 점화 플러그의 불꽃에 불이 붙은 곳부터 순차적으로 연소가 확산된다. 즉, 기통당 배기량을 키우면 연소실 용적이 커져서 전체에 불이 붙는 데 시간이 걸리기 때문에 회전수를 높이기가 어려워진다. 그래서 해당 엔진에 요구되는 출력에 따라 총배기량이 결정되고, 그 총배기량에 따라 기통 수가 결정된다. 개중에는 총배기량이 같은데 기통 수가 다른 엔진도 있다. 기통 수가 많은 엔진은 원활한 회전이나 정숙성 또는 고속 회전이 요구되는 경우에 쓴다.

다기통 엔진의 실린더 배치에는 여러 가지가 있다. 가장 기본적인 **실린더 배열**은 **직렬형**으로, 크랭크축의 축 방향을 따라 기통이 직렬로 나열된다. 이 배열 방식은 구조가 단순하지만 기통 수가 늘어나면 엔진의 전장(全長)이 길어져서 엔진룸에 수납하기가 어렵다. 전고(全高)도 높아져서 무게중심이 올라가기 쉽다.

V형은 전체 기통을 절반씩 양쪽에 V자 모양으로 배치해 하나의 크랭크축을 공유한다. 각각의 열을 **뱅크**(bank)라고 하며, 뱅크와 뱅크의 각도를 뱅크각이라고 한다. 직렬형에 비하면 전장을 억제할 수 있지만 전폭(全幅)은 넓어진다. 전고가 높지 않아 직렬형보다 무게중심이 낮아진다. 그리고 V형의 뱅크각을 180도로 한 것이 **수평 대향형**이다. V형보다 무게중심을 더 낮게 만들 수 있지만 엔진의 전폭이 넓어진다.

그림 1   실린더 배열

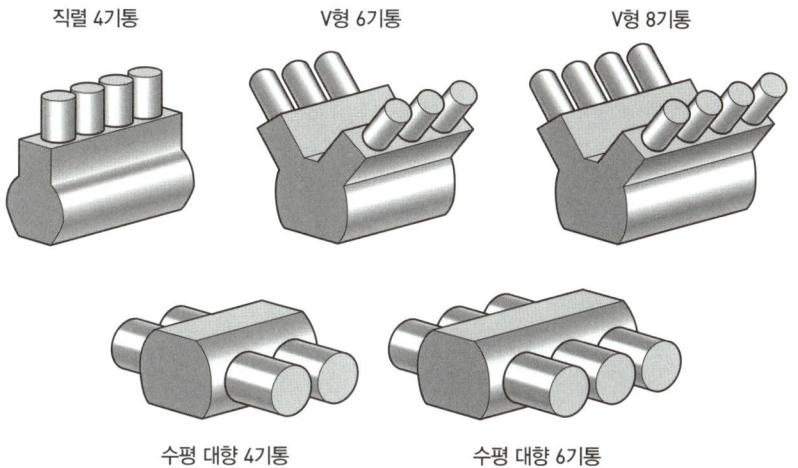

직렬 4기통   V형 6기통   V형 8기통

수평 대향 4기통   수평 대향 6기통

외국에는 V형 두 개를 조합해 만든 W형(뱅크가 4열) 실린더 배열을 사용하는 자동차 제조사도 있다.

그림 2   피스톤의 작동

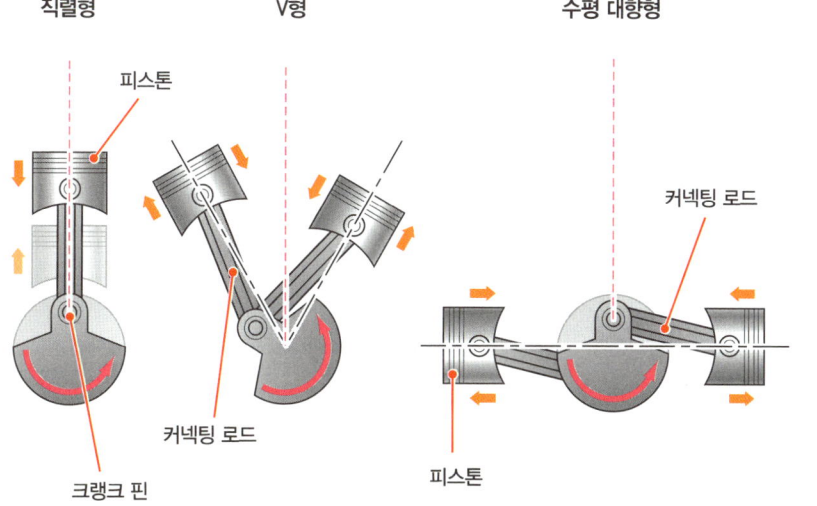

직렬형   V형   수평 대향형

피스톤   커넥팅 로드   커넥팅 로드   피스톤   크랭크 핀

직렬형의 경우 실린더가 지면에 대해 수직이지만, 열 전체를 기울인 상태로 자동차에 탑재하는 경우도 있다.

주운동계
힘을 발생시킬 때 주운동계가 작동한다

엔진의 기본적인 형태를 구성하는 실린더 블록과 실린더 헤드에 장착된 부품 가운데 **피스톤**과 **커넥팅 로드**, **크랭크축** 등의 부품을 총칭해 **주운동계**라고 한다.

피스톤은 원통형으로, 실린더의 안지름보다 조금 가늘다. 경량화를 위해 안쪽을 파내기 때문에 컵을 뒤집어 놓은 듯한 모양이지만, 커넥팅 로드와 피스톤을 접속하는 피스톤 핀은 보강되어 있다. 피스톤의 주위에는 피스톤 링이라는 부품이 끼워져 있어 연소실의 기밀성을 유지하는 동시에 윤활용 오일이 연소실 안으로 들어가지 못하도록 막는다.

크랭크축을 자세히 살펴보면 회전축이 되는 부분을 **크랭크 저널**(crank journal), 커넥팅 로드가 접속되는 부분을 **크랭크 핀**(crank pin)이라고 한다. 그리고 저널과 핀을 연결하는 부분인 **크랭크 암**(crank arm)이 있다. 크랭크 핀의 위치가 회전 중심에서 벗어나 있기 때문에 회전할 때마다 진동이 발생한다. 그래서 크랭크 핀의 반대쪽 위치에 **평형추**라는 무게추가 설치되어 있다.

커넥팅 로드는 양쪽 끝이 뚫려 있는 막대다. 피스톤 핀에 끼우는 부분을 **스몰 엔드**(small end), 크랭크 핀에 끼우는 부분을 **빅 엔드**(big end)라고 한다. 양쪽 링을 연결하는 부분은 경량화를 위해 단면을 I형으로 만들 때가 많다.

크랭크축의 모양에 따라 각 기통의 작동 순서가 결정되는데, 맨 끝의 기통부터 순서대로 연소·팽창 행정이 진행되면 이때 발생한 힘은 축에 비틀 듯이 작용한다. 그래서 최대한 연소·팽창 행정이 분산되어 크랭크축에 균등한 힘이 가해지도록 각 기통의 작동 순서를 결정한다. 이 순서를 **점화 순서**라고 한다.

그림 1 실린더 배열

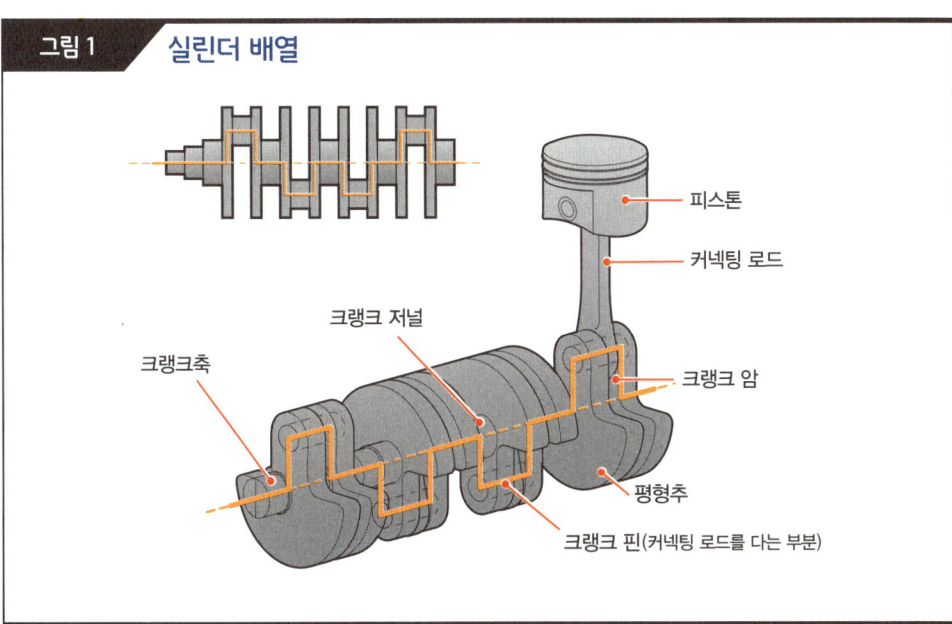

그림 2 점화 순서

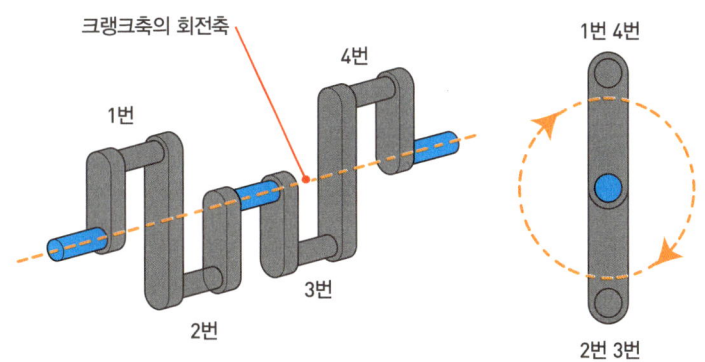

직렬 4기통의 경우는 인접한 기통에서 연속으로 연소·팽창 행정이 찾아올 때도 있다. 그림의 1→2→4→3 이외에 1→3→4→2의 점화 순서도 있다.

크랭크 회전 각도		제1회전		제2회전	
		0~180도	180~360도	360~540도	540~720도
실린더	1번	연소	배기	흡기	압축
	2번	압축	연소	배기	흡기
	3번	배기	흡기	압축	연소
	4번	흡기	압축	연소	배기

흡배기 밸브
4행정에 맞춰 흡기와 배기를 조절한다

흡배기 밸브를 여닫는 기구를 **밸브 시스템**이라고 한다. **동변계**라고 부르기도 한다. 밸브 자체는 **밸브 스템**(valve stem)이라는 막대 모양의 부분과 **밸브 헤드**라는 원형 부분으로 구성되어 있다. 그리고 이 원형 부분이 연소실의 흡배기 포트의 개구부에 끼워진다. 밸브 스템에는 **밸브 스프링**이라는 스프링이 장착되어 있어서 밸브가 닫힌 상태를 유지해준다.

이 밸브는 **캠 기구**(cam mechanism)를 통해 열린다. 캠 기구는 기계요소 중 하나로 회전 운동을 직선 운동으로 바꿔준다. 스프링 등을 병용하면 왕복 운동으로도 바꿀 수 있지만, 크랭크 기구처럼 상하 왕복 운동을 회전 운동으로 바꾸지는 못한다. 밸브 시스템에 사용되는 **캠**은 단면이 달걀 모양이다. 달걀 모양의 캠은 회전 중심에서 바깥 둘레까지의 거리가 균일하지 않으며 돌출된 부분이 있는데, 이 캠이 밸브의 뒤쪽 끝에 닿아 있다. 그래서 캠이 회전하다 돌출된 부분이 밸브의 뒤쪽 끝을 누르면 밸브가 열리고, 캠이 더 회전해서 돌출된 부분이 뒤쪽 끝을 누르지 않으면 스프링 때문에 밸브가 닫힌다. 이와 같이 캠이 밸브의 뒤쪽 끝을 직접 누르는 방식을 **직동식**이라고 한다. 한편 지렛대가 되는 암을 거쳐서 간접적으로 밸브를 누르는 방식도 있는데, 받침점과 힘점의 위치에 따라 **스윙암식**(swing arm type)과 **로커암식**(rocker arm type)의 두 방식이 있다.

1기통당 흡배기 밸브가 한 개씩 있는 엔진도 있지만 현재는 각각 두 개씩을 사용하는 **4밸브식**이 주류다. 연소실의 한정된 면적에서 포트의 원형 개구부를 크게 확보하려면 4밸브가 더 적합하기 때문이다. 밸브 수를 더 늘리는 방법도 있지만, 그러면 부품이 작아져 구조가 복잡해진다.

그림 1 　캠의 작동

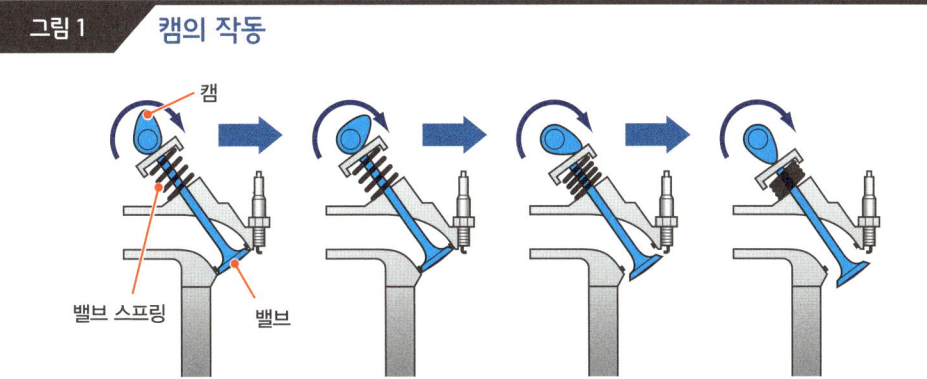

캠의 가장 돌출된 부분이 밸브 스프링을 누르면 밸브가 최대한 열리고 그 뒤에는 밸브가 점점 닫힌다.

그림 2 　캠의 구동 방식

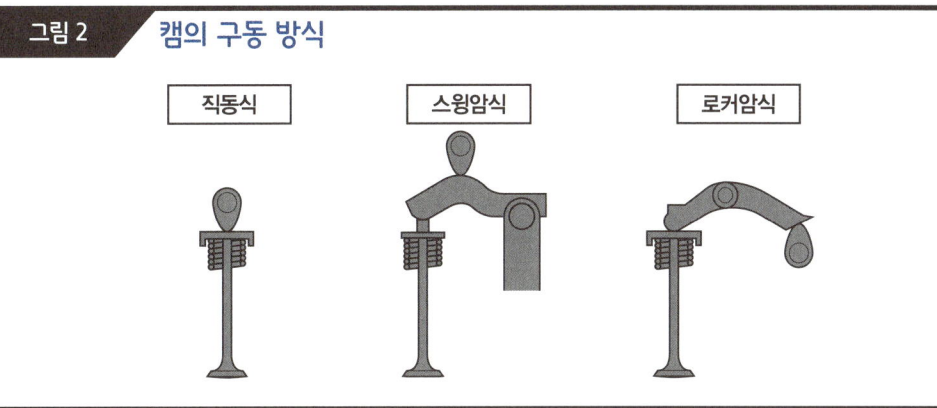

그림 3 　2밸브와 4밸브

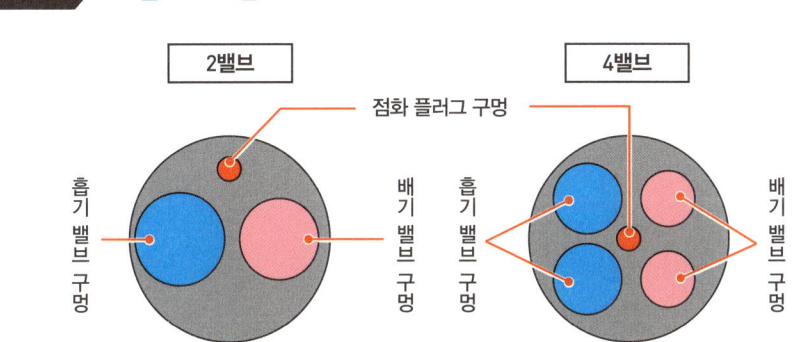

4밸브가 전체적으로 개구부를 더 크게 확보할 수 있을 뿐만 아니라 점화 플러그의 전극을 연소실의 중심에 배치해 혼합기의 연소가 확산되는 거리를 최대한 단축할 수 있다.

밸브 시스템
크랭크축의 회전을 이용해 캠을 여닫는다

실제 **밸브 시스템**에서는 축 하나에 여러 개의 캠을 한꺼번에 연결한 **캠축**이 사용된다. 그리고 크랭크축에 장착된 **크랭크축 풀리**(crankshaft pulley)의 회전이 **타이밍 벨트**(timing belt)라는 벨트를 통해 캠축에 장착된 **캠축 풀리**(camshaft pulley)에 전달된다. 크랭크축은 일련의 4행정이 진행되는 사이에 2회전을 하는데, 이때 캠축은 1회전만 해야 하기 때문에 캠축 풀리의 지름을 크랭크축 풀리의 지름보다 두 배로 만든다. 벨트와 풀리가 아니라 체인과 스프로킷을 사용하는 경우도 있다.

현재 밸브 시스템의 주류는 **오버헤드 캠축식**(Over Head Camshaft, OHC)이다. 캠축이 엔진의 상부에 위치하기 때문에 이렇게 부른다. 그리고 캠축이 한 개인 방식을 **싱글 오버헤드 캠축식**(Single Over Head Camshaft, SOHC), 두 개인 방식을 **더블 오버헤드 캠축식**(Double Over Head Camshaft, DOHC)이라고 한다. V형이나 수평 대향형 엔진의 경우는 각각의 뱅크에 밸브 시스템이 장착된다.

SOHC식의 경우 흡배기 밸브 중 한쪽은 직동식으로, 다른 한쪽은 암으로 구동한다. 아니면 양쪽을 모두 암으로 구동한다. 흡배기 밸브의 스템이 이루는 각도(밸브 협각)는 흡배기의 흐름에 영향을 끼치기 때문에 엔진을 설계할 때 중요한 요소가 된다. SOHC식은 설계의 자유도가 낮기 때문에 점화 플러그의 전극을 비스듬하게 돌출시켜야 하는 경우도 많다.

한편 DOHC식의 경우 암이 사용될 때도 있지만 관성력의 영향으로 암의 움직임이 나빠질 수도 있기 때문에 직동식이 많다. 설계의 자유도가 높아서 점화 플러그의 전극을 수직으로 돌출시킬 수 있다. 다만 엔진 상부가 거대해지기 쉽다.

그림 1　SOHC식

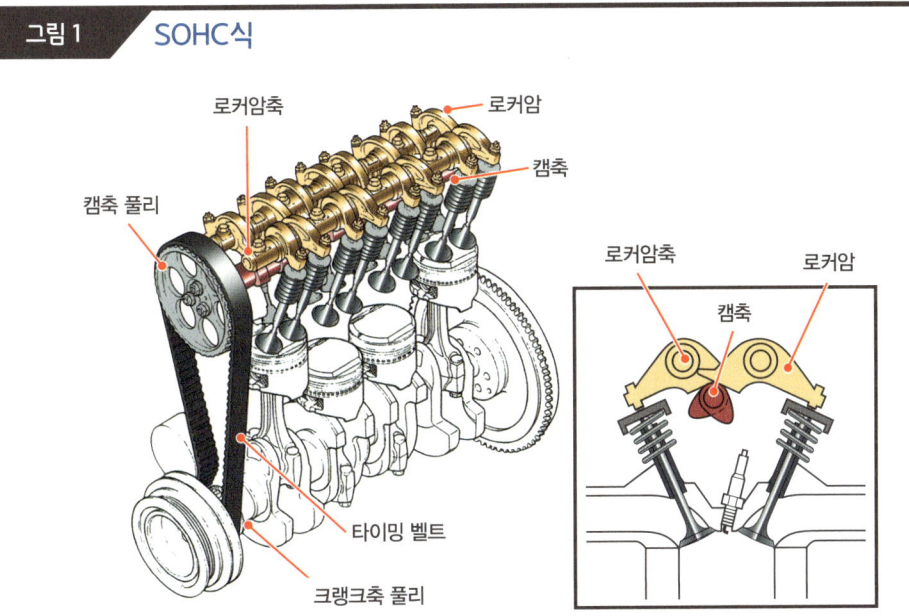

흡배기 밸브 양쪽을 로커암으로 구동시키는 방식. 때때로 로커암과 스윙암을 조합하거나 직동식과 로커암을 조합하기도 한다.

그림 2　DOHC식

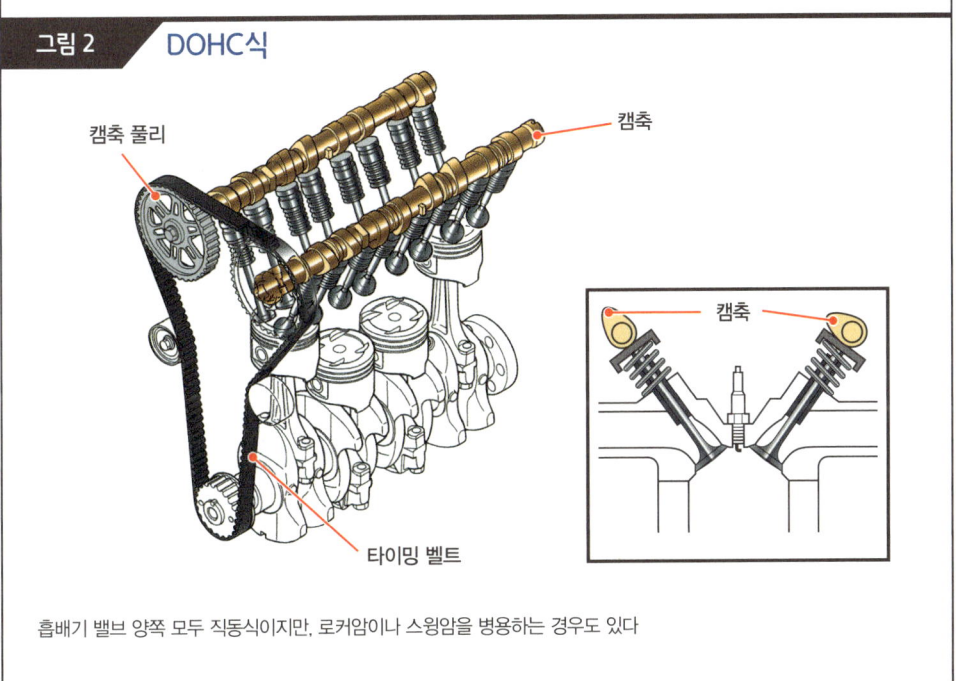

흡배기 밸브 양쪽 모두 직동식이지만, 로커암이나 스윙암을 병용하는 경우도 있다

밸브 타이밍

흡배기 밸브를 여닫는 타이밍에는 미묘한 오차가 있다

엔진의 4행정을 설명할 때 흡배기 밸브는 피스톤이 상사점과 하사점에 있을 때 열리고 닫힌다고 말했는데, 실제 엔진에서는 일찍 열리고 늦게 닫힐 때가 많다. 이는 흡배기나 밸브가 관성의 영향을 받기 때문에 일어나는 일로, 이런 밸브의 개폐 시기를 **밸브 타이밍**이라고 하며 이것을 크랭크축의 회전 각도에 대응해 그린 그림을 **밸브 타이밍 다이어그램**이라고 한다.

흡기 행정에서 피스톤이 내려가기 시작하는 순간에 흡기 밸브를 열어도 곧바로 완전히 열리지는 않을뿐더러 그때까지 정지해 있던 공기도 즉시 움직이지는 않기 때문에 밸브는 조금 일찍 열린다. 그리고 피스톤이 하사점에 이르러 다시 올라가기 시작하면 실린더 안의 압력이 높아지는데, 계속 흘러들어오고 있는 공기의 기세가 내부의 압력보다 강한 동안 흡기가 계속된다. 이 때문에 밸브가 늦게 닫힌다.

배기 행정에서 피스톤이 올라가기 전에 배기 밸브를 열면 연소 가스의 압력이 빠져나갈 것 같지만, 하사점 부근에서 이미 압력 상승이 끝난 상태이기 때문에 손실은 발생하지 않는다. 또 흡기가 시작되어도 잠시 동안은 배기 밸브가 열린 채로 있다.

이에 따라 기세 좋게 흘러나가는 연소 가스가 공기를 끌어들이는 효과와 흘러들어오기 시작한 공기가 연소 가스를 밀어내는 효과를 기대할 수 있다. 이와 같이 양 밸브가 모두 열려 있는 시기를 **밸브 오버랩**(valve overlap)이라고 한다.

다만 오버랩을 할 때 일부러 연소 가스를 남겨서 연소를 좋게 하거나 대기 오염 물질을 줄이는 방법도 있으며, 최적의 밸브 타이밍은 엔진의 운동 상태에 따라 변한다. 그래서 현재는 밸브 타이밍이나 밸브가 열린 상태를 상황에 맞춰 변화시키는 **가변 밸브 시스템**을 탑재한 엔진이 증가하고 있다.

그림 1　밸브 타이밍 다이어그램

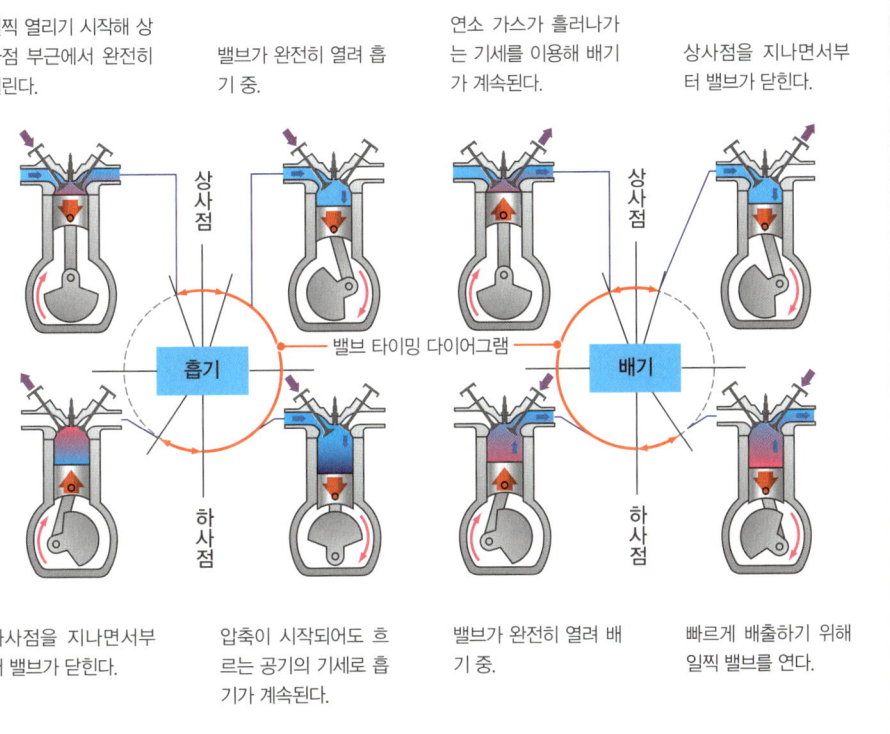

상사점을 0도로 놓고 크랭크축의 회전 각도에 대응해 그렸다.

그림 2　흡기와 배기의 흐름

일찍 열리기 시작해 상사점 부근에서 완전히 열린다.

밸브가 완전히 열려 흡기 중.

연소 가스가 흘러나가는 기세를 이용해 배기가 계속된다.

상사점을 지나면서부터 밸브가 닫힌다.

하사점을 지나면서부터 밸브가 닫힌다.

압축이 시작되어도 흐르는 공기의 기세로 흡기가 계속된다.

밸브가 완전히 열려 배기 중.

빠르게 배출하기 위해 일찍 밸브를 연다.

엔진 본체와 보조 기구

엔진이 작동하려면 여러 가지 시스템이 필요하다

일반적으로 엔진의 골격이 되는 실린더 블록과 실린더 헤드에 주운동계와 동변계까지 포함해서 **엔진 본체**라고 한다. 하지만 이것만으로는 엔진이 온전하게 기능하지 않는다. 엔진을 가동시키려면 **보조 기구**가 필요하다.

보조 기구로는 연소에 필요한 공기를 끌어들이는 **흡기 장치**, 연소 가스를 원활하게 배출하는 **배기 장치**, 연료를 공급하는 **연료 공급 장치**, 연료에 불을 붙이는 **점화 장치**, 적정 온도를 유지하는 **냉각 장치**, 내부의 부품이 원활하게 움직일 수 있도록 하는 **윤활 장치**, 엔진을 가동시키는 **시동 장치**, 점화 장치나 시동 장치 등에 필요한 전력을 발전하고 저장하는 **충전 장치**가 있다. 엔진에 따라서는 터보차저 등의 **과급 장치**가 추가되기도 한다. 또 엔진을 제어하는 **엔진 컨트롤 유닛**(컴퓨터)은 연료 공급 장치의 일부로 취급되어 왔지만, 현재는 하나의 보조 기구로 다뤄도 될 만큼 중요한 존재다. 이들 보조 기구는 엔진 본체에 장착되는 부분도 있고 독립된 부분도 있다. 보조 기구에 대해서는 다음 장에서 자세히 설명토록 하겠다.

엔진 개발에는 비용과 시간이 많이 들어가기 때문에 똑같은 엔진 블록에 여러 실린더 헤드를 조합해서 다양한 성격의 엔진을 만드는 경우도 있다. 이때 연소실의 모양이나 밸브 시스템 등이 바뀐다. 보조 기구도 마찬가지여서, 흡기 장치나 배기 장치, 연료 공급 장치, 점화 장치 등을 다른 장치로 바꿔서 엔진 성능에 변화를 줄 수 있다. 한편 충전 장치나 시동 장치 등은 다양한 엔진에 모두 쓰일 수 있는 범용으로 개발되는 경우가 많다. 이 경우에 대량 생산을 통한 비용 절감을 도모할 수 있기 때문이다. 그 밖의 보조 기구도 부품 단위에서 범용화가 진행되고 있다.

그림 1   엔진 본체와 보조 기구

흡기 장치
연소에 필요한 공기를 엔진으로 원활히 끌어들인다.

연료 공급 장치
연료를 저장해두고 연소가 용이한 상태로 공급한다.

냉각 장치
엔진의 과열을 방지하고 적정한 온도를 유지한다.

배기 장치
연소 가스를 원활하고 안전하며 조용하게 배출한다.

점화 장치
충전 장치의 전력을 이용해 연료에 불을 붙인다.

윤활 장치
엔진 안의 부품이 원활히 움직일 수 있게 한다.

엔진은 다양한 보조 기구의 도움을 받으며 기능한다.

시동 장치
시동에 필요한 힘을 외부에서 엔진에 가한다.

과급 장치
흡기량을 늘려서 엔진의 능력을 높인다.

엔진 본체
실린더 블록, 실린더 헤드, 주운동계, 동변계로 구성된다.

충전 장치
엔진 등이 사용하는 전력을 발전하고 저장해둔다.

엔진 컨트롤 유닛
연료 공급이나 점화 시기 등 엔진 각부를 제어한다.

직렬 6기통 엔진

승용차에서 **직렬 6기통 엔진**이 모습을 감추고 있다. V형 6기통 엔진(V6 엔진)에 밀려난 것이다. 직렬 6기통 엔진은 구조상 총배기량을 키워도 진동이나 소음이 잘 발생하지 않는 엔진이지만, 어쩔 수 없이 회전축 방향으로 길어진다는 문제점이 있다.

현재 자동차는 충돌 사고가 일어났을 때 차량의 앞부분이 찌그러지면서 충돌 에너지를 흡수하도록 설계하는데, 직렬 6기통 엔진을 세로로 배치(엔진의 회전축이 차량의 전진 방향과 수평이 되게 하는 배치)할 경우 이런 크럼플 존(crumple zone, 충격 흡수 구역)을 확보하기가 어렵다. 반면에 V6 엔진은 이런 문제가 없을 뿐만 아니라 가로 또는 세로로 배치할 수 있다. 이렇다 보니 비용 절감이 중요한 과제로 대두된 오늘날에는 V6 엔진이 주류가 된 것이다.

직렬 6기통 엔진

INDEX

흡기 장치 • 68
스로틀 밸브 • 70
배기 장치 • 72
촉매 변환기 • 74
머플러 • 76
연료 공급 장치 • 78
포트 분사와 연소실 내 분사 • 80
점화 장치 • 82
직접 점화 장치 • 84
점화 플러그 • 86
엔진 컨트롤 유닛 • 88

토막 상식 3
초희박 연소 • 90

Chapter 3
엔진을 작동시키는 메커니즘

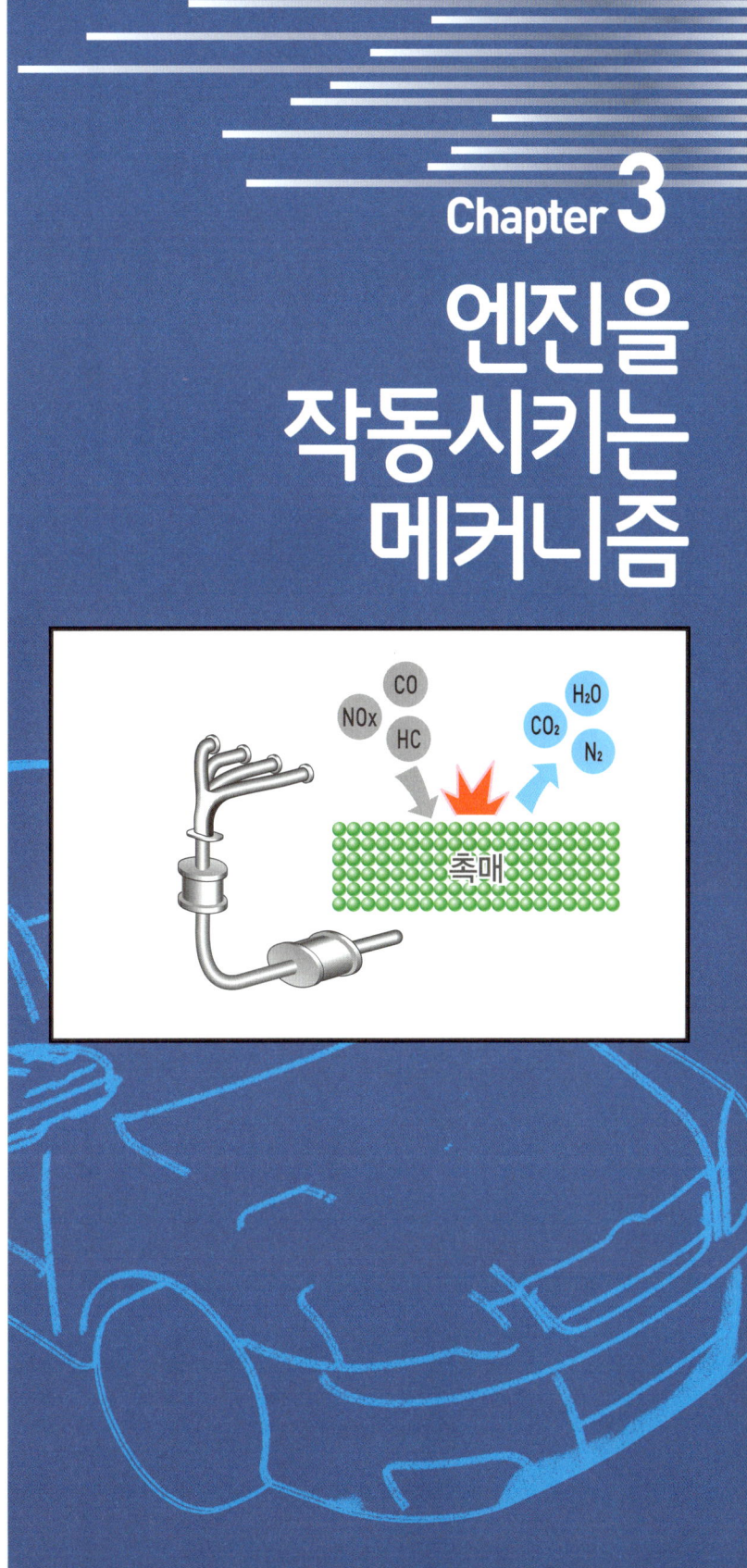

흡기 장치
엔진은 깨끗한 공기가 필요하다

흡기 행정에서 피스톤이 내려가면 실린더 안의 압력이 낮아지기 때문에 공기를 빨아들이려 한다. 이 힘을 **흡기 압력**이라고 한다. 이 부압이 있기 때문에 **흡기 장치**의 기본 역할은 공기가 흐르는 통로를 만드는 것이다. 이 경로가 좁거나 심하게 구부러져 있으면 공기를 빨아들일 때 저항(흡기저항)이 생겨 펌프 손실이 증가하고 엔진의 효율이 나빠진다. 따라서 공기의 흐름은 최대한 원활해야 한다.

흡기 장치는 **흡기구, 공기 청정기, 스로틀 밸브**(throttle valve), **흡기 매니폴드**(intake manifold) 등으로 구성되며, 각각의 부품은 **에어 덕트**(air duct)라는 합성수지나 고무로 만든 굵은 파이프로 연결되어 있다. 흡기구는 엔진룸 안에서 신선한 공기가 잘 들어오는 장소에 설치한다.

공기 청정기는 공기 속의 이물질을 제거하는 장치다. 공기에는 마른 나뭇잎이나 모래 같은 물질 이외에도 미세한 이물질이 들어 있다. 개중에는 딱딱한 것이나 연소 때문에 딱딱해지는 것도 있다. 이것이 엔진 속에 들어가면 피스톤 등의 부품을 마모시키거나 흡배기 밸브의 개구부에 틈새를 만들기도 하고 연소 분사 노즐을 막아버리기도 한다. 그래서 부직포 등의 필터로 이물질을 걸러낸다.

매니폴드는 우리말로 옮기면 다기관(多岐管)이라고 하며, 하나의 주관(主管)이 도중에 여러 개의 지관(支管)으로 분기한다. V형이나 수평 대향형 엔진의 경우 뱅크별로 독립시키기도 한다. 흡기 매니폴드에 있는 어떤 지관의 공기 흐름이 다른 지관의 공기 흐름에 악영향을 끼칠 수가 있는데, 이 악영향을 줄이기 위해 흡기 매니폴드 앞에 **서지 탱크**(surge tank)라는 상자 모양의 넓은 공간을 마련하는 경우도 많다.

그림 1   흡기 장치

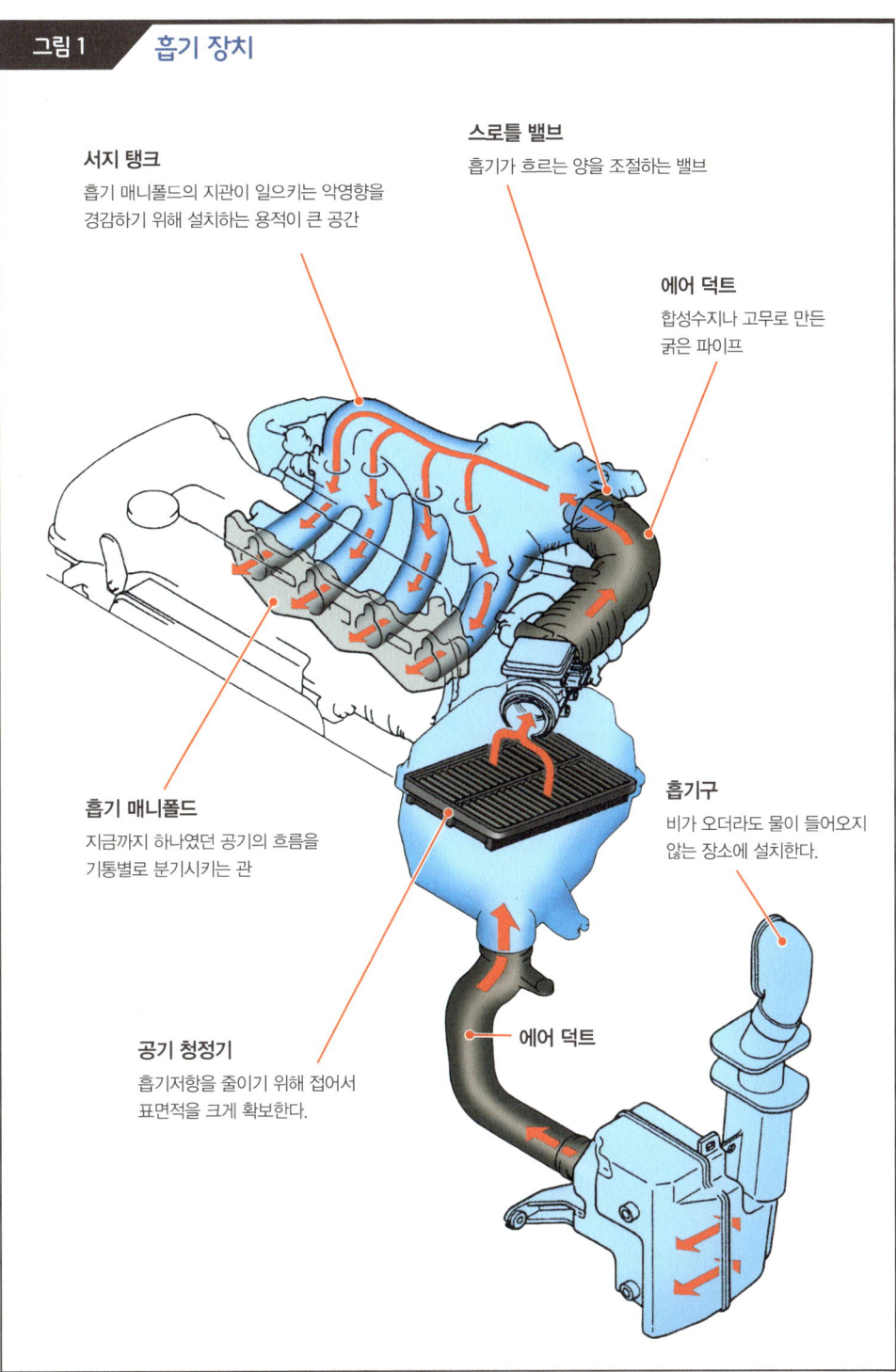

서지 탱크
흡기 매니폴드의 지관이 일으키는 악영향을 경감하기 위해 설치하는 용적이 큰 공간

스로틀 밸브
흡기가 흐르는 양을 조절하는 밸브

에어 덕트
합성수지나 고무로 만든 굵은 파이프

흡기 매니폴드
지금까지 하나였던 공기의 흐름을 기통별로 분기시키는 관

흡기구
비가 오더라도 물이 들어오지 않는 장소에 설치한다.

공기 청정기
흡기저항을 줄이기 위해 접어서 표면적을 크게 확보한다.

에어 덕트

스로틀 밸브

가속 페달의 조작에 맞춰 흡기의 양을 조절한다

운전자는 **가속 페달**을 조작해서 자동차 엔진의 회전수를 조절한다. 가속 페달이 운전자의 의사를 엔진에 전달하는 셈이다. 가속 페달의 조작은 **스로틀 밸브**(throttle valve)에 전달된다. 스로틀 밸브는 흡기의 양을 조절하는 밸브로, 스로틀 보디(throttle body)라는 원통 속에 장착된 원판 모양의 밸브다. 가속 페달을 밟을수록 스로틀 밸브의 열림각이 커져서 흡기량이 증가하며, 엔진 컨트롤 유닛이 그 흡기량에 맞춰 엔진에 공급하는 연료의 양을 결정한다.

스로틀 밸브의 열림각이 작으면 그만큼 공기가 잘 흐르지 않아서 흡기저항이 커지며 펌프 손실이 증가한다. 또한 연비 향상을 목적으로 좀 더 고도의 엔진 제어를 할 경우, 스로틀 밸브의 열림각에 의해 결정되는 흡기량과 운전자 자신이 생각하는 최적의 흡기량 사이에 차이가 날 때도 있다. 그래서 현재는 **전자 제어 스로틀 시스템**을 채용한 자동차도 늘어나고 있다. 스로틀 밸브를 없애고 흡기 밸브로 흡기량을 조절하는 방식도 있다.

이런 시스템에서는 가속 페달에 센서가 장착되어 페달을 밟는 깊이나 속도가 엔진 컨트롤 유닛에 전달된다. 그리고 이 정보를 바탕으로 흡기량이나 연료의 양이 결정된다. 전자 제어 스로틀 시스템의 경우는 스로틀 밸브에 장착된 모터에 컴퓨터가 지시를 내려서 스로틀 열림각을 조절한다. 흡기 밸브의 흡기량을 조절하는 시스템의 경우 엔진 컨트롤 유닛이 가변 밸브 시스템에 지시를 내린다.

그림 1   스로틀 밸브

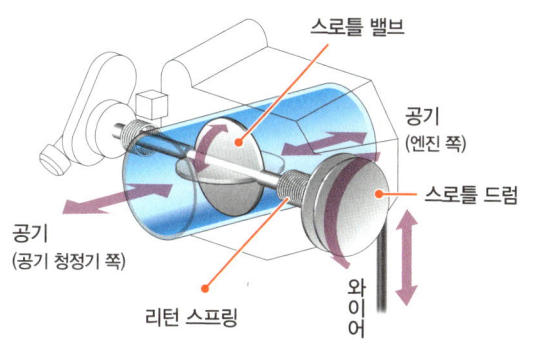

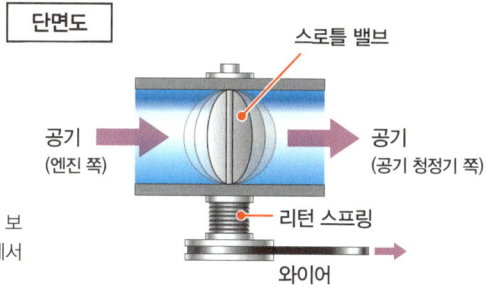

가속 페달의 조작이 엑셀 와이어를 통해 스로틀 보디에 전달되면 스로틀 밸브가 회전한다. 페달에서 힘을 빼면 스프링의 힘으로 밸브가 닫힌다.

그림 2   전자 제어 스로틀 시스템

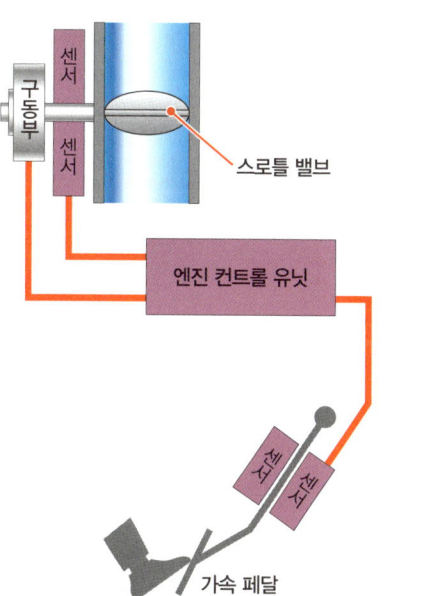

가속 페달을 조작하면 이 움직임을 엑셀 포지션 센서에서 알아챈다. 스로틀 밸브의 열림각은 컨트롤 유닛이 결정한다. 모터가 스로틀 밸브를 구동한다. 올바르게 작동하는지 확인하기 위해 스로틀 밸브에 포지션 센서가 설치되어 있다.

배기 장치
원활한 배기가 정상적인 연소를 보장한다

연소 가스는 실린더를 나오면 **배기가스** 혹은 **배기**로 불린다(배기 행정에 들어갈 때부터 배기라고 부르는 경우도 있다). 배기는 압력이 높고 고온이기 때문에 그대로 방출하면 커다란 소음을 발생시킬 뿐만 아니라 가스가 품은 열 때문에 주위가 위험해질 수도 있다. 또 배기가스 속에는 대기 오염 물질이 들어 있기 때문에 정화할 필요가 있다. 물론 연소 가스가 원활히 배출되지 않으면 새로운 공기를 충분히 흡기하지 못한다.

배기 장치는 **배기 매니폴드**, **촉매 변환기**라는 배기가스 정화 장치, 배기 소음과 열을 줄이는 **머플러** 등으로 구성되며, 이것들은 **배기관**이라는 금속제 파이프로 연결되어 있다. 가는 부분이 있거나 심하게 구부러져 있으면 배기 장치 내부의 압력(배압)이 높아져 배기가 원활히 흐르지 않기 때문에 최대한 배기가 원활히 흐를 수 있도록 설계한다.

배기 매니폴드는 각 기통의 배기를 모으는 곳으로, 흡기 매니폴드와 똑같이 여러 갈래로 분기된 파이프다. 각각의 지관이 실린더 헤드의 배기 포트에 접속된다. 배기는 흡기에 비해 각 기통의 흐름이 서로 영향을 끼치는 경우가 많다. 한 기통의 배기와 다른 기통(점화 순서가 다음인 기통)의 배기가 매니폴드의 합류 지점에서 부딪히면 배기의 흐름이 극단적으로 나빠진다. 이것을 **배기 간섭**이라고 하며, 이 때문에 배기 매니폴드를 설계할 때는 각 지관의 길이나 구부러진 정도를 충분히 검토한다. 배기를 한꺼번에 주관으로 합류시키는 것이 아니라 2단계에 걸쳐 합류시킬 때도 있는데, 두 번째 단계에서 매니폴드가 아닌 배기관의 중간에서 합류시키기도 한다.

그림 1 배기 장치

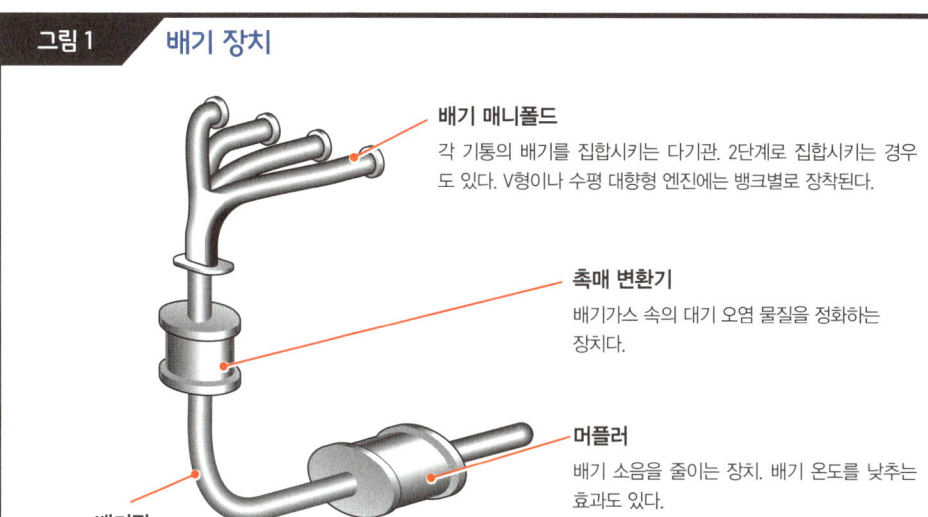

배기 매니폴드
각 기통의 배기를 집합시키는 다기관. 2단계로 집합시키는 경우도 있다. V형이나 수평 대향형 엔진에는 뱅크별로 장착된다.

촉매 변환기
배기가스 속의 대기 오염 물질을 정화하는 장치다.

머플러
배기 소음을 줄이는 장치. 배기 온도를 낮추는 효과도 있다.

배기관
복수의 배기관을 사용하고 도중에 합류점을 마련할 때도 있다. V형이나 수평 대향형 엔진에는 뱅크별로 완전히 독립된 두 계통의 배기 장치가 장착된 경우도 있다.

그림 2 배기 간섭

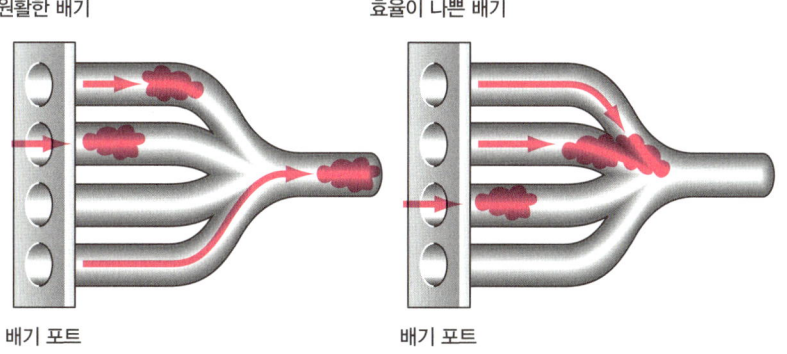

원활한 배기 / 효율이 나쁜 배기

배기 포트

설계가 잘못되면 배기 간섭이 일어나 배기의 흐름이 나빠진다.

배기가스 재순환 장치

현재는 적극적으로 배기가스를 실린더 안에 남기거나 흡기에 섞는 경우도 있다. 이렇게 하면 연소 온도가 낮아져 냉각 손실을 줄일 수 있고 대기 오염 물질을 정화하기가 용이해지기 때문이다. 이런 정화 방법을 **배기가스 재순환**이나 **EGR**(Exhaust Gas Recirculation)이라고 한다.

촉매 변환기

유해 물질을 무해한 물질로 바꾼다

배기가스에는 대기 오염 물질이 들어 있다. 대기 오염 물질에는 연료의 불완전 연소로 발생하는 일산화탄소(CO), 타다 남은 연료인 탄화수소(HC), 고온의 연소실 안에서 산소와 질소가 결합해 발생하는 질소 산화물(NOx)이 있다. 자동차에는 여러 가지 배기가스 정화 장치가 탑재되어 있는데, 그 중심에는 촉매 변환기가 있다. 배기 장치의 중간에 설치된다.

촉매란 자신은 변화하지 않지만 주위의 화학 반응을 촉진시키는 물질이다. 촉매 변환기는 백금과 로듐, 혹은 여기에 팔라듐을 추가한 물질을 촉매로 사용한다. 배기가스의 통로에 금속판 등이 격자 모양으로 다수 배치되며, 그 표면에 촉매가 부착되어 있다.

촉매 변환기 안에서 세 종류의 대기 오염 물질은 화학 반응을 일으켜서 이산화탄소와 물과 질소가 된다. 이것은 전부 무해한 물질이다. 이 촉매는 세 가지 물질의 화학 반응을 일으킨다고 해서 **삼원 촉매**(三元觸媒, three way catalyst)라고도 부른다. 다만 화학 반응을 일으키기 위한 각 물질의 비율이 정해져 있기 때문에 이 비율을 맞추지 못하면 정화가 되지 않는다. 대기 오염 물질의 비율은 배기가스 속에 들어 있는 산소의 양으로 추정이 가능하다. 그래서 현재는 배기 장치의 중간에 산소 센서를 장착해 그 정보를 바탕으로 컴퓨터가 연소 상태를 최적으로 제어한다.

촉매 변환기를 배기 매니폴드 바로 뒤에 장착하는 경우가 많다. 이렇게 하면 저온에서는 제대로 기능하지 않는 촉매에 적절한 열을 공급하기가 용이해진다. 다만 과열 상태에서도 촉매는 정상적으로 기능하지 못하기 때문에 촉매 변환기에는 온도를 감시하는 배기 온도 센서가 달려 있다.

그림 1　삼원 촉매

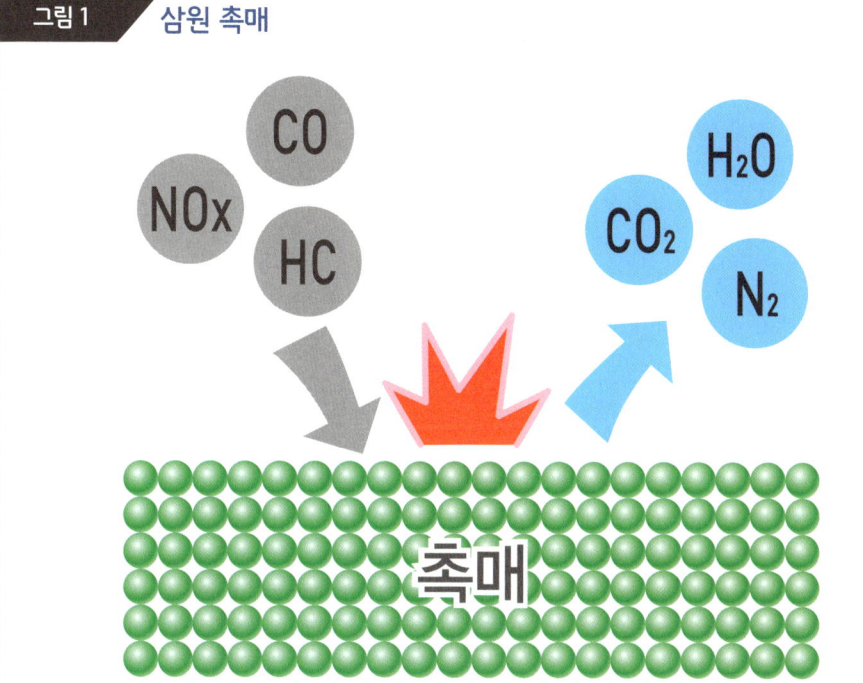

촉매는 자신이 전혀 변하지 않지만 세 가지 대기 오염 물질의 화학 반응을 일으킬 수 있다.

그림 2　촉매 변환기

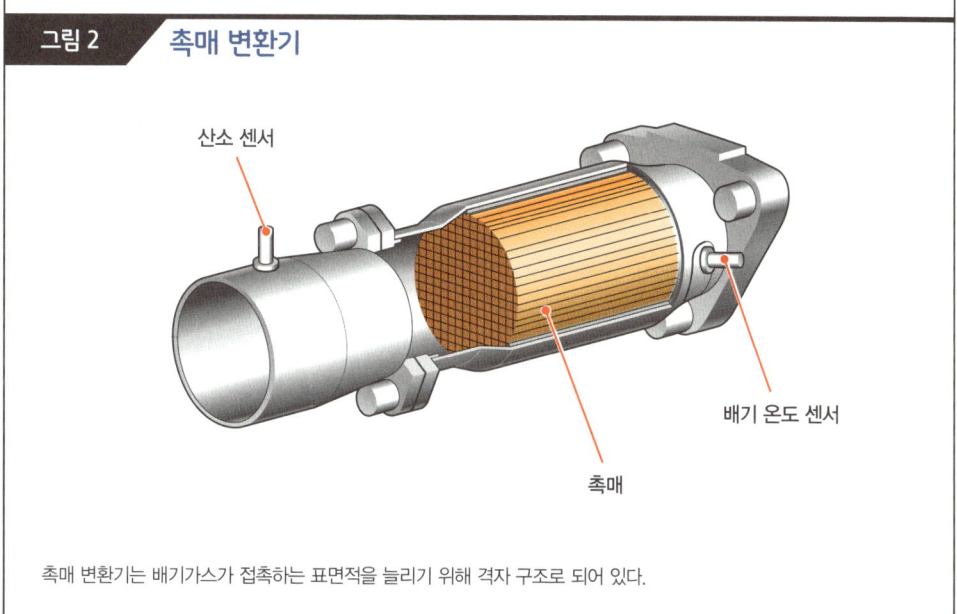

촉매 변환기는 배기가스가 접촉하는 표면적을 늘리기 위해 격자 구조로 되어 있다.

머플러
배기가스의 압력과 온도를 낮춘다

배기가스는 온도와 압력이 높기 때문에 공기 중에 방출되면 단숨에 팽창한다. 이때 팽창이 소음을 발생시킨다. 이 소음을 줄이는 장치가 **머플러**(소음기)다. 머플러의 소음 경감 효과는 널리 알려져 있는데, 이와 동시에 배기의 온도를 낮추는 효과도 있다.

머플러에 쓰이는 소음 제거 방식에는 **팽창식**과 **공명식**, **흡음식**의 세 종류가 있다. 그리고 대부분의 머플러는 이 세 종류를 병용한다.

머플러 내부는 몇 개의 팽창실이라는 방으로 나뉘어 있으며, 각 방이 파이프로 연결되어 있다. 배기관에서 팽창실로 들어간 배기는 팽창하지만, 공간에 한계가 있기 때문에 발생하는 소음이 작다. 그리고 몇 개의 팽창실을 순서대로 통과하면서 단계적으로 압력이 낮아져 소음의 발생이 억제된다. 이것이 팽창식이다. 배기가 점차 팽창하면서 배기의 온도도 낮아진다.

팽창실 안에는 유리 섬유 등으로 만들어진 흡음재가 들어 있다. 팽창실 안에서 발생한 소음은 흡음재에 닿으면 작아지는데, 음파의 운동 에너지를 흡음재에 빼앗기기 때문이다. 운동 에너지는 열에너지로 변환된다. 이것이 흡음식이다.

음파에는 높낮이가 있는데, 가장 높은 지점을 마루, 가장 낮은 지점을 골이라고 부른다. 음파는 마루와 골의 위치가 정반대인 음파(위상이 역전된 음파)와 만나면 상쇄되어 소리가 작아진다. 팽창실 안에서 발생한 소음은 내부의 벽에 반사되어 돌아오는데, 이때 위상이 반대가 되어 소음을 줄일 수 있다. 이것이 공명식이다. 다만 팽창실의 벽까지의 거리 등에 따라 소음 경감이 가능한 음의 높이(주파수)가 정해져 있기 때문에 머플러 안의 팽창실은 다양한 높이의 소음을 줄일 수 있도록 여러 가지 크기로 만든다.

그림 1 | 소음기 방식

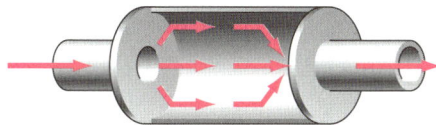

팽창식 소음기
다른 방에 들어갈 때마다 단계적으로 팽창해 큰 소음이 발생하지 않는다. 이 팽창을 통해 배기의 온도도 낮아진다.

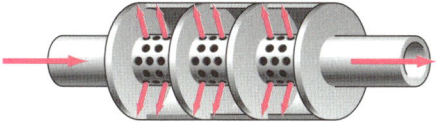

공명식 소음기
발생한 소음이 벽에 부딪혀 반사되면 나중에 발생한 소음과 위상이 정반대가 된다. 이때 두 소음이 상쇄되어 소리가 작아진다.

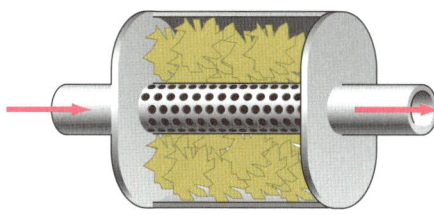

흡음식 소음기
발생한 음이 흡음재를 통과하거나 부딪치면 소리의 운동에너지는 열에너지로 바뀌고 소음이 작아진다.

그림 2 | 머플러의 구조

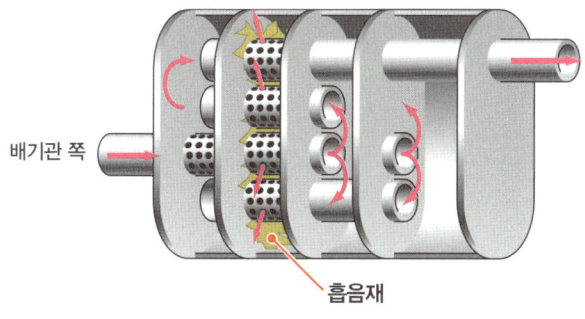

머플러 커터
배기의 최종적인 출구

배기관 쪽

흡음재

배출 소음

배기가 발생시키는 소리를 소음으로 간주할 경우 이를 이그조스트 노이즈(exhaust noise), 즉 배출 소음이라고 하지만, 그 반대일 때는 <u>이그조스트 노트</u>(exhaust note)라고 한다. 일반적으로는 배기음을 억제하지만, 스포츠카는 어느 정도의 이그조스트 노트를 요구할 때도 있다. 이런 자동차에 사용하는 머플러를 설계할 때는 소음이 되지 않는 음량의 범위에서 음질에도 신경을 쓴다.

연료 공급 장치
최적량의 연료를 최적의 타이밍에 분사한다

연료 공급 장치는 연료를 저장해두고 필요에 따라 엔진에 공급하는 장치다. 현재는 인젝터(injector)라는 부품을 통해 연료를 엔진 안으로 분사하기 때문에 **연료 분사 장치** 또는 **인젝션 시스템**(injection system)이라고도 한다.

연료인 휘발유는 **연료 탱크**(fuel tank)에 저장된다. 승용차의 경우, 안전이나 중량 밸런스를 고려해 뒷좌석 아래 부근에 탱크를 설치하는 편이다. 방청 처리가 된 금속제 탱크 외에 합성수지 탱크도 많이 사용한다. 연료 탱크 안에는 **전동식 연료 펌프**가 설치되어 있어서 엔진까지 연료를 보낸다. 이때 **연료 파이프**나 **연료 호스**가 사용된다.

연료의 분사에는 **인젝터**가 사용된다. 인젝터는 전기 신호로 열고 닫을 수 있는 밸브로, ECU(Electronic Control Unit)가 전기 신호로 밸브를 열면 끝에 있는 분사 구멍에서 연료가 분사된다.

연료가 연소되려면 공기(속의 산소)가 필요하다. 공기와 연료의 중량 비율을 **공연비**라고 한다. 휘발유의 성분을 바탕으로 완전 연소에 필요한 공기량과 연료 질량비를 산출하면 14.8:1 정도가 된다. 이것을 **이론 공연비**라고 하는데, 반드시 공연비가 아니더라도 5:1~20:1의 범위라면 엔진은 작동한다. 공연비에 따라 연소 온도나 연소 속도가 달라져 출력이나 연비에 영향을 주기 때문에 출력이 가장 높아지는 공연비나 연비가 좋아지는 공연비는 이론 공연비와 다르다. 그래서 엔진 컨트롤 유닛은 주행 상태에 따라 연료 분사량을 조절하면서 최적의 공연비를 맞춘다.

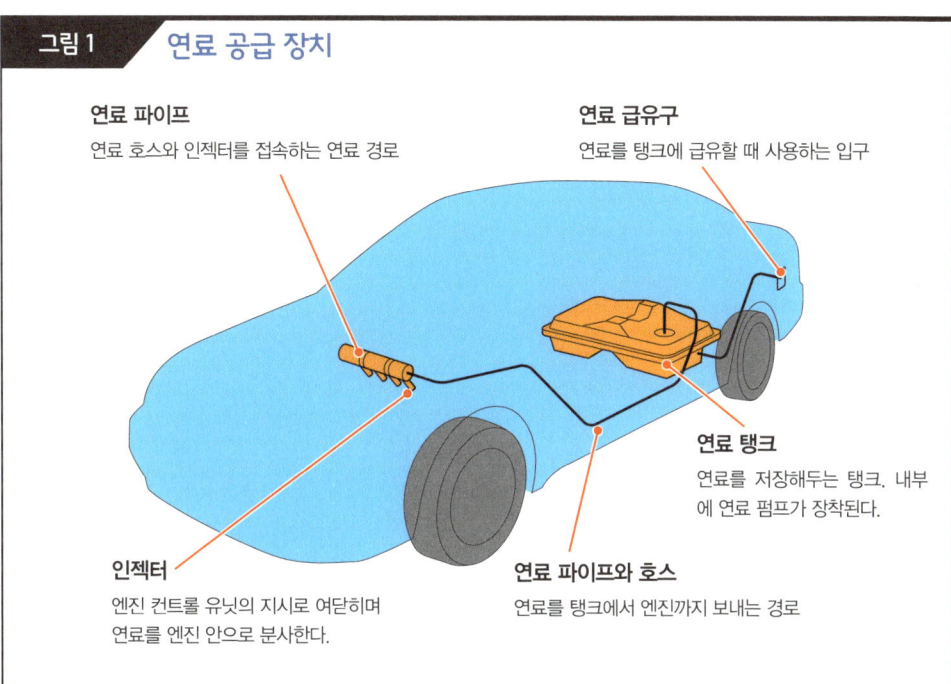

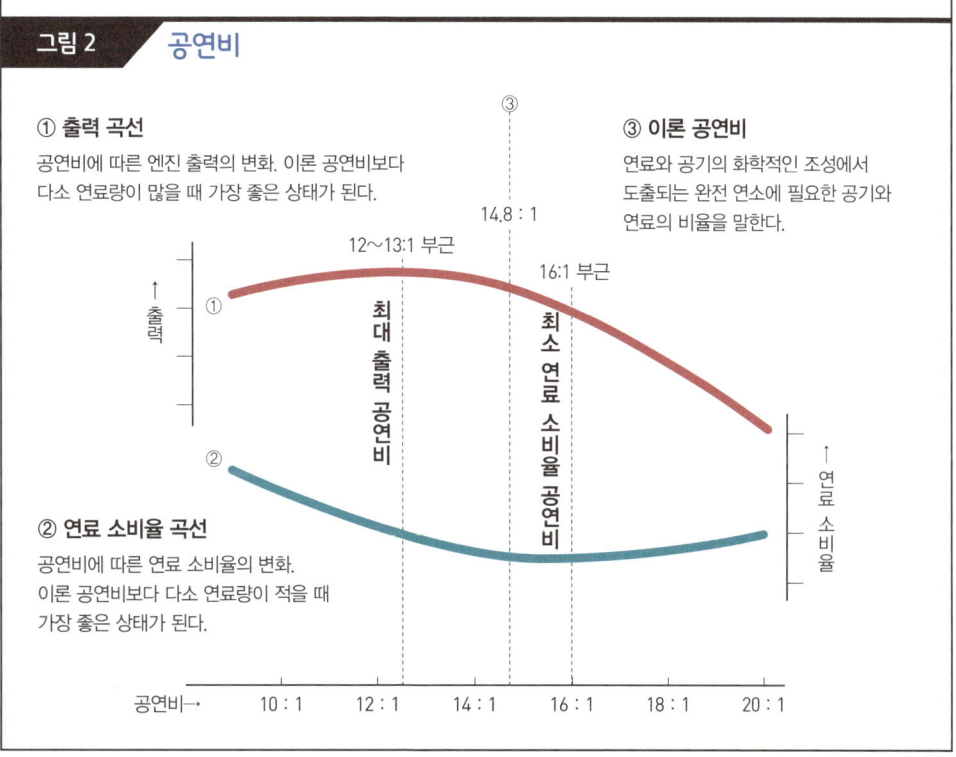

포트 분사와 연소실 내 분사
연료는 미세한 무화 상태로 분사된다

일반적인 엔진의 경우, 흡기 포트에 인젝터가 설치되어 있으며 흡기 행정에서 분사된 연료는 혼합기 상태로 실린더에 보내진다. 이런 연료 공급 방식을 **포트 분사**(port injection)라고 한다. 인젝터에서 연료를 분사한다고 표현했지만 실제로는 흡기 압력으로 연료를 빨아들이는 것이기 때문에 연료에 그다지 높은 압력을 가할 필요가 없다.

연료가 공기와 잘 혼합이 되려면 기화될 필요가 있다. 미세한 안개 상태로 만들어서 분사하면 연료의 표면적이 넓어져 기화되기 쉬워진다. 또 연료가 미세한 알갱이가 될수록 혼합기 전체에 균일하게 퍼질 가능성이 높다. 그렇기 때문에 인젝터의 분사 구멍은 매우 작다. 연료를 미세하게 만들기 위해 구멍이 여러 개인 경우도 있다.

개중에는 **연소실 내 분사식**을 채용한 엔진도 일부 있다. **직분식**(直噴式, direct injection)이라고 하는 방식인데, 압축 행정이 끝나는 타이밍에 연소실 안으로 직접 연료를 분사한다. 포트 분사의 경우는 포트의 벽면이나 밸브에 연료가 붙어 있다가 뒤늦게 실린더 안으로 들어오는 경우가 있는데, 연소실 내 분사식은 이런 문제가 없다. 이 덕분에 연료 분사량을 세밀하게 제어할 수 있다. 또 압축 행정에서 자연 발화할 우려가 줄어들기 때문에 압축비를 높여서 엔진 효율을 높일 수도 있다.

그러나 압력이 높아진 실린더 안으로 연료를 분사하기 때문에 통상적인 연료 펌프의 압력으로는 분사할 수가 없어 고압 분사 펌프를 엔진 부근에 장착해야 한다. 또 엔진의 회전수가 낮으면 연소실 내 분사만으로는 연료를 충분히 혼합할 수 없을 때도 있다. 그래서 상황에 따라 포트 분사도 병행할 수 있도록 연소실과 흡기 포트 양쪽에 인젝터를 설치하는 경우가 많다. 그만큼 부품의 수가 늘어나며 실린더 부근의 구조도 복잡해진다.

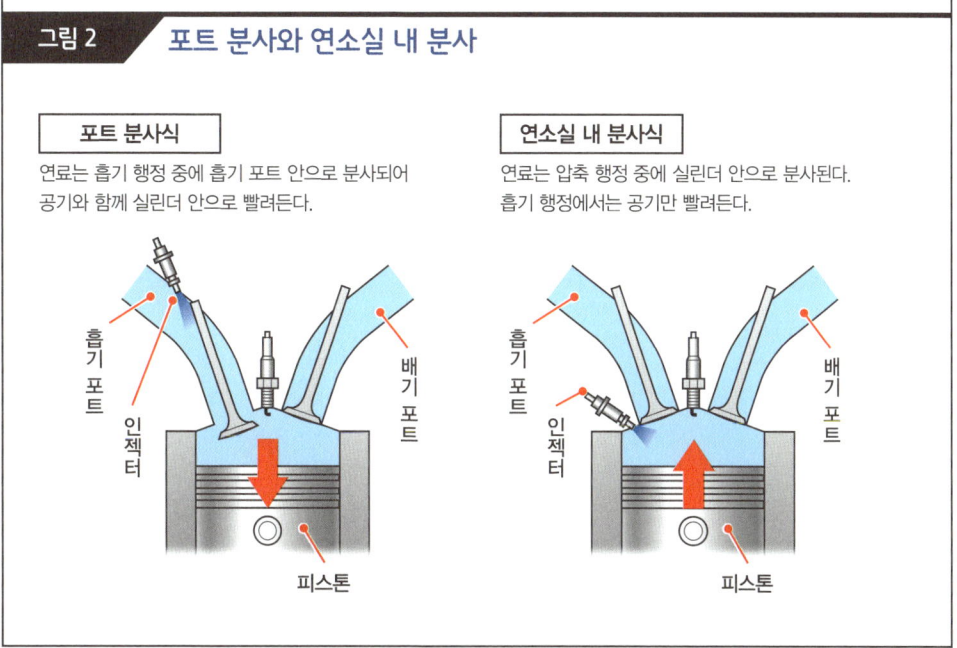

점화 장치
고압 전류의 방전으로 점화를 일으킨다

가솔린 엔진에서 연소·팽창 행정을 시작하려면 혼합기에 불을 붙여야 한다. 불을 붙이는 장치가 **점화 장치**(ignition system)로, 불이 붙는 과정은 승압, 배전, 착화의 3단계를 거친다.

착화에는 공중 방전이 일어날 때 발생하는 불꽃을 이용하는데, 이런 불꽃 방전을 일으키려면 고압 전류가 필요하다. 그러나 자동차에 장착된 배터리는 저압의 직류 전기를 사용한다(승용차의 경우는 12볼트). 따라서 점화 장치는 이 저압 전류를 고압 전류로 바꿔야 한다. 이렇게 점화 장치에서 전압을 높이는 작업을 **승압**이라고 한다. **배전**은 승압을 통해 만들어진 고압 전류를 최적의 타이밍에 각 기통의 점화 플러그로 보내는 작업이며, **착화**는 점화 플러그에 불꽃 방전을 일으키는 작업이다.

승압에는 다음과 같은 **상호 유도 작용**을 이용한다. **그림 1**처럼 철심을 공유하도록 코일 두 개를 배열하고 코일 A에 직류 전류를 흘리다 끊으면 그 순간에만 코일 B에 전류가 흐른다. 이와 같이 코일 A에 일순간만 직류 전류를 흘리면 코일 B에도 일순간만 직류 전류가 흐른다. 그리고 이때 코일 A와 B의 도선이 감긴 횟수의 비는 코일 A에 흐른 전류의 전압과 코일 B에 흐른 전류의 전압의 비와 똑같다. 착화를 위한 방전에 필요한 고전압은 극히 일순간만 흘러도 충분하므로 이런 코일의 상호 유도 작용으로 전압을 높일 수 있다. 이런 방법으로 점화 장치는 1만 볼트가 넘는 고전압을 만들어낸다. 이때 사용하는 코일을 **점화 코일**이라고 한다.

그림 1 　 상호 유도 작용에 따른 승압

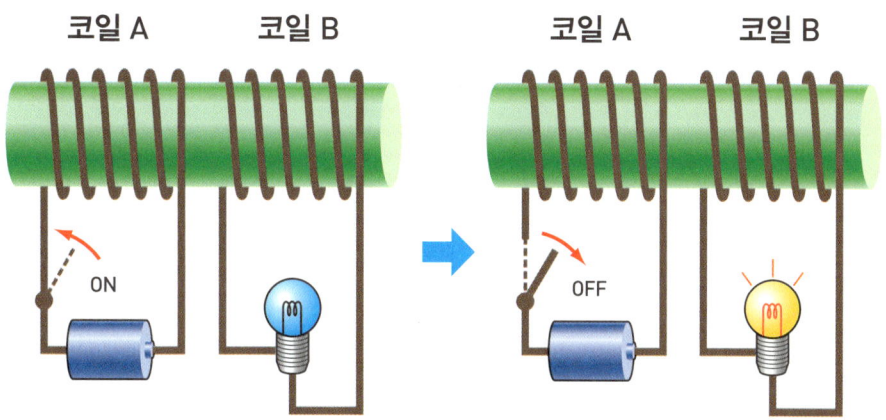

코일 A에 직류 전류를 계속 흘려도 코일 B에는 전류가 흐르지 않지만, 스위치를 이용해 일순간만 코일 A에 전류를 흘리면 코일 B에도 일순간 전류가 흐른다.

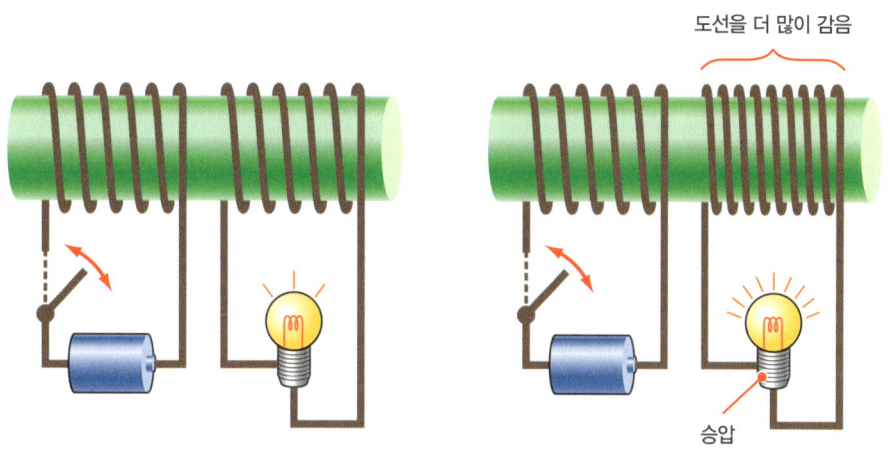

코일 B를 흐르는 전기의 전압은 코일 A와 코일 B의 도선이 감긴 횟수의 비에 비례한다. 코일 B에 도선을 더 많이 감으면 전압을 높일 수 있다. 다만 전류는 반비례하므로 전기 에너지의 크기는 변하지 않는다.

직접 점화 장치
전류를 단속해 고압 전류를 만들어낸다

상호 유도 작용으로 전압을 높이기 위해서는 저압 전류를 단속(斷續)할 필요가 있다. 옛날 자동차에는 캠축의 회전을 단속에 이용하는 기계적인 스위치가 사용되었다. 또한 배전의 경우도 캠축의 회전을 이용하는 분배기라는 기계적인 스위치가 최근까지 사용되었다. 그러나 이 같은 스위치는 엔진이 고회전이 되어 온오프(on-off)의 타이밍이 빨라지면 문제가 발생할 위험성이 높았고, 스위치의 마모도 일어났다. 그래서 현재는 승압을 위한 전류의 단속과 배전을 엔진 컨트롤 유닛이 담당하는 **직접 점화 장치**(direct ignition system)를 일반적으로 사용하고 있다.

기존 시스템에서는 캠축을 이용해 스위치를 작동시켰기 때문에 점화 타이밍을 각 기통에 있는 피스톤의 위치와 연동하기가 용이했다. 직접 점화 장치의 경우, 이를 위한 기본 정보는 센서로 얻는다. 센서가 캠축 또는 크랭크축의 회전 위치를 감지하는 것이다. 그리고 이 기본 정보를 바탕으로 엔진 컨트롤 유닛이 전기 신호를 각 기통에 보내 점화를 일으킨다. 이 신호는 매우 미약한 전류이기 때문에 **이그나이터**(igniter)라는 전기 회로로 증폭시켜 **점화 코일**에 전달하며, 발생한 고압 전류를 점화 플러그에 보내 착화한다. 예전 시스템에서는 배전을 하는 배분기와 점화 코일의 위치가 각각 떨어져 있어서 하이텐션 코드(high-tension cord)라는 배선으로 고압 전류를 보냈는데, 고압 전류는 배선이 길어질수록 손실이 커져서 방전 불꽃이 약해진다. 한편 직접 점화 장치의 경우, 각 기통의 점화 플러그 근처에 이그나이터와 점화 코일을 배치할 수 있기 때문에 손실을 최소한으로 줄인다.

그림 1 　점화 장치의 역할

| 발전기 |
| 충전 장치 |
| 배터리 |

→ **승압** 충전 장치에서 공급된 저압 전류를 불꽃 방전에 필요한 고압 전류로 바꾼다.

→ **배전** 최적의 타이밍에 고압 전류를 점화 플러그로 보낸다.

→ **착화** 고압 전류로 공기 방전을 발생시키고 그 불꽃으로 혼합기에 불을 붙인다.

그림 2 　직접 점화 장치

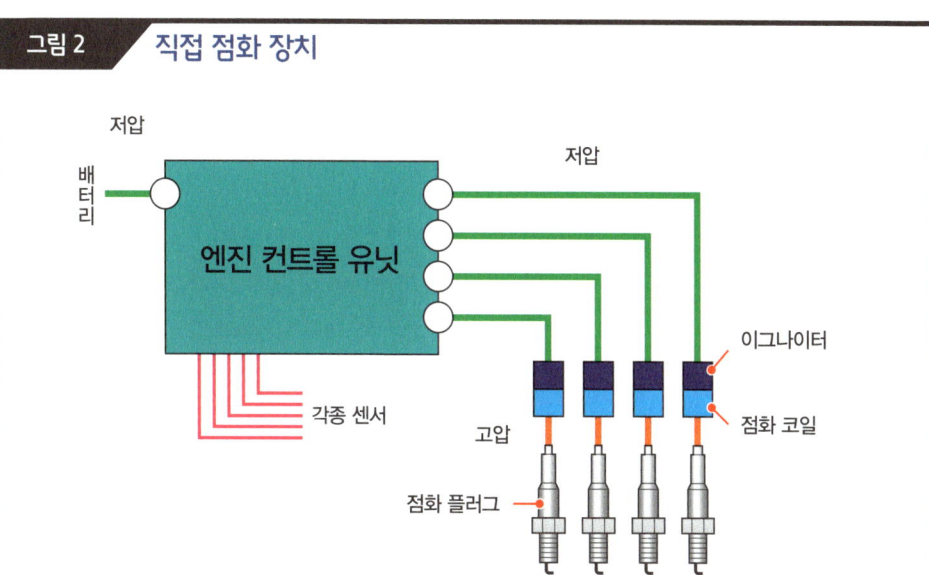

점화에 필요한 저압 전류의 단속이나 점화 타이밍의 제어를 전부 엔진 컨트롤 유닛이 담당한다. 고압 전류를 보내는 거리도 최소한으로 줄일 수 있다.

그림 3 　점화 코일

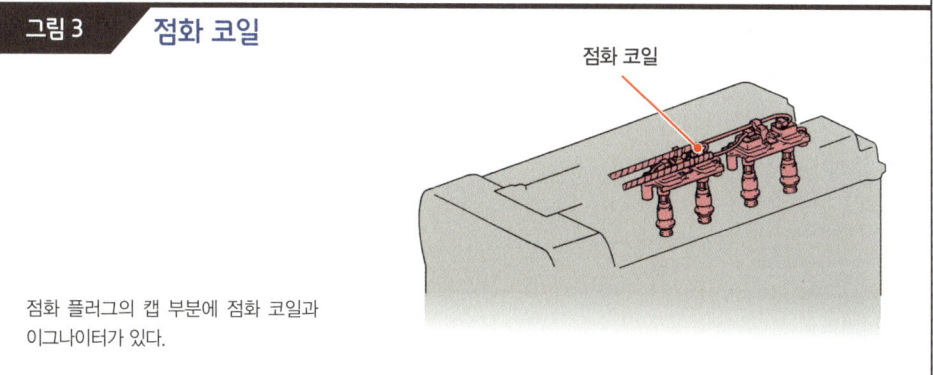

점화 플러그의 캡 부분에 점화 코일과 이그나이터가 있다.

3-10 점화 플러그
전극을 가늘고 뾰족한 모양으로 만든다

엔진의 실린더에 장착되어 최종적으로 착화를 실행하는 부품이 **점화 플러그**다. 착화에는 불꽃 방전이 이용된다. 점화 플러그는 실린더 헤드에 마련된 홈 안에 들어가며, 앞쪽 끝부분이 연소실 안으로 돌출된다. 이 끝부분에 방전을 일으키는 전극이 달려 있다. 중심 부분에 있는 것이 원통형의 **중심 전극**이며, L자 모양으로 휘어진 납작한 막대 같은 것이 **접지 전극**이다. 플러그의 뒤쪽 끝부분에는 중심 전극에 플러스 전류를 흘리는 **터미널**이, 주위에는 나사산과 렌치를 걸치기 위한 육각부가 있는 금속제 **하우징**(housing)이 있으며, 사기로 만든 애자(碍子, insulator)가 그 사이에 배치된다. 하우징은 마이너스 전기의 통로이기도 하다.

불꽃 방전은 모가 난 부분이나 뾰족한 부분에서 잘 일어나므로 전극은 가늘수록, 또 모가 난 부분이 예리할수록 좋다. 그러나 전극은 방전할 때 충격을 받을 뿐만 아니라 온도도 높아지기 때문에 이런 구조로 만들면 충격에 떨어져 나가거나 고온에 녹아버릴 우려가 있다. 과거에는 일반적으로 플러그의 전극에 니켈 합금을 사용했는데, 소재의 강도상 가늘고 예리하게 만드는 데 한계가 있었다. 그래서 현재는 백금이나 이보다 더 튼튼한 이리듐 합금을 쓰고 있다. 이 소재들은 값이 비싸지만 가늘고 예리하게 만들 수 있어서 착화 작업에 필요한 불꽃이 강해진다.

연소로 발생한 검댕 등의 오염 물질이 전극에 달라붙어 불꽃이 약해지는 원인이 되는데, 백금 플러그나 이리듐 플러그는 기존의 플러그에 비해 고온 상태에서 사용할 수 있기 때문에 오염 물질을 태워버릴 수가 있다. 이 같은 자정 작용과 소재의 튼튼함 덕분에 백금 플러그나 이리듐 플러그는 정비 없이 10만 킬로미터 주행이 가능하다.

그림 1   점화 플러그

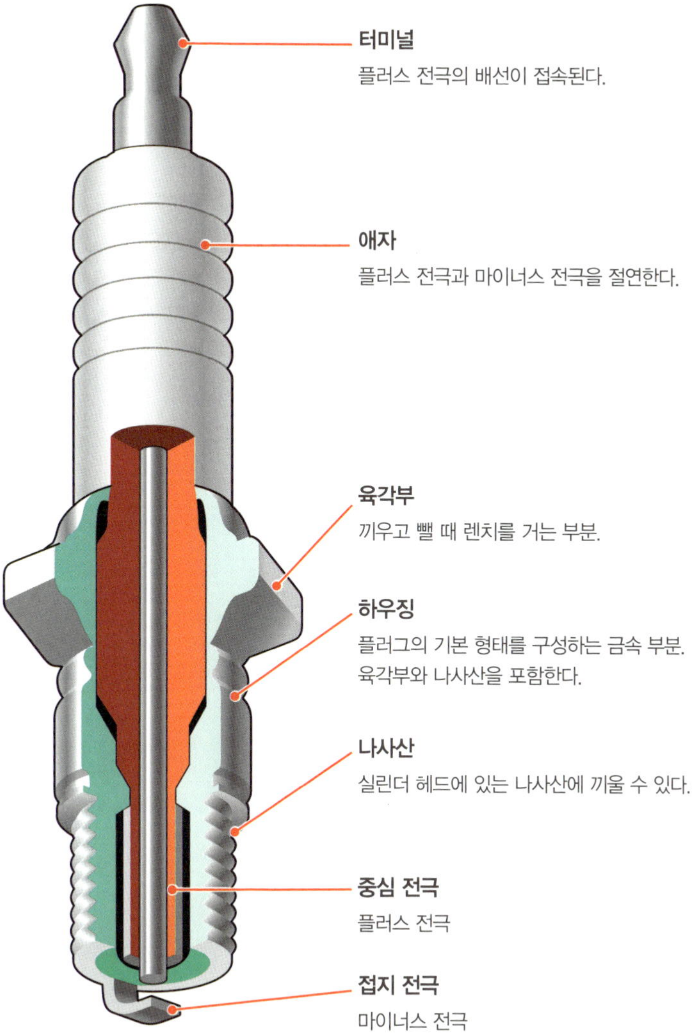

터미널
플러스 전극의 배선이 접속된다.

애자
플러스 전극과 마이너스 전극을 절연한다.

육각부
끼우고 뺄 때 렌치를 거는 부분.

하우징
플러그의 기본 형태를 구성하는 금속 부분. 육각부와 나사산을 포함한다.

나사산
실린더 헤드에 있는 나사산에 끼울 수 있다.

중심 전극
플러스 전극

접지 전극
마이너스 전극

차체 접지

점화 플러그에 접속되는 전기 배선은 플러스 쪽뿐이다. 마이너스 쪽은 자동차의 차체나 엔진을 통해 플러그의 하우징에서 접지 전극으로 전해진다. 이와 같이 자동차의 전기 장치에서는 플러스 쪽에만 배선 코드를 사용하며 마이너스 쪽은 차체를 사용할 때가 많다. 이와 같은 배선 방법을 **차체 접지**라고 한다. 이렇게 하면 배선을 간소화할 수 있고 코드를 절약할 수 있다.

엔진 컨트롤 유닛
여러 정보를 활용해 엔진 상태를 제어한다

연료 공급 장치에 가장 먼저 컴퓨터가 탑재되었는데, 현재는 수많은 기구가 **엔진 컨트롤 유닛**으로 **전자 제어**되고 있다. 가령 점화 장치의 점화 타이밍을 **점화 시기**라고 하는데, 이 또한 엔진 컨트롤 유닛이 제어한다.

가솔린 엔진의 4행정 사이클을 설명하면서 피스톤이 상사점에 있을 때 착화가 일어난다고 했는데, 연료의 양에 따라 연소가 확산되는 데 걸리는 시간이 달라지며 엔진의 회전수에 따라 실린더 안의 압력이 상승하는 데 걸리는 시간도 달라진다. 따라서 상황에 맞춰 점화 시기를 조절할 필요가 있다. 전자 제어를 활용하기 이전에도 흡기 부압이나 캠축의 회전 때문에 발생한 원심력을 이용해 점화 시기를 조절했지만, 직접 점화 장치는 이를 더욱 세밀하게 조절한다.

컴퓨터 제어를 하기 위해서는 정보가 필요하다. 일단 가장 기본적인 정보라고 할 수 있는 것은 크랭크축이나 캠축의 회전 위치다. 그래서 **크랭크 포지션 센서**와 **캠 포지션 센서**를 이용해 각 기통의 피스톤 위치를 알아낸다. 연소와 관련해서는 흡입하는 공기의 양(흡기량)이 중요한 정보가 되기 때문에 **에어 플로 미터**(air flow meter)라는 센서로 이를 감지한다. 또한 공기는 온도에 따라 밀도가 변화하므로 **흡기 온도 센서**를 이용해 산소량을 정확히 파악한다. 한편 엔진의 온도에 따라 연료가 기화하는 속도가 달라지기 때문에 수온 센서로 냉각 장치의 수온을 검출한다. 자동차의 속도와 엔진의 회전수도 중요한 정보다. 그 밖에도 수많은 센서로 자동차의 상태를 파악하고 엔진 컨트롤 유닛이 이를 제어함으로써 고성능, 연비 향상, 대기 오염의 경감, 운전의 용이성 등을 실현하고 있다.

그림 1   센서와 컴퓨터

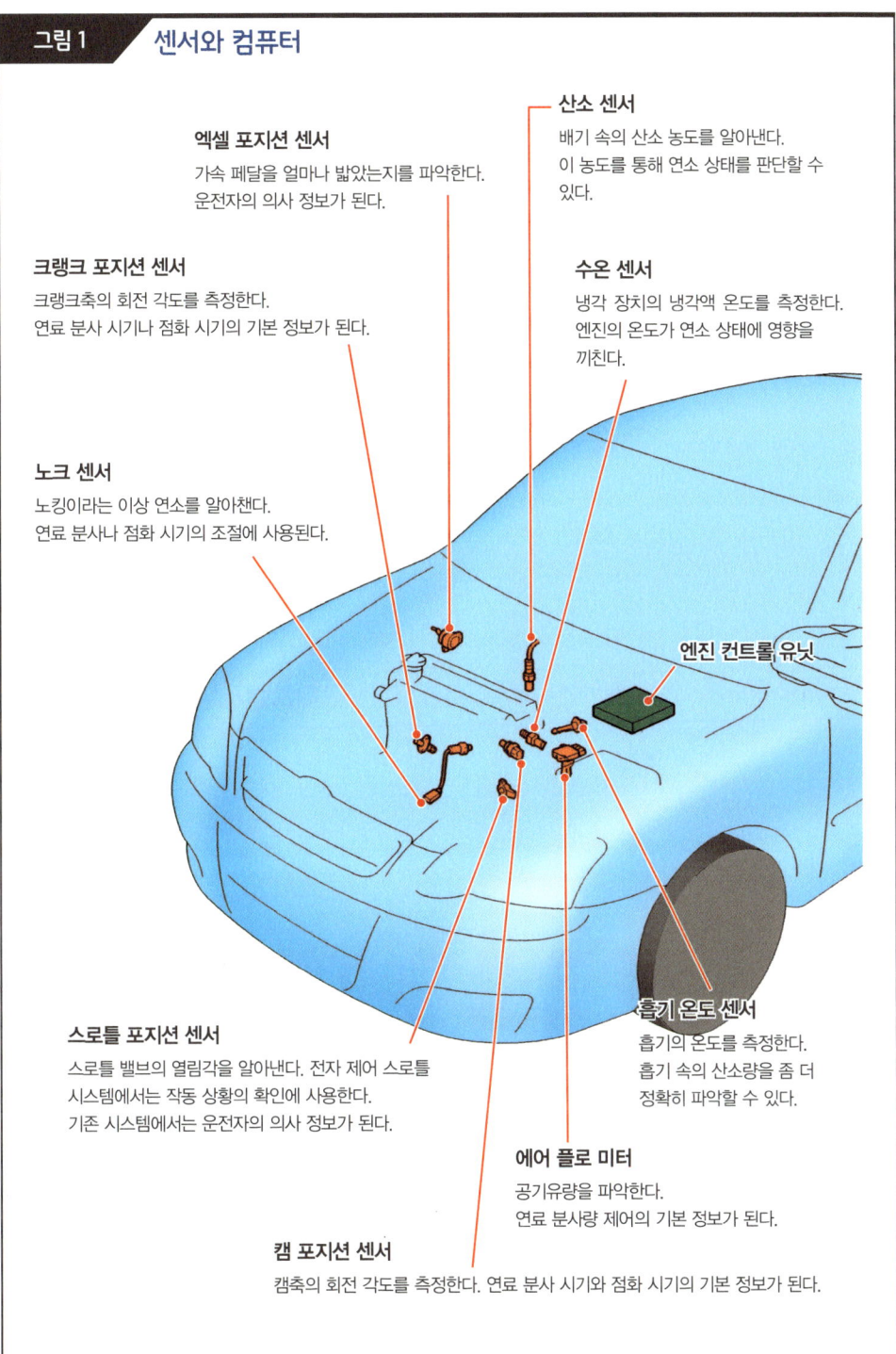

엑셀 포지션 센서
가속 페달을 얼마나 밟았는지를 파악한다.
운전자의 의사 정보가 된다.

산소 센서
배기 속의 산소 농도를 알아낸다.
이 농도를 통해 연소 상태를 판단할 수 있다.

크랭크 포지션 센서
크랭크축의 회전 각도를 측정한다.
연료 분사 시기나 점화 시기의 기본 정보가 된다.

수온 센서
냉각 장치의 냉각액 온도를 측정한다.
엔진의 온도가 연소 상태에 영향을 끼친다.

노크 센서
노킹이라는 이상 연소를 알아챈다.
연료 분사나 점화 시기의 조절에 사용된다.

엔진 컨트롤 유닛

스로틀 포지션 센서
스로틀 밸브의 열림각을 알아낸다. 전자 제어 스로틀 시스템에서는 작동 상황의 확인에 사용한다.
기존 시스템에서는 운전자의 의사 정보가 된다.

흡기 온도 센서
흡기의 온도를 측정한다.
흡기 속의 산소량을 좀 더 정확히 파악할 수 있다.

에어 플로 미터
공기유량을 파악한다.
연료 분사량 제어의 기본 정보가 된다.

캠 포지션 센서
캠축의 회전 각도를 측정한다. 연료 분사 시기와 점화 시기의 기본 정보가 된다.

초희박 연소

일반적으로는 공연비가 5:1~20:1일 때 엔진이 작동할 수 있는데, 이보다 연료의 농도가 희박한 상태에서 엔진을 작동시키는 것을 **희박 연소**(lean burn)라고 한다. 1990년대에 유행한 기술로, 공연비가 50:1이라는 **초희박 연소**(ultra lean burn)도 실현되었다.

정속 주행을 할 때 차는 엔진에게 커다란 출력을 요구하지 않는다. 이런 상태에서는 가속 페달을 깊게 밟지 않아 스로틀 밸브의 열림각이 작고, 그 때문에 펌프 손실이 커진다. 그러나 초희박 연소를 하면 공기량을 늘리기 위해 스로틀 밸브를 크게 열게 되고, 펌프 손실이 줄어들어 연비가 향상된다.

이와 같이 연비 측면에서는 효과가 있지만, 산소가 많은 상태에서 연소되기 때문에 질소 산화물의 발생이 증가해 기존의 삼원 촉매로는 완전히 정화하지 못하는 문제가 발생한다. 그래서 질소 산화물을 정화하는 장치를 새로 탑재하는 등의 방법으로 대응했지만, 배기가스 규제가 강화되면서 2000년대에는 점점 희박 연소 기술이 쓰이지 않게 되었다. 다만 이 시기에 개발된 여러 가지 기술은 요즘 엔진에도 활용되고 있다.

희박 연소의 예

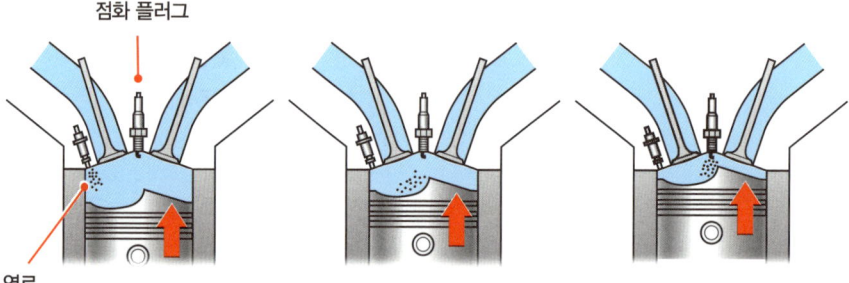

안개 상태의 연료를 점화 플러그 부근에 집중시켜 공연비를 높인다. 전체의 공기량을 생각하면 연료의 농도가 매우 희박한 초희박 연소가 된다.

INDEX

냉각 장치 • 92
가압 냉각 • 94
서모스탯 • 96
윤활 장치 • 98
엔진 오일 • 100
시동 장치 • 102
충전 장치 • 104
배터리 • 106
과급기 • 108

토막 상식 4
오일과 플루이드 • 110

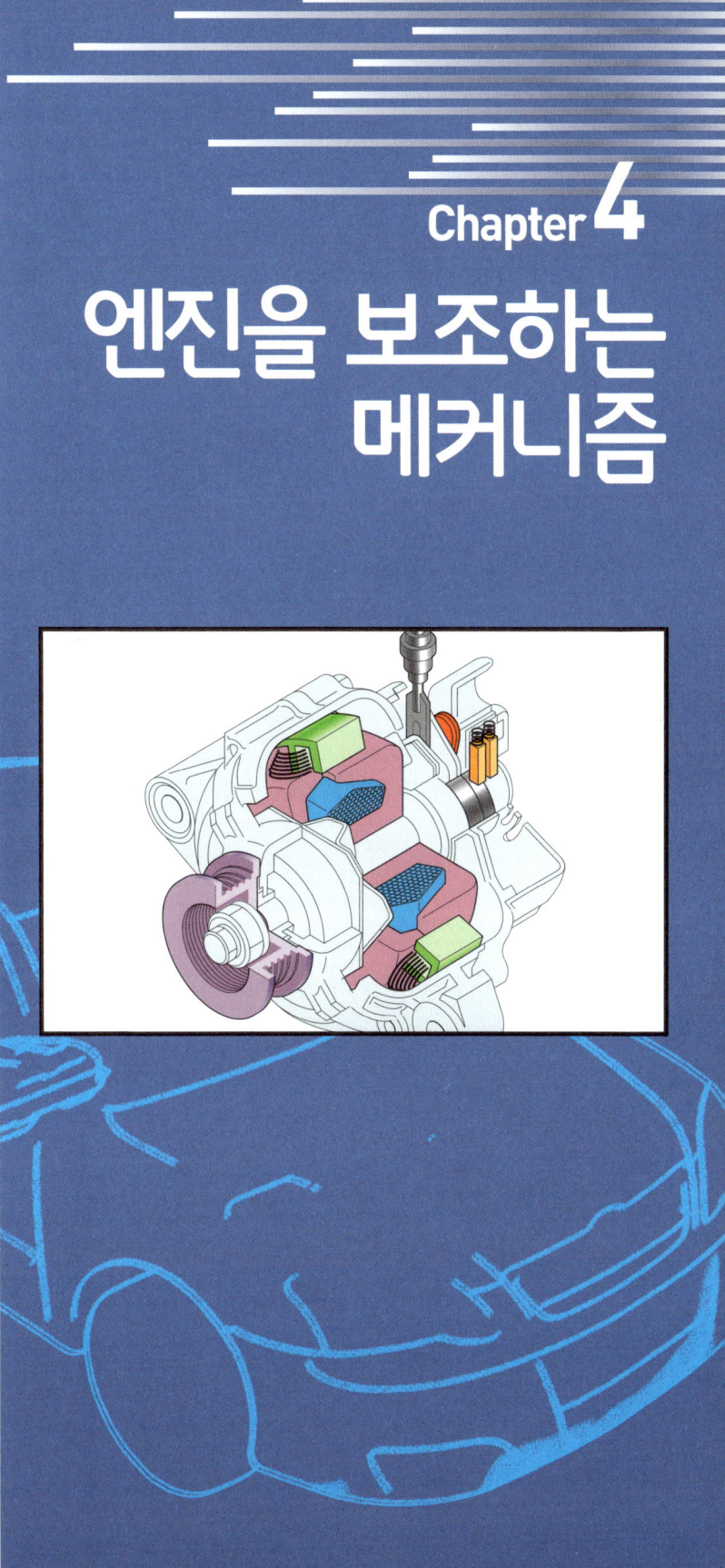

Chapter 4
엔진을 보조하는 메커니즘

냉각 장치
엔진이 너무 뜨거우면 정상적으로 작동하지 못한다

실린더 안에서 발생한 연소 열은 엔진 자체도 뜨겁게 한다. 그리고 엔진이 과열되면 점화 플러그가 불을 붙이기 전에 자연 발화로 연소가 시작되어 엔진이 정상적으로 기능하지 못한다. 또 윤활 장치인 엔진 오일이 엔진 속에 있는 부품의 마찰을 감소시키는데, 오일은 고온이 되면 점도가 낮아져 쉽게 흘러내리는 성질이 있다. 그래서 과열 상태가 되면 제대로 윤활이 되지 않아 마찰열로 부품이 녹거나 고착될 수 있다. 이런 과열 상태를 **오버 히트**(over heat)라고 하며, 이를 막는 장치가 **냉각 장치**다.

실린더 블록과 실린더 헤드의 내부에는 **워터 재킷**(water jacket)이라는 냉각액(라디에이터액)의 통로가 있다. 워터 재킷의 내부를 통과하면서 뜨거워진 냉각액은 엔진 룸의 제일 앞부분에 있는 **라디에이터**로 보내진다. 방열기라고도 부르는 라디에이터는 상부 탱크와 하부 탱크가 여러 개의 가는 파이프로 연결되어 있으며, 냉각액은 이 파이프를 통과하면서 방열(주위에 열을 방출함)되어 식는다. 파이프에는 핀이라는 얇은 금속판이 붙어 있다. 이것은 표면적을 늘려 방열 효과를 높여준다. 이렇게 차가워진 냉각액은 다시 엔진 안으로 보내진다. 이때 냉각액을 효율적으로 순환시키기 위해 냉각액이 지나가는 통로의 중간에 **워터 펌프**가 설치되어 있다. 이 펌프는 대개 엔진의 힘으로 구동된다.

라디에이터는 엔진 룸의 맨 앞부분에 설치되어 있는 경우가 많다. 주행풍(주행 중 자동차 안으로 유입되는 바람)을 이용해 높은 방열 효과를 얻기 위해서이다. 하지만 저속으로 주행할 때나 멈춰 있을 때는 방열 효과가 저하되기 마련이다. 그래서 라디에이터의 뒷면에 **냉각팬**이 달려 있다. 모터로 구동되는 전동 냉각팬을 일반적으로 사용한다.

그림 1 냉각 장치

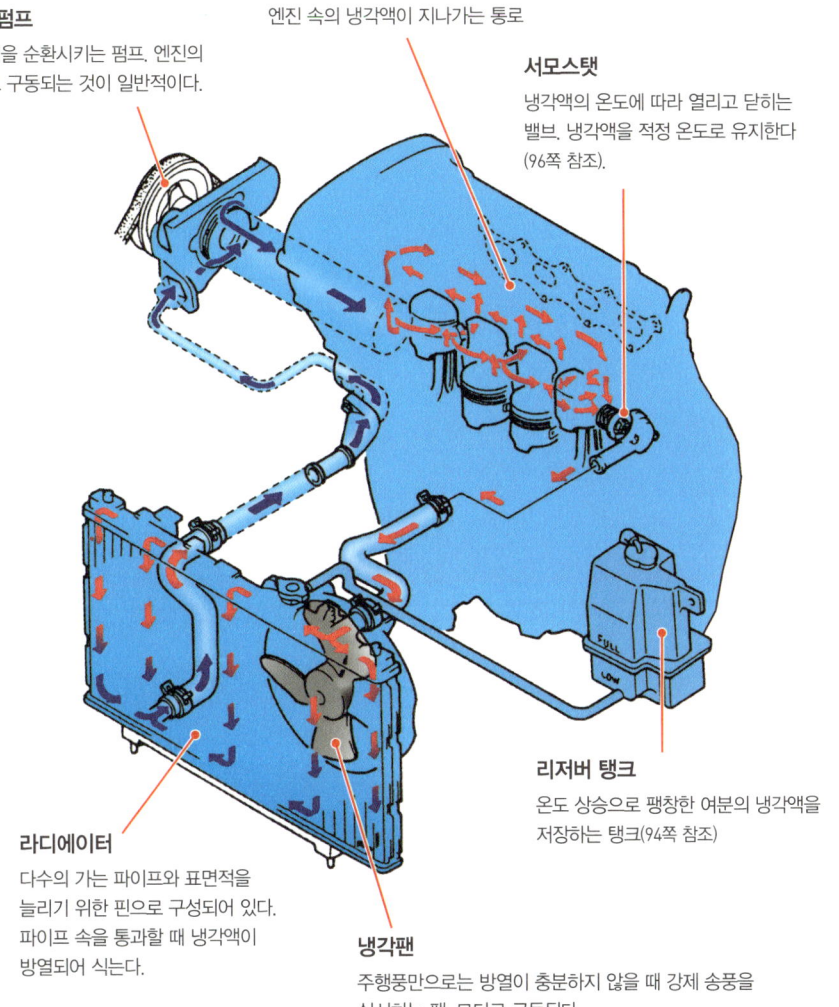

워터 펌프
냉각액을 순환시키는 펌프. 엔진의 힘으로 구동되는 것이 일반적이다.

워터 재킷
엔진 속의 냉각액이 지나가는 통로

서모스탯
냉각액의 온도에 따라 열리고 닫히는 밸브. 냉각액을 적정 온도로 유지한다 (96쪽 참조).

리저버 탱크
온도 상승으로 팽창한 여분의 냉각액을 저장하는 탱크(94쪽 참조).

라디에이터
다수의 가는 파이프와 표면적을 늘리기 위한 핀으로 구성되어 있다. 파이프 속을 통과할 때 냉각액이 방열되어 식는다.

냉각팬
주행풍만으로는 방열이 충분하지 않을 때 강제 송풍을 실시하는 팬. 모터로 구동된다.

LLC

평범한 물도 냉각액의 기능을 하지만, 물은 섭씨 0도 이하가 되면 동결된다. 그리고 동결되어 팽창하면 냉각 장치가 파손되기 때문에 일반적으로는 동결 온도를 저하시키는 LLC(Long Life Coolant)가 섞여 있다. 그래서 냉각액을 LLC라고 부르기도 한다. LLC에는 물의 부패를 방지하는 효과도 있다.

가압 냉각

냉각액은 섭씨 100도가 넘어도 끓지 않는다

열에너지는 온도차가 클수록 빠르게 이동한다. 라디에이터에서 방열을 할 경우, 외기 온도가 같다면 냉각액의 온도가 높을 때 대량의 열에너지가 이동한다. 방열 효율, 즉 냉각 효율이 높아지는 것이다. 그런데 냉각액의 주성분은 물이어서 섭씨 100도가 넘으면 끓어서 기체가 되기 때문에 열에너지를 이동시키기가 어려워진다. 게다가 기체가 되면 단번에 팽창해 냉각 장치를 망가뜨린다.

높은 산에 오르면 기압이 낮아져서 물이 섭씨 100도 이하에서 끓듯이, 액체에는 압력이 낮아질수록 끓는점(끓어서 기화하는 온도)이 낮아지고 반대로 압력이 높아질수록 끓는점이 높아지는 성질이 있다. 그래서 이 성질을 이용하고자 냉각액의 경로를 밀폐한다. 액체도 온도가 상승하면 팽창하므로 경로가 밀폐되어 있으면 냉각액의 압력이 높아져서 섭씨 100도에서도 끓지 않고, 그 결과 냉각 효율을 높일 수 있다. 이것을 **가압 냉각**이라고 한다.

그러나 높은 압력을 견딜 수 있도록 튼튼하게 만들면 냉각 장치가 무거워지기 때문에 일정 이상의 압력이 되면 여분의 냉각액을 통상적인 냉각 경로 밖으로 내보내고, 이를 통해 압력의 과도한 상승을 억제한다. 이에 따라 냉각액의 온도는 섭씨 110~120도 정도로 유지된다.

냉각 경로 밖으로 내보낸 냉각액을 버리면 냉각액의 온도가 낮아졌을 때 냉각액이 부족해지기 때문에 여분의 냉각액은 **라디에이터 보조 탱크**에 보존한다. 일반적으로는 라디에이터의 뚜껑인 라디에이터 캡에 달린 **가압 밸브**와 **부압 밸브**로 냉각액의 양을 조절한다. 냉각액 경로의 압력이 일정 수준 이상이 되면 가압 밸브가 열려서 냉각액이 보조 탱크로 보내지며, 압력이 일정 수준 이하가 되면 부압 밸브가 열려서 냉각액이 다시 라디에이터 안으로 돌아온다.

그림 1   냉각 경로와 보조 탱크

고온의 경우

냉각액의 온도가 상승해 냉각 경로 안의 압력이 일정 수준 이상으로 높아지면 라디에이터 캡의 가압 밸브가 열리고, 냉각액이 보조 탱크로 이동한다. 이 때문에 더는 압력이 상승하지 않는다.

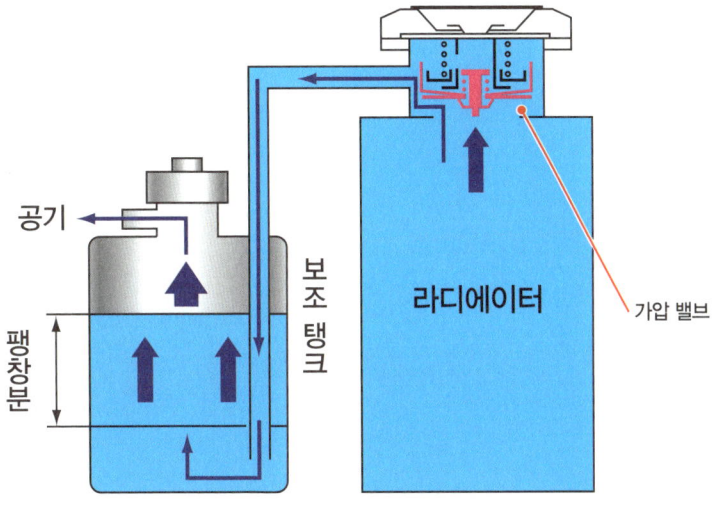

저온의 경우

냉각액의 온도가 저하되어 냉각 경로 안의 압력이 일정 수준 이하로 낮아지면 라디에이터 캡의 부압 밸브가 열리고, 보조 탱크에서 냉각액이 빨려 들어온다.

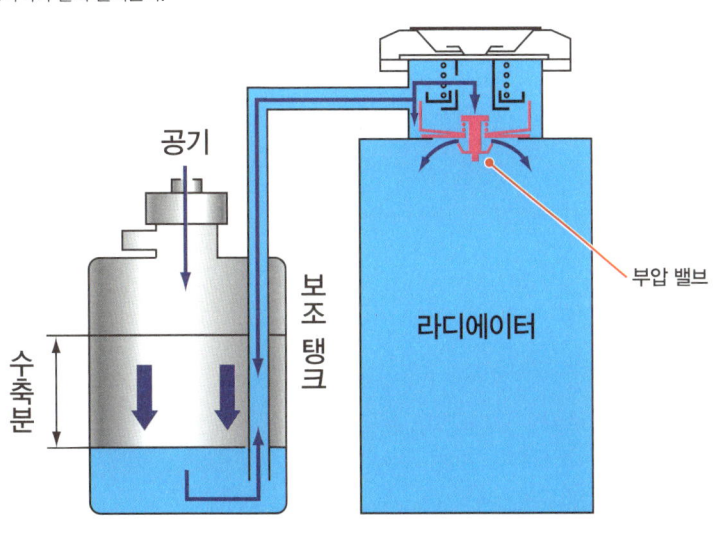

서모스탯
엔진이 너무 식어도 안 좋은 점이 많다

냉각은 중요하다. 하지만 무작정 엔진을 냉각하기만 하면 좋은 것은 아니다. 지나치게 냉각하면 냉각 손실이 커져서 엔진의 출력이 저하된다. 그렇기 때문에 명칭과 달리 냉각 장치의 실제 역할은 적정한 온도를 유지하는 것이다. 가령 시동 직후 엔진이 아직 덥혀지지 않은 상태에서 고속 주행을 했는데, 외부 기온이 낮은 상태라면 엔진이 너무 식어 버리기도 한다. 이런 상태를 **오버쿨**(over cool)이라고 한다.

엔진이 저온 상태라면 연료가 잘 기화하지 않는다. 따라서 평소보다 연료 분사량을 늘릴 필요가 있으며, 그 결과 연비가 나빠지고 대기 오염 물질이 증가한다. 또 엔진 안에 있는 부품은 온도가 상승하면 미묘하게 팽창한다. 이런 부품들은 적정 온도 상태를 전제로 설계되어 있기 때문에 저온 상태에서는 피스톤과 실린더의 틈새가 벌어지거나 부품이 헐거워지는 문제가 발생한다.

그래서 냉각 장치에는 냉각 기능을 정지해 엔진이 빨리 뜨거워지도록 하는 시스템이 갖춰져 있다. 이것이 **바이패스**(bypass) 경로와 **서모스탯**(thermostat)이다. 바이패스 경로는 라디에이터를 우회할 수 있도록 만들어진 통로이며, 서모스탯은 냉각수의 온도에 따라 밸브가 열리거나 닫혀 엔진의 온도를 항상 일정하게 조절하는 장치다.

엔진이 저온일 때는 서모스탯이 작동해 냉각액이 바이패스 경로를 지나가도록 한다. 그러면 방열이 되지 않아 냉각액의 온도가 빠르게 상승한다. 일반적으로는 섭씨 80도에서 작동하는 제품이 사용되지만, 한랭지용 자동차는 더 높은 온도에서 작동하는 제품을 사용하기도 한다. 또 현재의 냉각팬은 모터로 구동되기 때문에 컴퓨터로 손쉽게 제어할 수 있다. 그래서 엔진이 저온이나 적정 온도일 때는 팬이 정지해 송풍에 따른 냉각을 막는다.

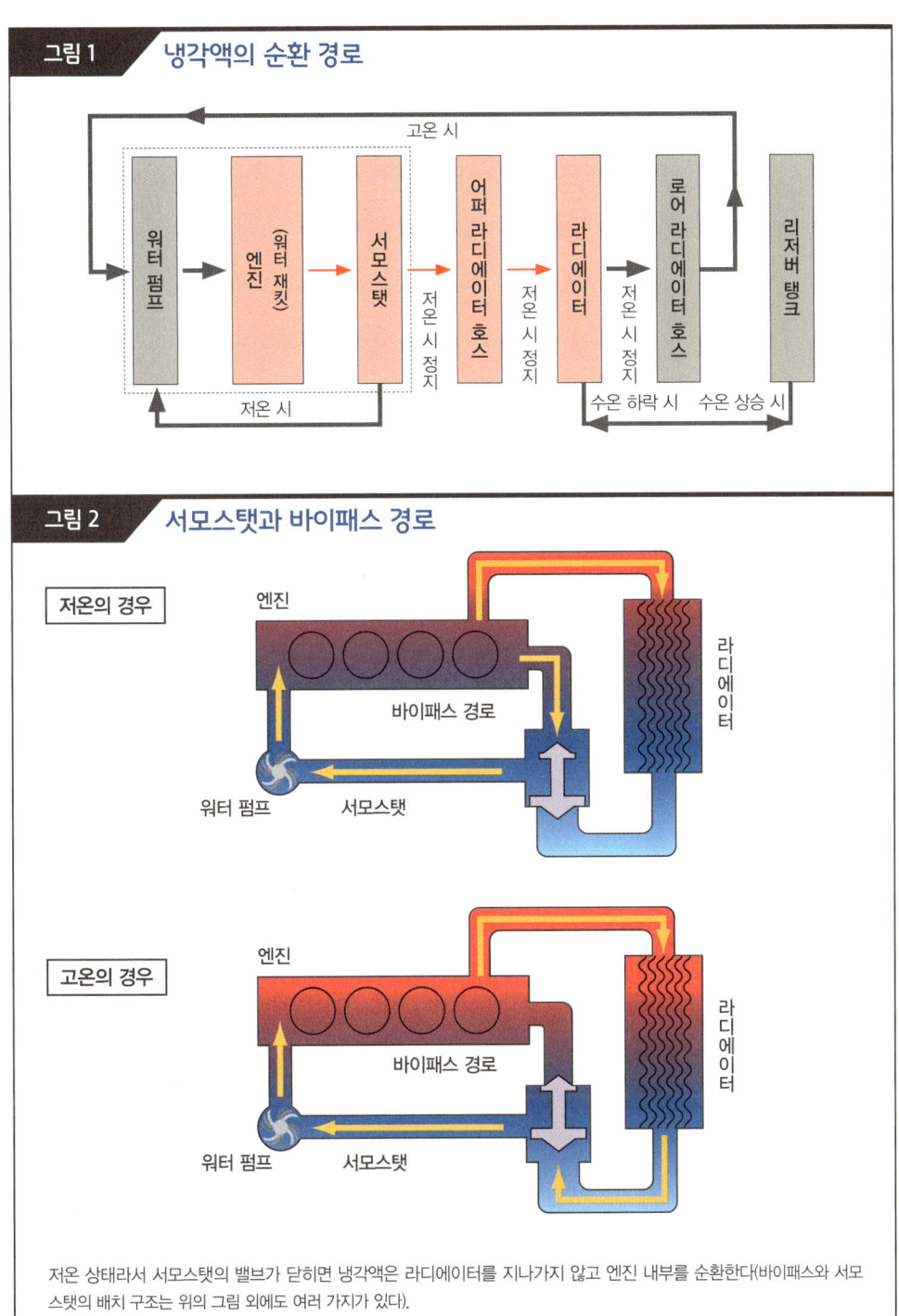

윤활 장치
엔진 내부의 부품이 원활히 움직일 수 있게 한다

엔진 안에는 피스톤과 실린더처럼 금속 부품끼리 맞닿는 부분이 있다. 캠이나 밸브 스템도 엔진이 작동할 때는 다른 부품과 맞닿는다. 또 크랭크축이나 캠축처럼 회전하는 축과 그 축을 지탱하는 부분도 있다. 이런 부분에서 마찰이 커지면 마찰 손실이 증가하며, 무엇보다 마찰열에 따른 과열로 부품이 녹거나 부품끼리 달라붙기라도 하면 엔진이 크게 손상될 수 있다. 그래서 엔진에는 마찰을 억제해 부품이 원활히 움직일 수 있도록 **윤활 장치**가 장착되어 있다. 엔진의 윤활에 사용되는 오일을 **엔진 오일**이라고 하며, 실린더 블록 밑에 장착된 오일 팬에 저장되어 있다. 그리고 엔진의 힘으로 구동되는 **오일펌프**가 이곳에 저장된 오일을 빨아올려 엔진 각부로 보낸다. 실린더 블록이나 실린더 헤드에는 **오일 갤러리**(oil gallery)라는 통로가 설치되어 있으며, 오일은 윤활이 필요한 부품에 분사되거나 그 주위를 흐른다. 크랭크축이나 캠축의 내부에도 오일 통로가 설치되어 있으며, 도중에 뚫려 있는 구멍을 통해 윤활이 필요한 부분으로 흘러든다. 그리고 부품을 윤활한 오일은 부품을 따라 흐르거나 떨어져서 오일 팬으로 돌아간다.

엔진 오일의 순환 경로에는 오일의 이물질을 제거하기 위한 부품이 설치되어 있다. 오일 팬에서 엔진 오일을 빨아올리는 부분에는 **오일 스트레이너**(oil strainer)라는 금속 망이 있으며, 오일펌프에서 오일 갤러리에 이르는 경로에는 부직포 등의 필터로 구성된 **오일 필터**가 있다.

그림 1 | 엔진 오일의 순환 경로

오일 팬 →(흡인)→ 오일 스트레이너 →(흡인)→ 오일펌프 →(압송)→ 오일 필터 →(압송)→ 오일 갤러리 →(압송)→ 엔진 내 부품

←(중력 낙하)←

그림 2 | 윤활 장치

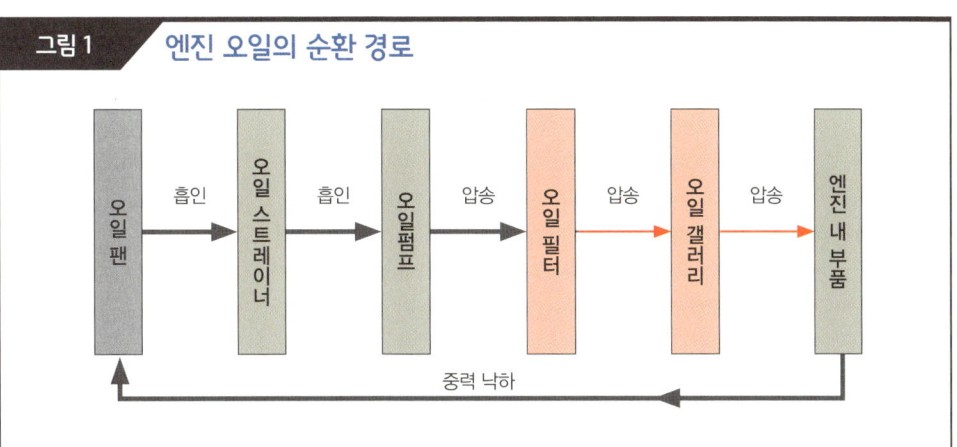

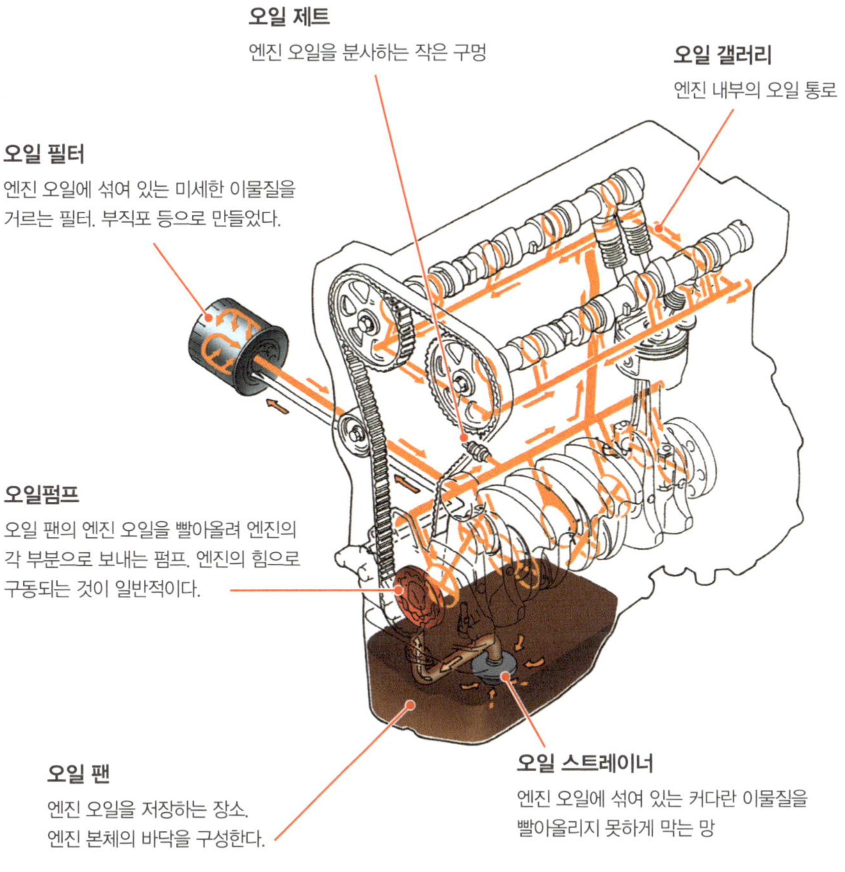

오일 제트
엔진 오일을 분사하는 작은 구멍

오일 갤러리
엔진 내부의 오일 통로

오일 필터
엔진 오일에 섞여 있는 미세한 이물질을 거르는 필터. 부직포 등으로 만들었다.

오일펌프
오일 팬의 엔진 오일을 빨아올려 엔진의 각 부분으로 보내는 펌프. 엔진의 힘으로 구동되는 것이 일반적이다.

오일 팬
엔진 오일을 저장하는 장소. 엔진 본체의 바닥을 구성한다.

오일 스트레이너
엔진 오일에 섞여 있는 커다란 이물질을 빨아올리지 못하게 막는 망

엔진 오일
윤활만이 전부가 아니다

윤활 장치는 사실 윤활뿐만 아니라 다양한 역할을 담당한다. 피스톤의 바깥지름은 상하 왕복 운동이 가능하도록 실린더의 안지름보다 아주 조금 작게 만들어져 있다. 따라서 이 상태로는 압축을 할 때 틈새로 혼합기가 새어 나갈 뿐만 아니라 연소·팽창 행정에서도 압력이 빠져나가고 만다. 그런데 이 틈새에 엔진 오일이 들어가면 실린더의 기밀성이 높아진다. 이것을 엔진 오일의 **기밀 작용**이라고 한다.

또한 엔진 오일은 **냉각 작용**도 한다. 연소실 주변을 윤활한 오일은 엔진의 열을 흡수해 뜨거워진다. 고온이 된 오일은 오일 팬으로 돌아가는데, 오일 팬은 연소실에서 가장 멀리 떨어져 있고, 실린더 블록에 비해 얇은 금속으로 만들어져 있기 때문에 오일은 방열되어 식는다. 이 순환을 통해 오일은 엔진을 냉각할 수 있다.

엔진 내부의 부품 중에는 강한 힘이 걸리는 것이 있다. 특히 연소·팽창 행정에서는 각부에 강한 힘이 걸리는데, 부품과 부품의 틈새에 들어간 엔진 오일이 쿠션 역할을 해서 부품의 손상을 방지한다. 이것을 엔진 오일의 **완충 작용**이라고 한다.

윤활 작용이나 완충 작용이 있어도 마찰 등으로 부품이 마모되어 금속 가루가 발생하거나 오일 자체의 열화로 이물질이 생기는 경우가 있다. 이물질은 부품의 마모를 촉진하는 원인이 되는데, 각부를 순환하는 오일에는 이 물질을 씻어내는 **정화 작용**이 있다.

철로 만든 엔진 본체나 내부 부품은 공기 속의 산소나 수분과 접촉하면 녹이 슨다. 하지만 엔진 오일이 유막(油膜)이라는 얇은 막을 만들면 엔진을 사용하는 동안은 물론이고 사용하지 않을 때도 엔진과 내부 부품을 녹슬지 않게 보호한다. 이것을 **방청 작용**이라고 한다.

그림 1 　 엔진 오일의 각종 작용

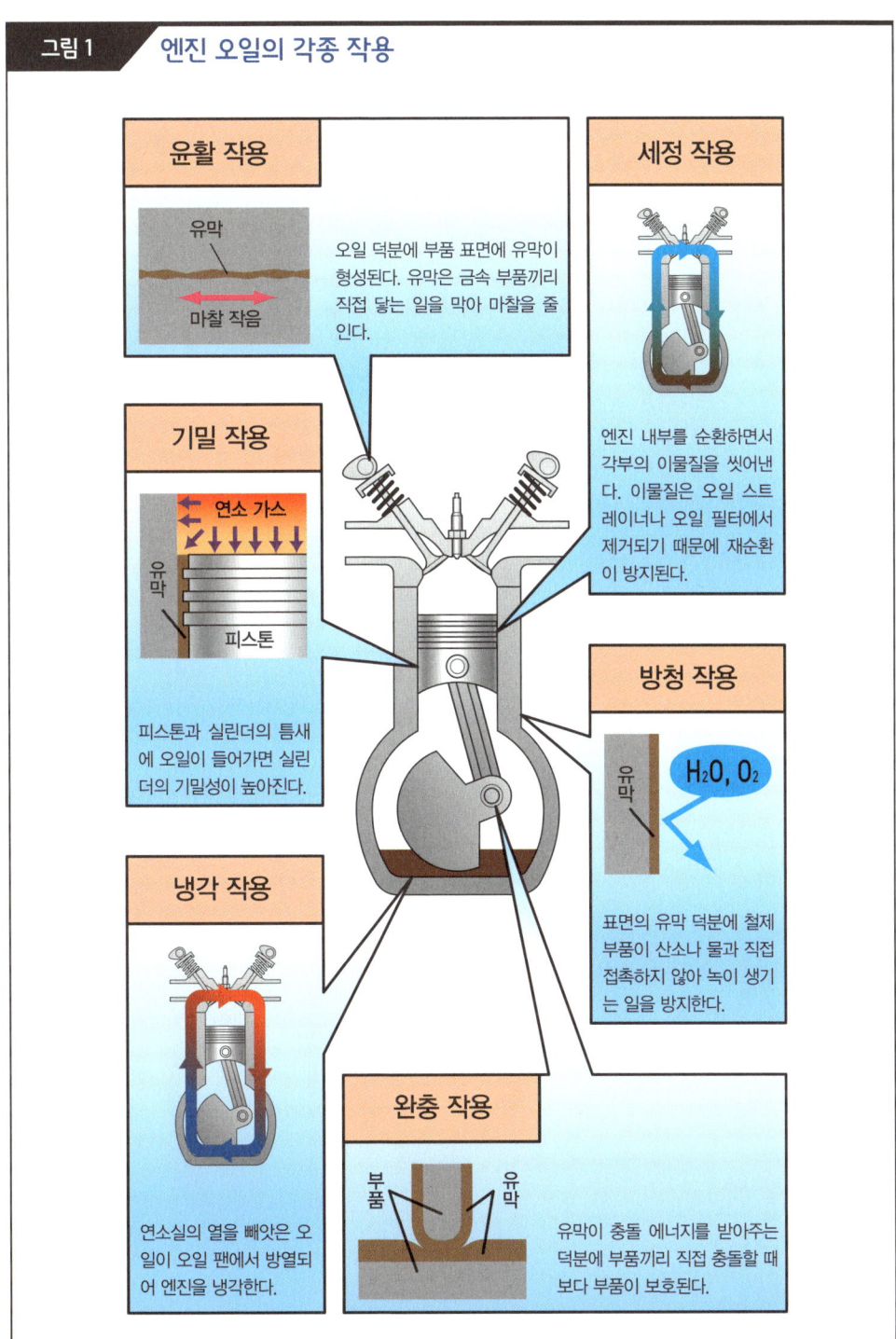

시동 장치

크랭크축을 회전시켜 시동을 건다

일단 엔진이 움직이면 다른 기통에서 발생한 힘이나 플라이휠을 통해 계속 움직일 수 있지만, 시동을 걸 때는 흡기 행정과 압축 행정을 실시하기 위한 외부 힘이 필요하다. 이 힘을 공급하는 장치가 **시동 장치**다.

시동 장치는 **스타터 모터**와 **플라이휠**로 구성되어 있다. 플라이휠의 주위에는 톱니가 나 있다. 플라이휠이 없는 엔진의 경우, 드라이브 플레이트(drive plate)라는 원판(둘레에 톱니가 나 있다)이 크랭크축의 끝에 장착되어 있다.

스타터 모터는 모터와 마그네틱 스위치로 구성되어 있다. 모터의 회전은 톱니바퀴를 이용한 **감속 기구**를 거쳐 끝부분에 있는 작은 **피니언 기어**에 전달된다. 중간에는 일정 방향으로만 회전을 전달하는 **오버러닝 클러치**(overrunning clutch)가 장착되어 있다. 피니언 기어는 회전축 방향으로 이동이 가능하도록 만들어져 있으며, 마그네틱 스위치로 움직일 수 있다.

시동 스위치를 누르면(또는 시동키를 시동 위치로 돌리면) 마그네틱 스위치가 작동해 피니언 기어를 플라이휠의 톱니바퀴에 맞물리게 하는 동시에 모터의 회전이 시작된다. 이 회전이 크랭크축에 전달되어 엔진이 움직인다. 움직이기 시작한 엔진의 회전이 다른 회전 속도로 작동하는 모터에 전달되면 모터가 파손되지만, 오버러닝 클러치가 있기 때문에 회전이 전달되는 일은 없다. 또 피니언 기어가 계속 맞물린 채로 있으면 파손되지만, 컴퓨터가 시동을 확인하거나 키를 온(on) 위치에 놓으면 마그네틱 스위치가 작동을 멈추기 때문에 피니언 기어는 처음 위치로 돌아간다.

그림 1   시동 장치

시동 전 / 시동 후

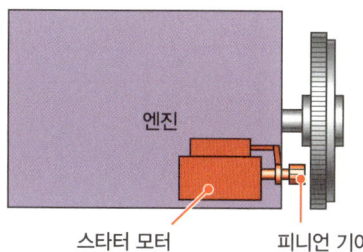

시동 중

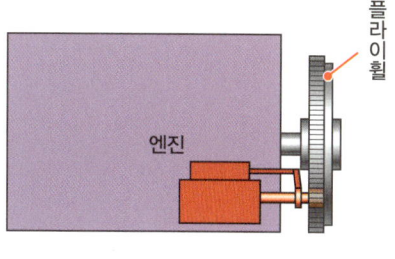

스타터 모터의 피니언 기어는 시동을 걸 때만 플라이휠의 톱니와 맞물린다.

그림 2   스타터 모터

모터
배터리의 전력으로 움직이는 직류 모터

오버러닝 클러치

감속 기구
시동에는 강한 힘의 저속 회전이 필요하기 때문에 톱니바퀴를 조합해 속도를 줄이고 토크를 늘린다.

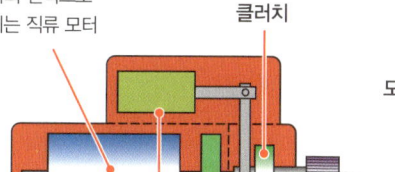

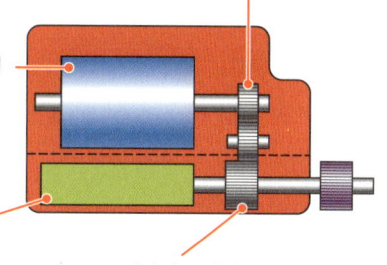

모터

감속 기구

마그네틱 클러치
전자석의 힘을 이용해 피니언 기어를 이동시킨다. 전기가 끊기면 스프링 때문에 원래의 위치로 돌아간다.

오버러닝 클러치
모터의 회전은 엔진에 전달되지만 엔진의 회전은 모터에 전달되지 않게 하는 기구

아이들링 스톱 앤 고

최근에는 연비 향상을 위해 **아이들링 스톱 앤 고**(idling stop & go) 기구를 탑재한 자동차가 많다. 아이들링 스톱은 주정차를 하는 동안 엔진이 정지하는 기능이다. 엔진이 정지하는 시간을 조금이라도 늘리고자 크랭크축의 회전이 정지하기 전에 연료 분사를 정지하는 기구의 경우, 갑자기 재시동을 걸려고 하면 회전하는 플라이휠의 톱니에 피니언 기어를 맞물리기가 어렵다. 그래서 기존과는 다른 다양한 시동 장치가 개발되고 있다.

충전 장치
시동과 전력 부족에 대비한다

가솔린 엔진을 연속해서 작동시키려면 점화 장치로 불을 붙이기 위한 전력이 필요하다. 또 자동차는 엔진이 정지한 상태에서도 전력이 있어야 스타터 모터로 시동을 걸 수 있다. 게다가 요즘 자동차는 엔진을 제어하는 컴퓨터를 비롯해 안전 주행에 없어서는 안 될 전조등이나 와이퍼 등의 작동에 전력이 필요하다. 에어컨이나 파워 윈도우 등의 편의 장치도 대부분 전기로 움직인다. 전기로 작동하는 장치들에 안정적으로 전력을 공급하기 위한 장치가 **충전 장치**다.

충전 장치는 발전기와 축전지로 구성되어 있다. 발전기는 엔진의 힘으로 작동하며, 점화 장치 등이 사용하고 남은 발전 전력은 축전지에 저장된다. 저장된 전력은 시동을 걸 때 사용할 뿐만 아니라 소비 전력이 발전 전력을 넘어섰을 때도 사용한다. 가령 비가 내리는 여름밤에 도로가 정체되는 상황에서는 에어컨과 전조등, 와이퍼 등에 많은 전력이 소비되지만 엔진 회전수가 낮기 때문에 소비 전력이 발전 전력을 웃도는 경우가 있다.

충전 장치에는 일반적으로 **알터네이터**(alternator)라고 부르는 교류 발전기가 사용된다. 엔진의 측면에 장착되어 있으며, 크랭크축의 끝에 달린 크랭크축 풀리에서 발전기의 풀리로 벨트를 통해 회전이 전달된다.

자동차에서 사용하는 전기는 직류이지만 교류 발전기를 쓴다. 여기에는 이유가 있는데 교류 발전기가 느린 회전에도 발전 능력이 높고, 소형이며 내구성이 좋기 때문이다. 교류 발전기가 만들어낸 전기는 엔진의 회전수에 따라 전압과 주파수가 변동한다. 그래서 발전기에는 전압을 일정하게 유지하는 전기 회로와 교류를 직류로 변환하는 정류 회로 등이 설치되어 있다.

그림 1 자동차의 전기

평상시

발전기의 발전 전력이 사용되고, 잉여분은 축전지에 저장된다.

전력 소비가 많을 때

발전기의 전력과 함께 축전지에 저장되었던 전력도 사용한다.

시동을 걸 때

발전기가 작동하고 있는 상태가 아니므로 축전지에 저장된 전력을 사용한다.

발전기
점화 장치 등 전기를 사용하는 장치
축전지
발전기
점화 장치 등 전기를 사용하는 장치
축전지
발전기
점화 장치 등 전기를 사용하는 장치
축전지

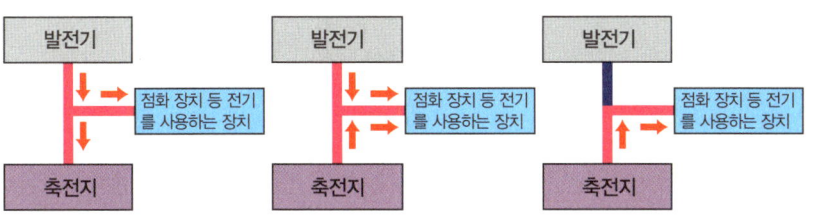

그림 2 알터네이터

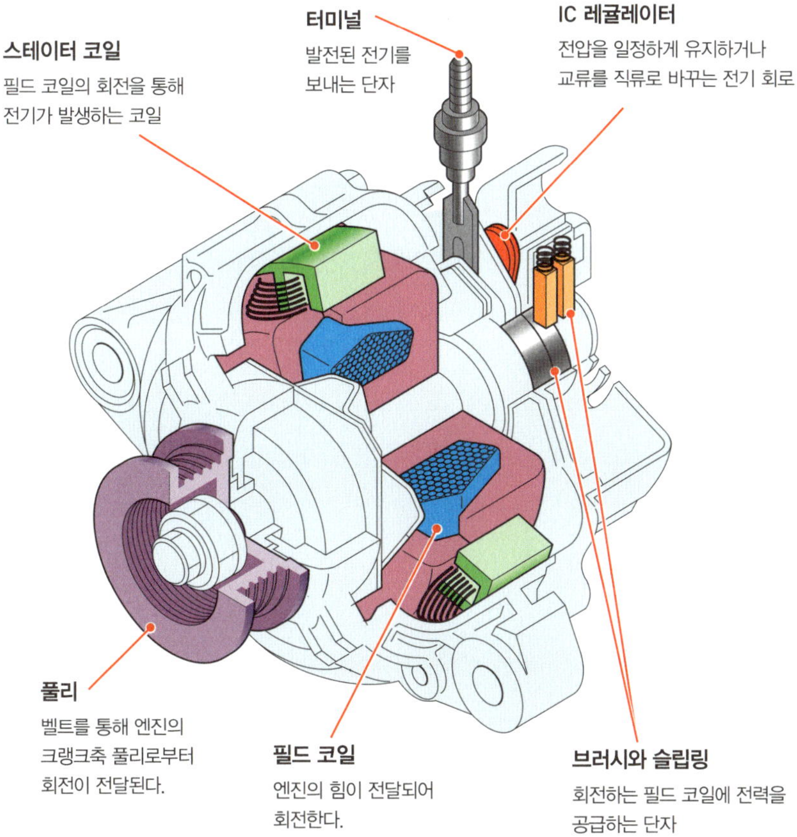

스테이터 코일
필드 코일의 회전을 통해 전기가 발생하는 코일
터미널
발전된 전기를 보내는 단자
IC 레귤레이터
전압을 일정하게 유지하거나 교류를 직류로 바꾸는 전기 회로
풀리
벨트를 통해 엔진의 크랭크축 풀리로부터 회전이 전달된다.
필드 코일
엔진의 힘이 전달되어 회전한다.
브러시와 슬립링
회전하는 필드 코일에 전력을 공급하는 단자

배터리
전기를 저장하거나 방출한다

축전지는 충전을 통해 반복적으로 사용할 수 있는 전지를 의미한다. 축전지는 두 종류의 전극과 전해액의 화학 반응을 이용해 충전하거나 방전(전기를 방출하는 것)한다.

자동차의 충전 장치에 사용되는 축전지는 전극으로 납을 사용하기 때문에 납축전지라고 하는데, 단순히 **배터리**라고 부를 때가 많다. 납축전지에서는 **그림 1**과 같은 화학 반응이 일어난다. 이 화학 반응을 통해 전기 에너지를 화학 에너지로 변환(충전)하거나 화학 에너지를 전기 에너지로 변환(방전)한다.

기존의 일반 배터리는 충전을 할 때 전해액의 물이 전기 분해되거나 수분이 증발하면서 배터리액이 감소하기 때문에 정기적으로 물을 보충해야 했다. 그러나 현재는 물을 회수하는 기능을 갖춘 배터리를 사용하는 경우도 많다. 이런 배터리를 **무보수**(MF) 배터리라고 한다.

배터리는 자동차의 장치가 전력을 사용하지 않아도 저장해놓았던 전력이 자연 방전되어 조금씩 줄어든다. 또 온도가 낮아지면 능력이 저하된다. 전력이 줄어들면 **배터리 방전**이라고 부르는 상태가 되어 시동을 걸 수가 없다. 그래서 예전에는 엔진이 작동하는 동안에는 항상 알터네이터가 구동되어 완충에 가까운 상태를 유지하도록 했는데, 현재는 **충전 제어 시스템**을 탑재한 자동차가 늘고 있다. 이 시스템이 탑재된 자동차는 배터리의 전압 등을 컴퓨터가 감시해 일정 수준의 전력이 저장되면 알터네이터가 정지하기 때문에 엔진 부담이 줄어들어 연비 상승을 꾀할 수 있다.

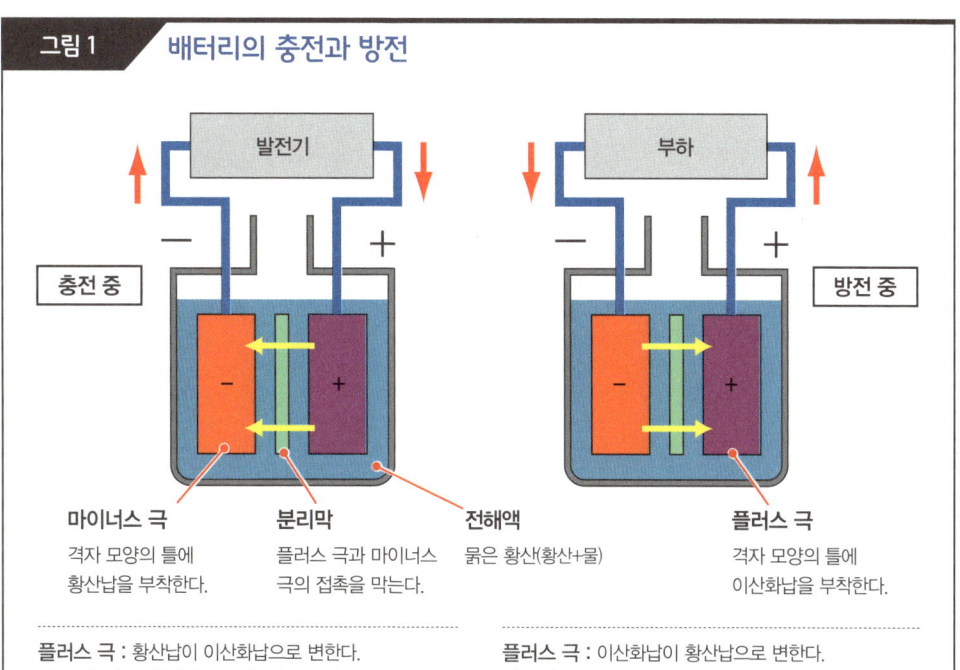

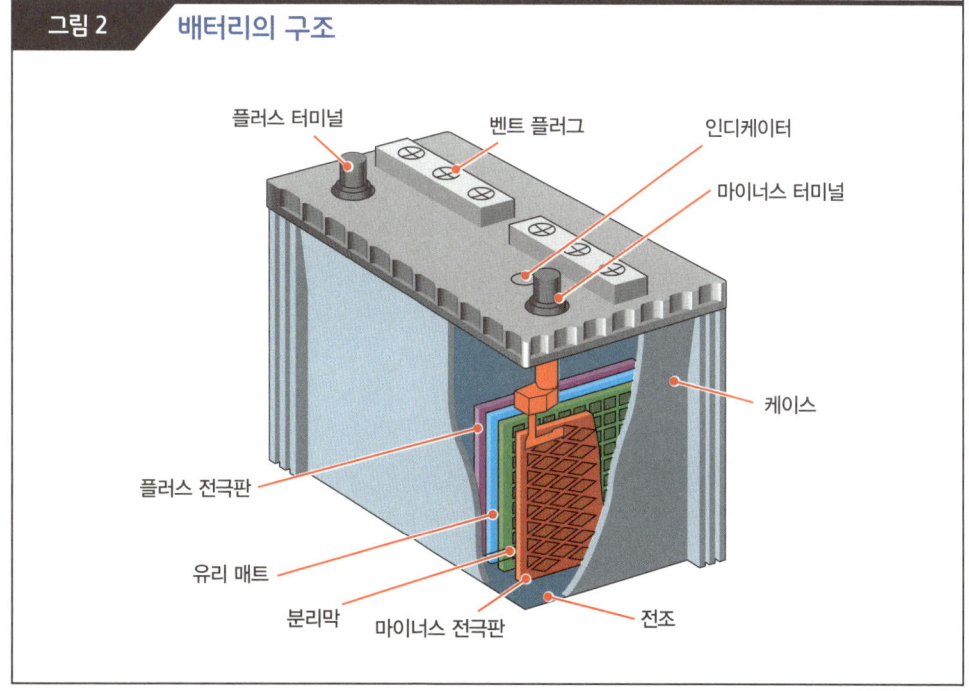

과급기
압축한 공기를 엔진에 보내서 성능을 올린다

실린더에 용량 이상의 공기를 집어넣으면 그만큼 많은 연료를 태울 수 있어 출력을 높일 수 있다. 이것을 **과급**이라고 하며, 과급하는 장치를 **과급기**라고 한다. 과급기에는 여러 종류가 있는데, 가장 많이 사용하는 것은 **터보차저**(turbo charger)다.

터보차저의 경우, 양끝에 날개차를 단 회전축을 사용해 한쪽 날개차를 배기 경로에 배치하고 다른 쪽 날개차를 흡기 경로에 배치한다. 이렇게 하면 날개차가 돌아갈 때 배기의 기세 때문에 흡기 경로의 날개차도 같이 회전해 흡기를 압축하며, 이에 따라 실린더 용량보다 많은 공기가 흡기된다. 다만 압축을 하면 공기 온도가 상승해 팽창하려 하기 때문에 라디에이터와 유사한 방열기인 **인터쿨러**(inter cooler)로 흡기를 냉각한다.

터보차저는 배기 손실이 일어나는 배기의 기세를 이용하기 때문에 효율이 높다. 그러나 흡기의 압축 능력을 높이면 배기의 흐름이 나빠져 배압 또한 높아지기 때문에 엔진 성능이 저하된다. 그리고 과급이 과도하면 압축비가 높아져 이상 연소가 일어날 수도 있다.

과거에는 출력 향상을 위해서 스포츠카에 과급기를 장착하는 경우가 많았는데, 현재는 소형 경량화한 엔진의 연비를 높이기 위해 과급기를 이용한다. 보통은 총배기량에 충분한 여유가 있도록 엔진을 만들기 때문에, 정속 주행을 할 경우 실린더 용적에 비해 연료가 적어 연소에 어려움이 따른다. 게다가 엔진 자체도 크고 무거워져 펌프 손실이나 마찰 손실도 크다. 그래서 과급기를 활용하는 것이다. 정속 주행에 알맞은 총배기량으로 엔진을 소형 경량화하고, 급발진이나 급가속 등을 할 때는 과급을 실시해 출력을 높이는 방법으로 대응한다. 이런 설계를 **엔진 다운사이징**(engine down sizing)이라고 한다.

그림 1 **터보차저의 원리**

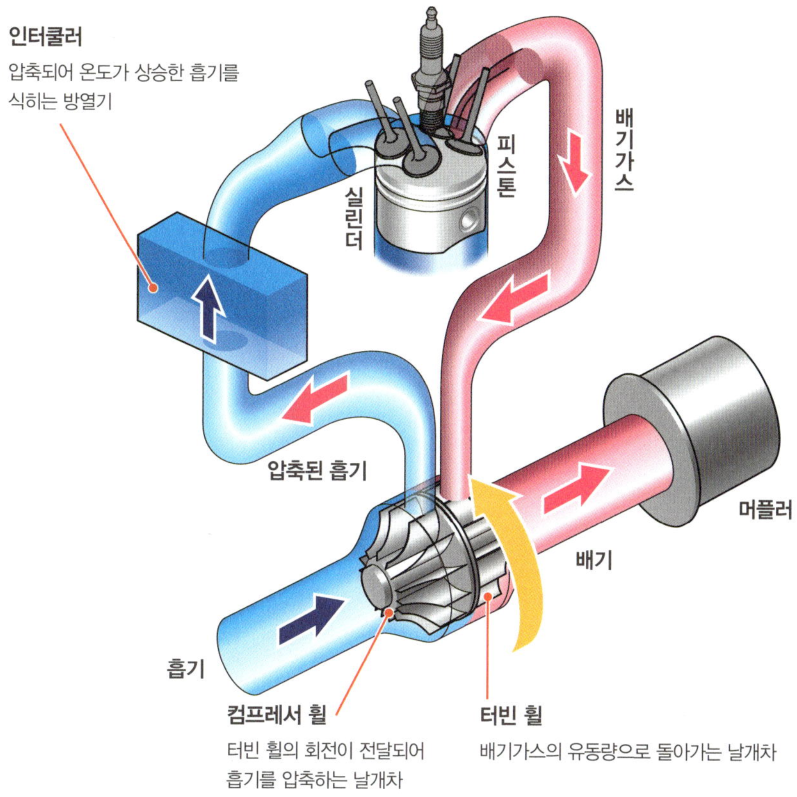

인터쿨러
압축되어 온도가 상승한 흡기를
식히는 방열기
실린더
피스톤
배기가스
압축된 흡기
머플러
배기
흡기
컴프레서 휠
터빈 휠의 회전이 전달되어
흡기를 압축하는 날개차
터빈 휠
배기가스의 유동량으로 돌아가는 날개차

그림 2 **과급 압력의 제어**

터빈
컴프레서
배기
흡기
바이패스 경로
웨이스트
게이트 밸브
배기가스
과급기

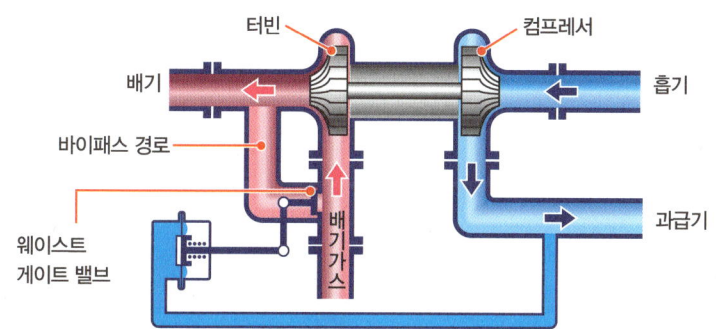

흡기의 압력이 지나치게 높아지면 웨이스트 게이트 밸브가 열려서 배기가 바이패스 경로를 지나간다. 이를 통해 터빈 휠의 회전을 억제하고, 안전성을 높인다.

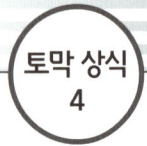

오일과 플루이드

자동차에는 엔진 오일 이외에도 다양한 장치에서 오일 같은 액체를 사용한다. 조금 연배가 있는 독자라면 브레이크 오일이나 자동 변속기 오일을 떠올릴 터인데, 물론 이렇게 말해도 문제없이 통용되지만 현재는 각각 브레이크 플루이드와 자동 변속기 플루이드(ATF)라고 말하는 경우가 많다. 사용하는 액체가 달라진 것은 아니지만 용도에 따라 호칭이 바뀌고 있다. 주로 윤활이 목적인 액체는 **오일**, **유압**(126쪽 참조)의 전달 등이 목적인 액체는 **플루이드**(fluid, 유체)라고 한다. 플루이드에는 그 밖에도 파워 스티어링 플루이드(PSF)나 CVT 플루이드(CVTF)가 있다. 참고로 ATF나 CVTF는 윤활에도 사용하지만 유압의 전달이 주목적이기 때문에 플루이드라고 한다. 같은 변속기라도 수동 변속기의 경우는 윤활에만 사용하기 때문에 트랜스미션 오일이나 기어오일이라고 한다.

브레이크 오일(브레이크 플루이드)

예전에는 브레이크에 사용하는 액체를 브레이크 오일이라고 불렀지만 현재는 브레이크 플루이드라고 한다.

INDEX

동력 전달 장치 • 112
기어와 풀리와 변속 • 114
변속기 • 116
수동 변속기 • 118
클러치 • 120
토크 컨버터 1 • 122
토크 컨버터 2 • 124
유압 기구 • 126
유성기어 • 128
자동 변속기 • 130
CVT • 132
디퍼렌셜 기어 • 134
디퍼렌셜 기어와 파이널 기어 • 136
차동 제한 장치 • 138
축과 조인트 • 140
사륜구동 • 142
풀타임 4WD • 144
스탠바이 4WD • 146

토막 상식 5
트로이달 CVT • 148

Chapter 5

바퀴에 회전을 전달하는 메커니즘

5-01

동력 전달 장치

앞바퀴 또는 뒷바퀴로 구동하는 방식이 있다

엔진의 회전을 바퀴에 전달하는 시스템을 **동력 전달 장치**(power train/drive train)라고 한다. 동력 전달 장치는 엔진의 회전을 주행에 최적인 토크나 회전수로 바꾸는 **변속기**를 중심으로 부드럽게 코너를 돌기 위한 **디퍼렌셜 기어**(differential gear), 최종적인 감속을 하는 **파이널 기어**(final gear), 이들 장치 사이에서 회전을 전달하는 축 등으로 구성되어 있다.

엔진의 크랭크축이 동력 전달 장치를 통해 항상 바퀴와 연결되어 있으면 부담이 너무 커서 스타터 모터로 시동을 걸 수 없다. 또 수동 변속기의 경우, 엔진의 회전이 변속기에 전달되고 있는 상태에서는 톱니바퀴의 조합을 바꿀 수가 없다. 그래서 엔진과 변속기 사이에 **클러치**(clutch)라고 부르는 **단속 기구**가 필요하다. 변속기의 종류에 따라 사용하는 클러치가 다르며, 변속기에 내장하는 경우도 있다.

네 바퀴로 구동하는 **사륜구동**(4WD, AWD)과 앞바퀴나 뒷바퀴로 구동하는 **이륜구동**(2WD)이 있는데 후자가 일반적이다. 이륜구동의 경우, 엔진의 배치까지 고려한 구동 방식을 명칭으로 쓸 때가 많다. 엔진을 차량의 전방에 배치하고 전륜구동을 하는 방식을 **FF**, 역시 엔진을 차량의 전방에 배치하지만 후륜구동을 하는 방식을 **FR**이라고 한다.

FR은 차량의 전후 중량 배분이 훌륭해 운동 성능이 높고 조종하기가 용이하지만, 변속기나 차량 후방에 회전을 전달하는 축이 차내 공간을 많이 차지한다. 그리고 차량의 중량도 무거워지기 쉽다. FF의 경우, 차내 공간이 넓고 차량의 중량도 억제하기 용이하다는 장점 때문에 현재 주류로 자리 잡았다. 하지만 중량 배분이 앞쪽으로 치우치기 쉽고 구동과 조향 양쪽을 담당하는 앞바퀴의 부담이 크며 주변 구조도 복잡해지기 쉽다는 단점이 있다.

그림 1 구동 방식과 동력 전달 경로

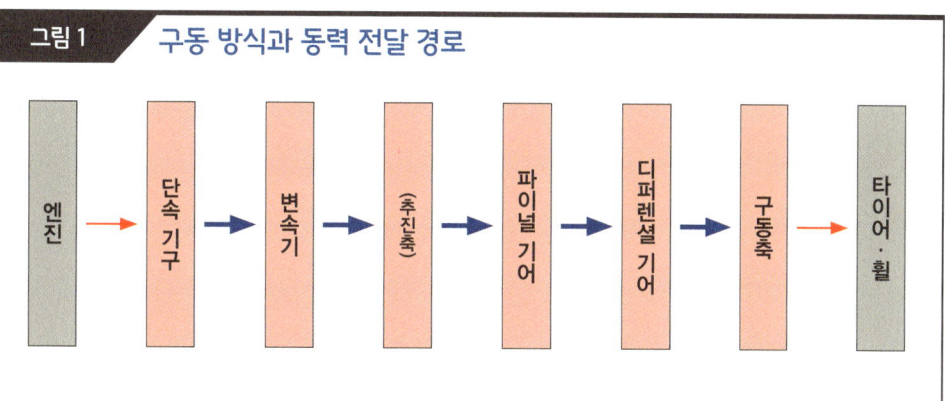

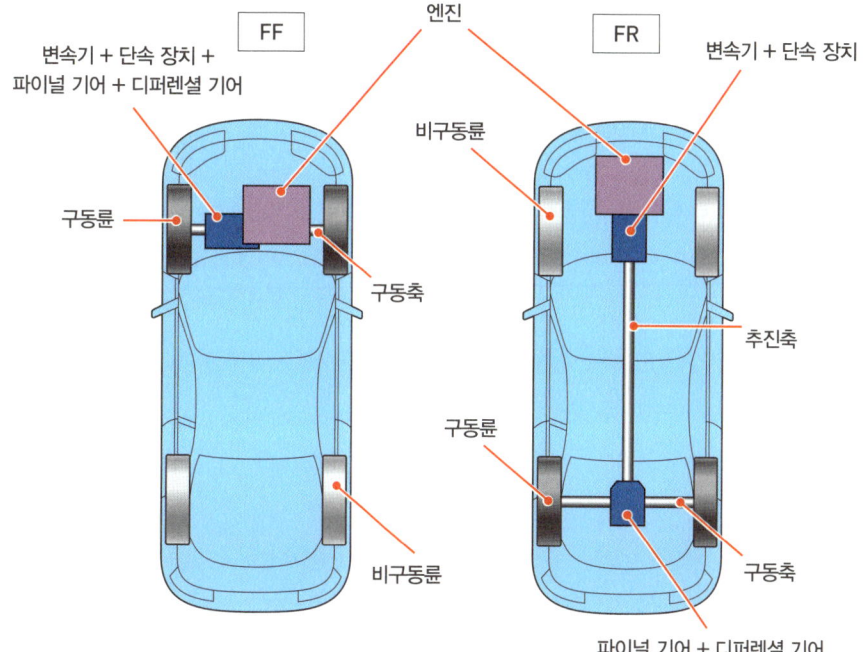

FF · FR · RR · MR

FF와 FR은 각각 Front engine, Front wheel drive와 Front engine, Rear wheel drive의 약자다. 그 밖에 차량의 뒷부분에 엔진을 배치하고 후륜구동을 하는 RR(Rear engine, Rear wheel drive), 엔진을 차량 중앙에 배치하고 후륜구동을 하는 MR(Middle engine, Rear wheel drive) 등이 있다.

기어와 풀리와 변속
변속으로 회전수와 토크를 바꾼다

챕터 1에서 설명했듯이 회전수와 토크는 주행 상황에 따라 변한다. 또 자동차의 엔진은 회전수에 따라 토크가 변한다. 그래서 변속기를 이용해 엔진의 회전을 주행에 필요한 회전수나 토크로 변환한다.

변속에는 기본적인 기계요소인 **기어**와 **풀리**(도르래), **벨트**가 사용된다. 변속이라고 하지만 실제로는 회전수만 바꾸는 것이 아니다. 회전수를 바꾸면 토크도 바뀐다. 예를 들어 발진을 할 때는 커다란 구동력이 필요하지만 회전수는 낮아야 한다. 그래서 출력을 높이기 위해 엔진의 회전수를 높이고, 변속기로 회전수를 떨어뜨리는 동시에 토크를 높인다.

기어는 잘 알려진 기계요소다. 가장 일반적인 바깥기어의 경우, 양 기어의 톱니의 비(변속비, Gear Ratio)에 비례해 변화가 일어난다. 가령 입력(input)이 되는 톱니의 수가 20개이고 출력(output)이 되는 톱니의 수가 40개라면 회전수는 20/40=1/2, 즉 1/2이 된다. 그리고 이때 토크는 두 배가 된다. 토크는 변속비에 반비례한다. 참고로 바깥기어의 조합일 경우는 회전 방향이 반대가 된다.

그 밖에도 자동차에는 안기어와 바깥기어의 조합이나 회전축의 방향을 바꿀 수 있는 베벨기어, 세 종류의 기어를 조합한 유성기어(planetary gear), 엄밀하게는 기어가 아니지만 막대에 톱니를 낸 랙 기어(rack gear) 등을 사용한다.

풀리와 벨트로 변속을 하는 경우, 인풋과 아웃풋, 양쪽 풀리의 지름(벨트가 걸려 있는 부분의 지름)의 비가 기어의 변속비에 해당한다. 지름이 두 배인 풀리에 회전을 전달하면 회전수는 1/2이 되며 토크는 두 배가 된다. 풀리와 벨트의 경우, 인풋과 아웃풋의 회전 방향은 같다.

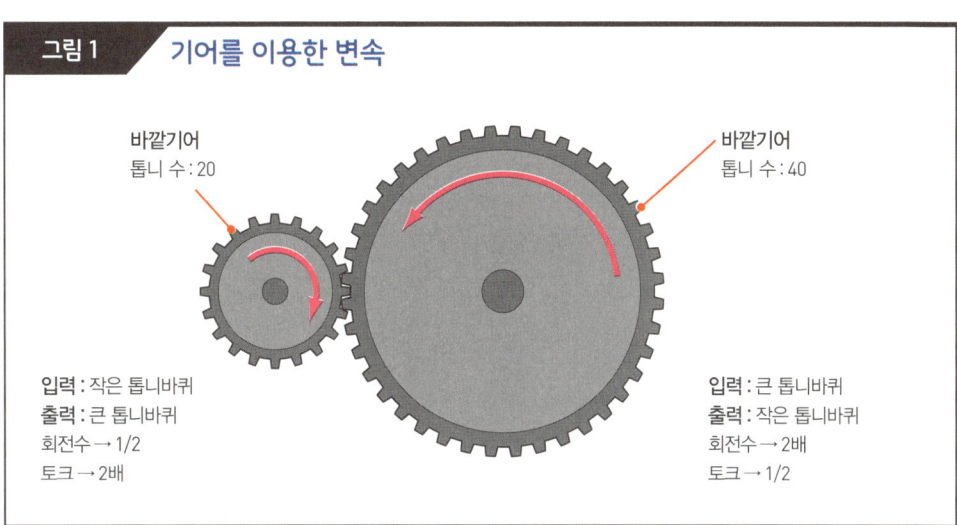

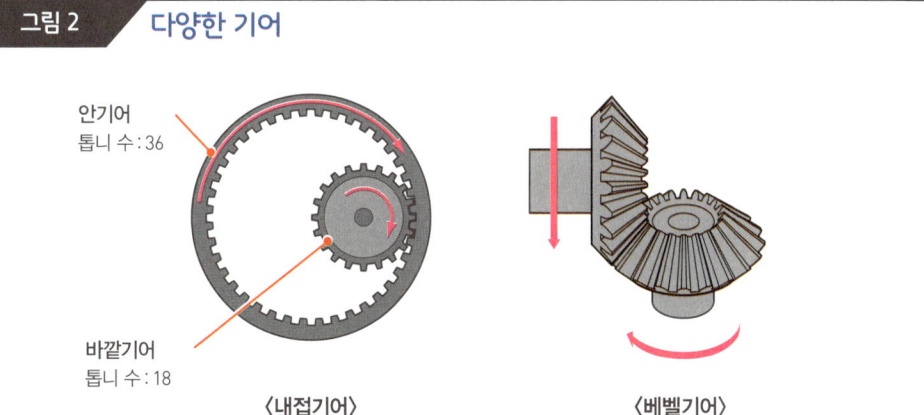

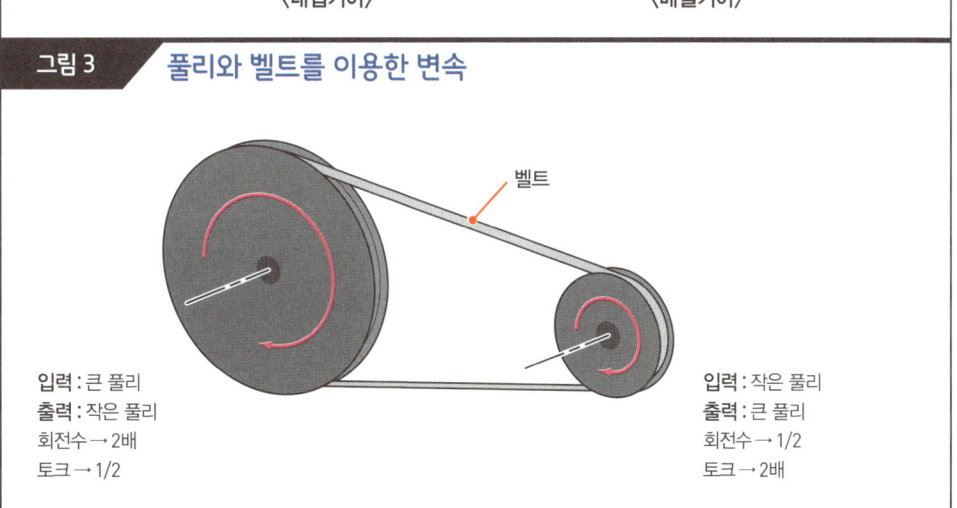

변속기

수동 조작의 유무와 변속 단계에 따라 분류한다

변속기의 입력축 회전수와 출력축 회전수와의 비율을 변속비라고 한다. 즉, 엔진의 회전수와 추진축(또는 변속기 주축) 사이의 회전수 비율을 말한다. 주행 상황에 맞춰 회전수와 토크를 변화시키려면 변속기에 어느 정도 폭의 변속비가 필요하다.

몇 단계의 변속비를 갖추고 수동으로 전환하는 변속기를 **수동 변속기**(Manual Transmission, MT)라고 한다. 변속기에는 변속비가 다른 기어의 조합이 여럿 갖춰져 있다. 그리고 변속비를 전환할 때의 단속 기구로는 **마찰 클러치**를 사용한다.

수동 조작 없이 주행 상황에 맞춰 자동으로 변속비를 변환하는 변속기를 **자동 변속기**(Automatic Transmission, AT)라고 한다. 자동 변속기에는 **CVT**도 포함되지만, 일반적으로 AT라고 하면 오랫동안 주류로 사용되어온 유성기어식 변속기와 토크 컨버터를 조합한 변속기를 가리킨다. 자동 변속기는 자동으로 변속을 하지만, 변속기 내부에서는 단계적으로 변속비가 전환된다. 토크 컨버터는 유체 클러치의 일종으로, 단속 기구인 동시에 토크를 증폭하는 능력도 있다.

CVT는 연속 가변 변속기(Continuously Variable Transmission)의 영어 머리글자로, 자동 변속기의 일종이지만 자동 변속기라고 부르는 경우는 거의 없다. 기존 자동 변속기는 변속비의 전환이 단계적이어서 일정 범위의 엔진 회전수를 사용하는데, 이 경우에 다소 효율이 나쁜 회전수도 사용한다. 그러나 CVT는 무단계로 변속비를 바꿀 수 있기 때문에 가장 효율이 좋은 엔진 회전수를 유지할 수 있으며, 따라서 연비나 가속 성능 등을 높일 수 있다. 다양한 구조의 CVT가 있지만 벨트식 변속기와 토크 컨버터의 조합이 주류다.

그림 1   변속기의 종류

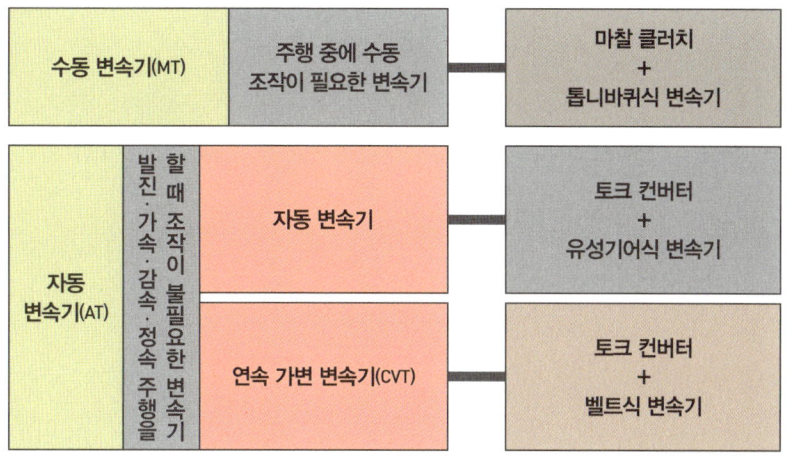

그림 2   CVT와 AT의 차이

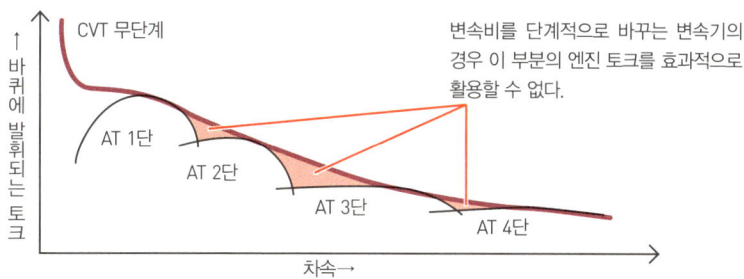

차속에 따른 자동 변속기의 토크 변화는 산 모양의 그래프를 그린다. 즉, 효율이 좋지 못한 토크도 사용한다는 의미다. 그러나 CVT는 무단계로 변속하기 때문에 계곡 모양의 그래프를 그린다. 즉, 언제나 최상의 토크를 이용한다.

AMT(Automated Manual Transmission)

현재는 **AMT**라는 변속기도 등장했다. 조금 이상한 표현이지만, 이것은 **자동 변속**을 하는 **수동 변속기**라는 의미다. 현재의 자동 변속기나 CVT는 매우 효율이 높지만, 숙련된 운전자가 수동 변속기를 조작하는 편이 연비나 가속 성능을 높일 수 있다. 이것을 자동 제어로 실현한 것이 AMT다. 다양한 구조가 있지만 듀얼 클러치 변속기(DCT)라는 유형이 주류다.

117

수동 변속기
변속비가 다른 기어의 조합 중에서 필요한 것을 선택한다

앞에서 설명했듯이 **수동 변속기**도 변속 단계를 늘리는 등 무단 변속에 가깝게 만들어 엔진을 효율적으로 사용할 수 있지만, 수동 조작 횟수가 늘어나 번거로울 뿐만 아니라 변속기도 크고 무거워진다. 그래서 수동 변속기의 변속비는 전진 4~7단, 후진 1단이 일반적이다. 톱니바퀴의 조합은 변속비가 큰 순서대로 높은 숫자를 붙여 부른다(예를 들어 1단, 2단, 3단……).

수동 변속기에는 여러 가지 구조가 있는데, 축 두 개에 각각 변속비가 다른 기어가 서로 짝을 이루는 게 일반적이다. **그림 1**과 같은 경우, 입력축의 **회전**은 먼저 **부축**에 전달된다. 모든 기어가 축에 고정되어 있으면 축이 회전하지 못하지만, **출력축** 위의 기어는 축에 고정되어 있지 않으며 그 대신 **슬리브**(sleeve)라는 클러치 기구가 축에 고정되어 있다. 그래서 중립 상태일 경우 출력축 위의 기어는 축에 대해 공회전한다. 가령 2단으로 변속할 경우 1-2 슬리브를 왼쪽으로 이동시켜 2단 기어를 출력축에 고정한다. 그러면 2단의 변속비로 출력축이 회전한다. 수동 변속기의 경우, 차내의 변속 레버를 조작해 변속을 하는데 이 조작으로 슬리브가 이동한다.

변속비를 전환할 때 클러치는 엔진의 토크가 변속기에 전달되지 않도록 한다. 하지만 변속기의 기어나 축이 다른 속도로 회전을 계속하기 때문에 슬리브로 기어를 고정하는 일은 쉽지 않다. 그래서 슬리브 안에는 마찰을 일으켜 회전 속도를 맞추는 기구가 장착되어 있다. 이것을 **동기 기구**(synchromesh)라고 한다.

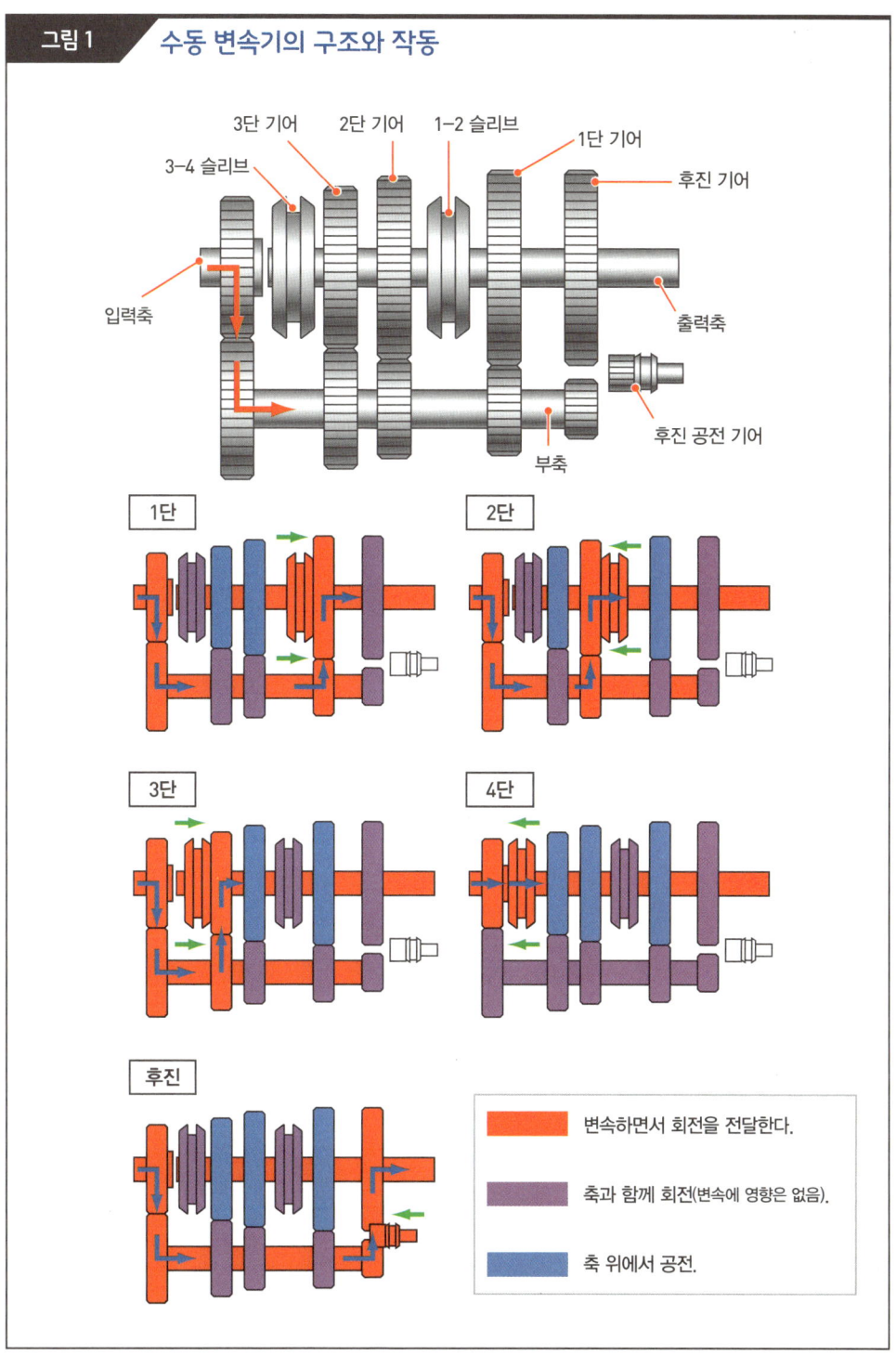

그림 1 수동 변속기의 구조와 작동

클러치
마찰을 이용해 회전하는 축과 축을 매끄럽게 연결한다

수동 변속기와 조합해 사용하는 클러치를 **마찰 클러치**라고 한다. 클러치는 같은 축에 있는 두 회전축을 이용해 **토크**를 전달하거나 차단하는 **단속 장치**다. 마찰 클러치의 기본형은 마주 보도록 배치된 두 장의 **원판**으로, 각각 **회전축**에 고정되어 있다. 두 원판이 떨어져 있으면 회전은 전달되지 않는다. 그리고 입력측이 고속으로 회전하고 출력측이 정지해 있는 상태에서 두 원판을 다짜고짜 밀착시키면 커다란 충격이 발생한다. 자동차의 경우 엔진이 정지해버린다.

그러나 두 원판을 매우 근접한 위치에 두면 두 원판의 회전 속도 차이 때문에 마찰이 발생하고 조금씩 회전이 전달된다. 이에 따라 출력측의 회전 속도가 조금씩 높아진다. 이렇게 해서 회전 속도의 차이가 줄어들면 두 원판을 밀착시켜도 충격이 발생하지 않으며, 모든 회전을 전달할 수 있다.

실제 자동차 클러치의 경우, 입력측의 원판으로 엔진의 **플라이휠**이 사용된다. 한편 출력측의 원판은 **클러치 디스크**라고 하며, 플라이휠과 마주보는 면에 마찰이 잘 발생하도록 마찰재를 붙인다. 디스크를 덮는 **클러치 커버**의 안에는 스프링이 있어서, 그 힘이 디스크를 플라이휠 쪽으로 누른다. **클러치 페달**을 밟으면 스프링의 힘보다 강한 힘에 클러치 디스크가 플라이휠에서 떨어져 회전의 전달이 차단된다. 페달에서 발을 조금씩 떼어 클러치 디스크와 플라이휠이 조금씩 닿게 하면 회전이 전달되기 시작한다. 이 상태를 흔히 반클러치라고 한다. 회전 속도가 비슷해졌을 때 페달에서 발을 완전히 빼면 회전이 온전히 전달된다.

그림 1 — 클러치의 구조

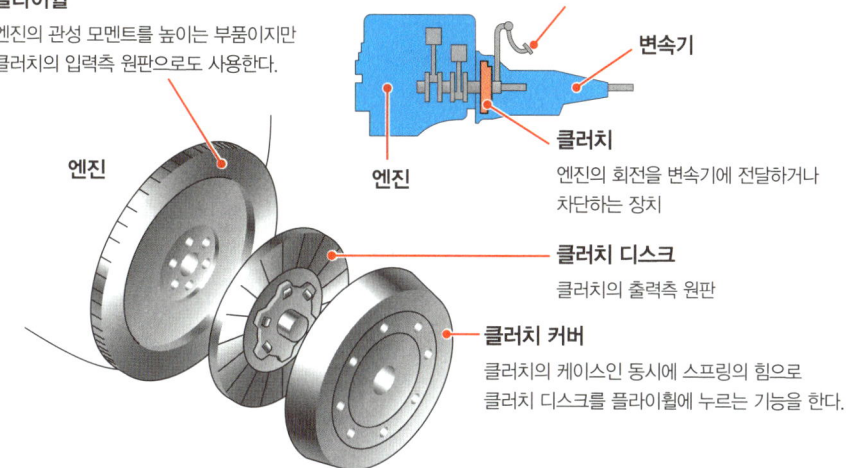

플라이휠
엔진의 관성 모멘트를 높이는 부품이지만 클러치의 입력측 원판으로도 사용한다.

클러치 페달
깊게 밟으면 클러치 디스크가 플라이휠에서 떨어진다.

변속기

클러치
엔진의 회전을 변속기에 전달하거나 차단하는 장치

클러치 디스크
클러치의 출력측 원판

클러치 커버
클러치의 케이스인 동시에 스프링의 힘으로 클러치 디스크를 플라이휠에 누르는 기능을 한다.

그림 2 — 클러치의 작동

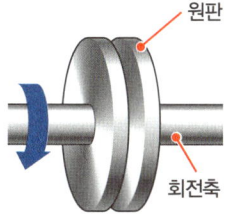 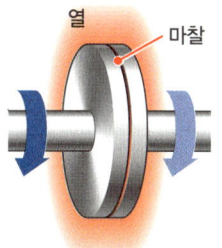 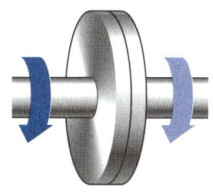

두 원판이 떨어져 있으면 회전이 전달되지 않는다.

살짝 맞닿아 있으면 회전의 일부가 전달된다. 전달되지 않은 운동 에너지는 열에너지로 변해 마찰열을 일으킨다.

두 원판이 밀착되어 있으면 회전을 온전히 전달한다.

건식 단판 클러치

수동 변속기와 함께 사용되는 마찰 클러치는 **건식 단판 클러치**라고 한다. 마찰 클러치에는 그 밖에 복수의 원판 조합을 사용하는 **다판 클러치**도 있다. 또 건식은 공기 중에서 원판을 접촉시키는 방식인데, 오일 속에서 접촉시키는 습식도 있다. 습식 다판 클러치는 사륜구동 시스템 등에서 사용한다.

토크 컨버터 1
회전을 전달하고 토크를 증폭시킨다

자동 변속기나 CVT와 함께 사용되는 단속 기구가 **유체 클러치**의 일종인 **토크 컨버터**다. 가령 작동하고 있는 선풍기 앞에 바람개비를 놓으면 바람개비가 회전한다. 이것이 유체 클러치의 기본 원리로, 액체나 기체처럼 흐를 수 있는 물질(유체)을 이용해 회전을 전달한다. 오일 같은 액체가 효율이 더 좋기 때문에 토크 컨버터에는 액체를 이용한다.

선풍기와 바람개비의 경우, 공기는 바람개비를 통과한 뒤에도 계속 흘러간다. 요컨대 아직 운동 에너지가 남아 있기 때문에 모든 회전을 전달하지 못한다. 그러나 유체가 순환하도록 길을 만들고 그 안에 입력측과 출력측의 **날개차**를 설치하면 효율이 상승한다.

먼저, 입력측 날개차가 보낸 유체는 출력측의 날개차를 회전시킨다. 그리고 날개차를 통과한 후에도 아직 운동 에너지가 남아 있는 유체는 순환해서 입력측 날개차의 후방으로 되돌아와 입력측의 날개차를 밀고 다시 출력측의 날개차 쪽으로 간다. 출력측 날개차의 회전 속도가 입력측보다 느린 경우, 유체의 순환을 통해 토크가 증폭된다. 출력측 날개차가 정지 상태에서 회전하기 시작했다면, 입력측 날개차의 회전 때문에 출력측 날개차의 회전 속도가 점점 증가하며, 최종적으로는 양쪽 모두 같은 속도로 회전한다.

실제 토크 컨버터의 경우, 케이스 안에 펌프 임펠러(pump impeller)라는 입력측 날개차와 터빈 러너(turbine runner)라는 출력측 날개차가 장착되어 있으며, 그 사이에 스테이터(stator)라는 날개차가 있다. 이 스테이터 덕분에 펌프 임펠러에서 터빈 러너로 보내진 유체가 효율적으로 펌프 임펠러의 뒤쪽으로 돌아 들어간다.

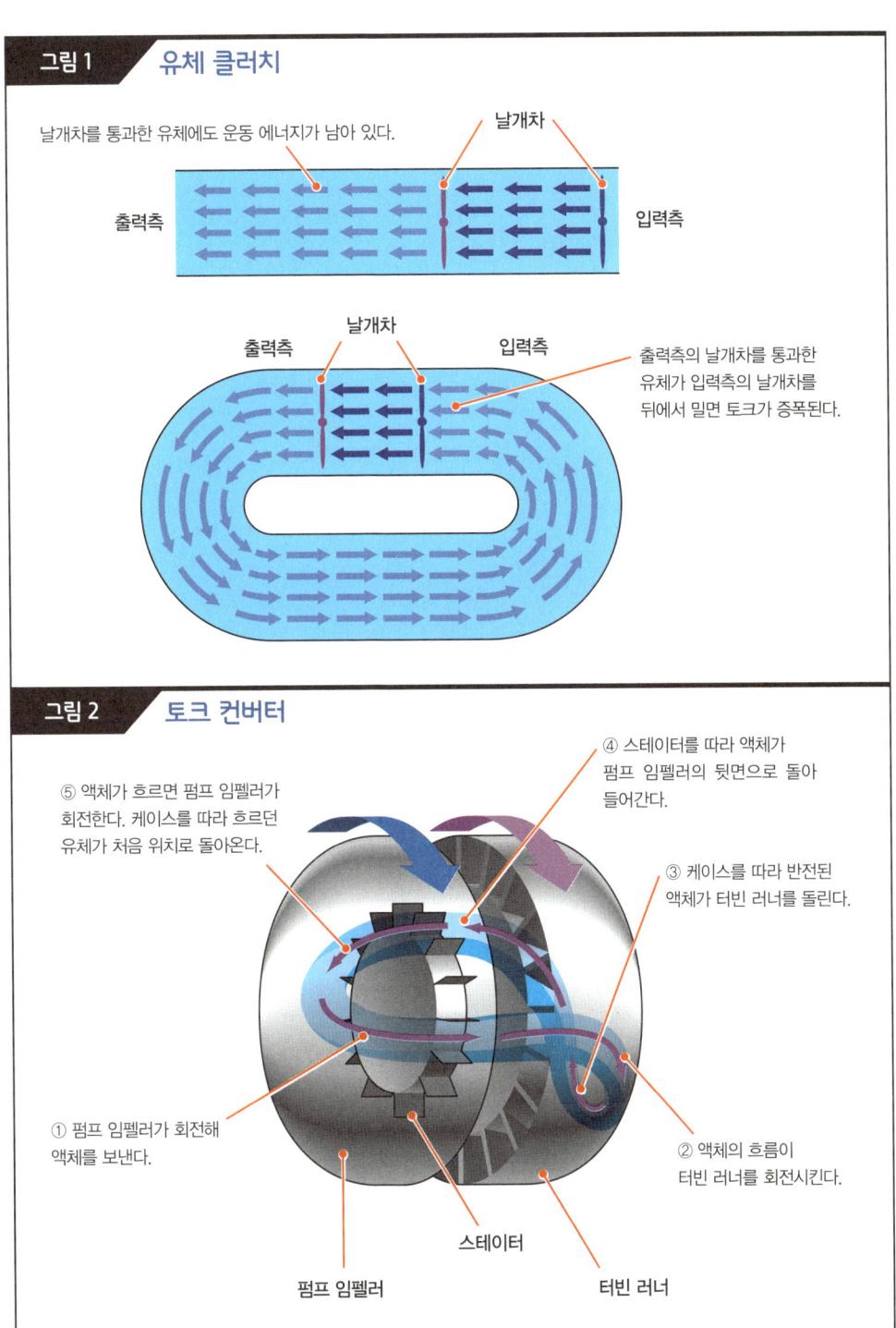

토크 컨버터 2
클리핑으로 초저속 주행을 한다

자동 변속기나 CVT의 최대 변속비를 매우 크게 만들더라도 엔진의 회전을 갑자기 전달하면 순간적으로 커다란 부하가 걸려 엔진이 멈추거나 급발진한다. 그러나 엔진과 변속기 사이에 **토크 컨버터**가 있으면 회전을 서서히 전달할 수 있다. 게다가 회전 속도의 차이가 클수록 토크의 증폭이 커지므로 발진할 때 유리하다. 또한 정차 중에도 엔진과 변속기를 완전히 떨어트려 놓을 필요가 없다.

앞에서 예시로 든 선풍기와 바람개비를 떠올려보자. 선풍기 앞에 있는 바람개비의 날개에 손가락을 대면 비교적 작은 힘으로 회전을 멈출 수 있다. 토크 컨버터의 경우도 이와 같다. 입력측의 토크가 작고 출력측에 힘(움직이지 않으려는 성질의 힘)이 걸려 있으면 회전이 전달되지 않는다. 이때 운동 에너지는 날개차나 케이스와 접촉한 유체의 마찰 때문에 열에너지로 변환된다. 즉, 아이들링처럼 엔진의 토크가 작고 브레이크 페달을 밟아서 구동륜(엔진의 회전이 전달되어 구동력을 발휘하는 바퀴)의 위치를 고정해 변속기가 회전하지 못하도록 하면 정지 상태를 유지할 수 있다.

브레이크 페달에서 발을 떼면 가속 페달을 밟지 않아도, 즉 엔진의 토크를 높이지 않아도 토크 컨버터의 토크 증폭 작용으로 **클리핑**(clipping)이라는 초저속 주행이 가능하다. 경사가 그리 심하지 않다면 오르막길에서 발진할 때도 자동차의 위치를 유지할 수 있다.

다만 토크 컨버터에서는 마찰 때문에 손실이 발생한다. 따라서 입출력의 회전 속도에 차이가 없더라도 토크를 온전히 전달하지는 못한다. 이런 손실을 줄이고자 **로크업**(lock-up) 기구가 장착되어 있다. 회전 속도에 차이가 없어지면 **로크업 클러치**를 작동시켜 입력측과 출력측을 직접 연결한다.

그림 1 클리핑

오르막길에서 발진할 때 브레이크 페달에서 발을 떼어도 클리핑 현상이 나타나 자동차가 후진하지 않기 때문에 여유를 두고 가속 페달을 밟을 수 있다.

브레이크 페달에서 발을 떼면 가속 페달을 밟지 않아도 초저속으로 주행할 수 있다. 주차 등을 할 때 편리하다.

그림 2 로크업 클러치

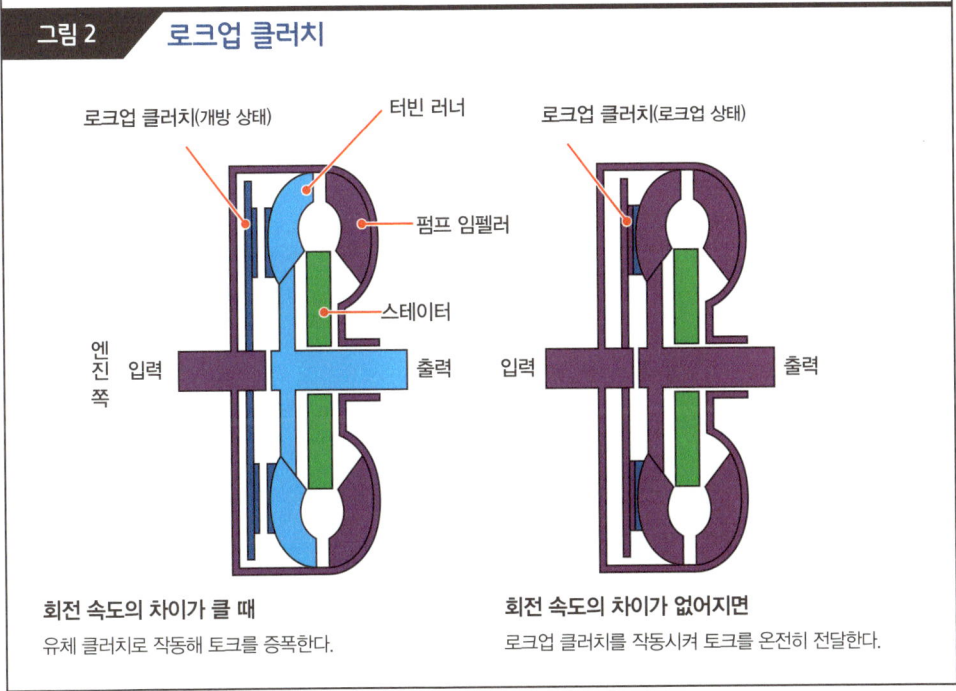

회전 속도의 차이가 클 때
유체 클러치로 작동해 토크를 증폭한다.

회전 속도의 차이가 없어지면
로크업 클러치를 작동시켜 토크를 온전히 전달한다.

유압 기구
액체의 압력을 이용해 기계를 작동시킨다

유압 기구는 자동 변속기의 유성기어식 변속기나 CVT의 벨트식 변속기에 사용할 뿐만 아니라 풋 브레이크(foot brake)나 파워 스티어링(power steering)에서 주요 역할을 담당한다. 현재는 오일을 사용하는 경우가 적기 때문에 엄밀히는 액압 기구라고 불러야 하겠지만, 액압을 이용해 작동하는 기구를 관습적으로 유압 기구라고 부르는 일이 많다.

유압 기구의 기본적인 형태는 호스의 양끝에 주사기를 끼우고 내부를 액체로 채운 것이다. 한쪽 주사기의 피스톤을 누르면 힘이 전달되어 다른 쪽 주사기의 피스톤이 밀려난다. 와이어나 로드로도 이런 식의 힘 전달이 가능하지만, 경로가 얽혀 있으면 구조가 복잡해지고 손실도 늘어난다.

반면에 유압의 경우, 호스만 연결할 수 있으면 경로가 복잡하더라도 힘을 전달하는 데에 아무런 문제가 없다. 힘을 전달해야 하는 양쪽의 거리가 달라지는 경우라도 호스에 주름을 만들어놓으면 그만이다.

유압 기구는 힘을 증폭하기도 한다. 출력측 실린더의 단면적을 입력측 실린더의 단면적의 두 배로 만들면 힘이 두 배로 늘어난다. 이때 이동 거리는 절반이 된다. 또 힘의 분할도 가능하다. 출력측 실린더를 두 개로 만들면 양쪽에 힘을 전달할 수 있다. 이런 기구는 풋 브레이크에 사용한다.

또한 펌프를 이용해 만들어낸 유압으로 실린더 안의 피스톤을 움직일 수도 있다. 실린더의 두 곳에 액체가 드나들 출입구를 만들고, 그 사이에 피스톤을 놓은 다음 유압 경로의 중간에 전환 밸브 등을 설치하면 피스톤이 쌍방향으로 움직일 수 있다. 이런 기구는 자동 변속기나 CVT의 내부, 그리고 파워 스티어링 등에 사용한다.

그림 1   유압 기구를 이용한 힘의 전달

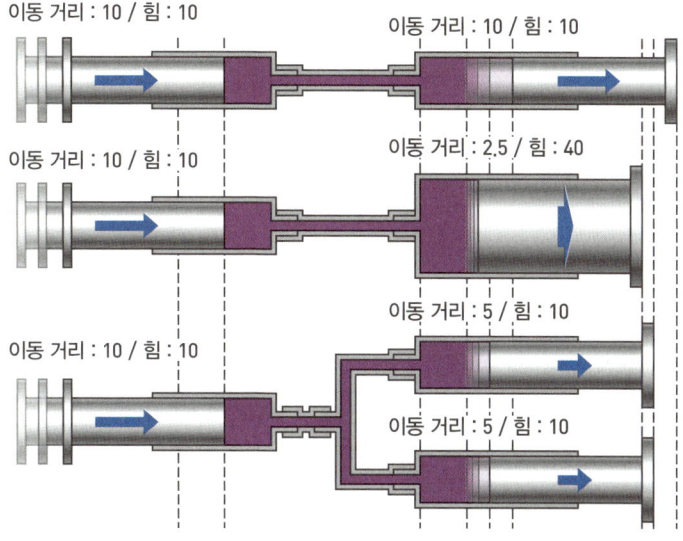

이동 거리 : 10 / 힘 : 10
이동 거리 : 10 / 힘 : 10

이동 거리 : 10 / 힘 : 10
이동 거리 : 2.5 / 힘 : 40

이동 거리 : 10 / 힘 : 10
이동 거리 : 5 / 힘 : 10
이동 거리 : 5 / 힘 : 10

그림 2   오일펌프를 이용한 힘의 발생

밀어내기   끌어오기

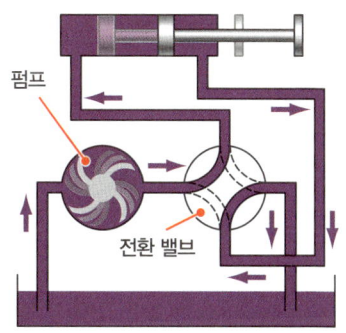
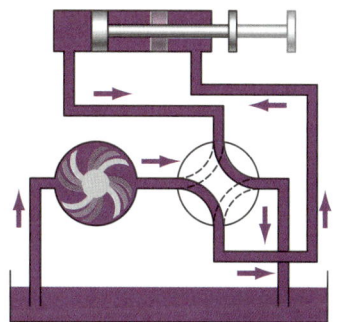

펌프
전환 밸브

오일과 플루이드

과거에는 유압 기구의 액체로 광물에서 유래한 기름을 사용했기 때문에 해당 액체를 오일이라고 부를 때가 많았다. 그러나 현재는 자동차에 사용되는 액체 가운데 주로 윤활에 사용되는 것은 **오일**, 주로 유압 전달 등에 사용되는 것은 **플루이드**라고 구분해서 부른다.

유성기어
자동 변속기에서 변속을 담당한다

자동 변속에는 **유성기어식 변속기**가 쓰인다. **유성기어**는 안기어와 바깥기어 같은 기어의 모양이 아니라 기어의 조합 방식을 표현하는 말이다. 가장 기본적인 형태의 유성기어는 두 종류의 바깥기어와 안기어로 구성된다. 여기에서 중앙의 바깥기어를 **태양 기어**(sun gear), 바깥쪽의 안기어를 **링 기어**(인터널 기어)라고 하며, 그 사이에 여러 개의 바깥기어를 배치한다. 이 바깥기어를 **피니언 기어**라고 하며, **피니언 기어 캐리어**라는 틀에 묶여 있다. 피니언 기어는 그 자체가 회전(자전)할 수 있을 뿐만 아니라 태양 기어의 주위를 회전(공전)할 수도 있다. 태양 기어, 링 기어, 피니언 기어 캐리어의 회전축 세 개는 모두 같은 축 위에 있다.

유성기어는 세 개의 회전축에서 입출력을 선택할 수 있으며, 특정 회전축을 고정하는 방법으로 증속과 감속은 물론 회전 방향을 바꿀 수도 있는 편리한 톱니바퀴다. 예를 들어 **그림 2**와 같이 피니언 기어 캐리어를 고정한 상태에서 태양 기어에 회전을 입력하면 피니언 기어는 공전하지 못하지만 자전을 통해 링 기어에 회전을 전달한다. 이때 출력이 되는 링 기어의 회전 방향은 입력과는 반대가 된다. 또 링 기어를 고정한 상태에서 태양 기어에 회전을 입력하면 피니언 기어는 태양 기어와 반대 방향으로 자전하는 동시에 태양 기어와 같은 방향으로 공전하며, 그 결과 피니언 기어 캐리어에 태양 기어와 같은 방향의 회전이 출력된다.

유성기어는 바깥기어의 조합과 달리 같은 축에 입출력을 할 수 있고 다양하게 작동할 수가 있어 편리하지만, 중공축(中空軸, 단면의 중심부에 구멍이 뚫려 있는 축)이 필요하다는 점에서 알 수 있듯 구조가 복잡해지는 경향이 있다. 그리고 가격도 비싸다.

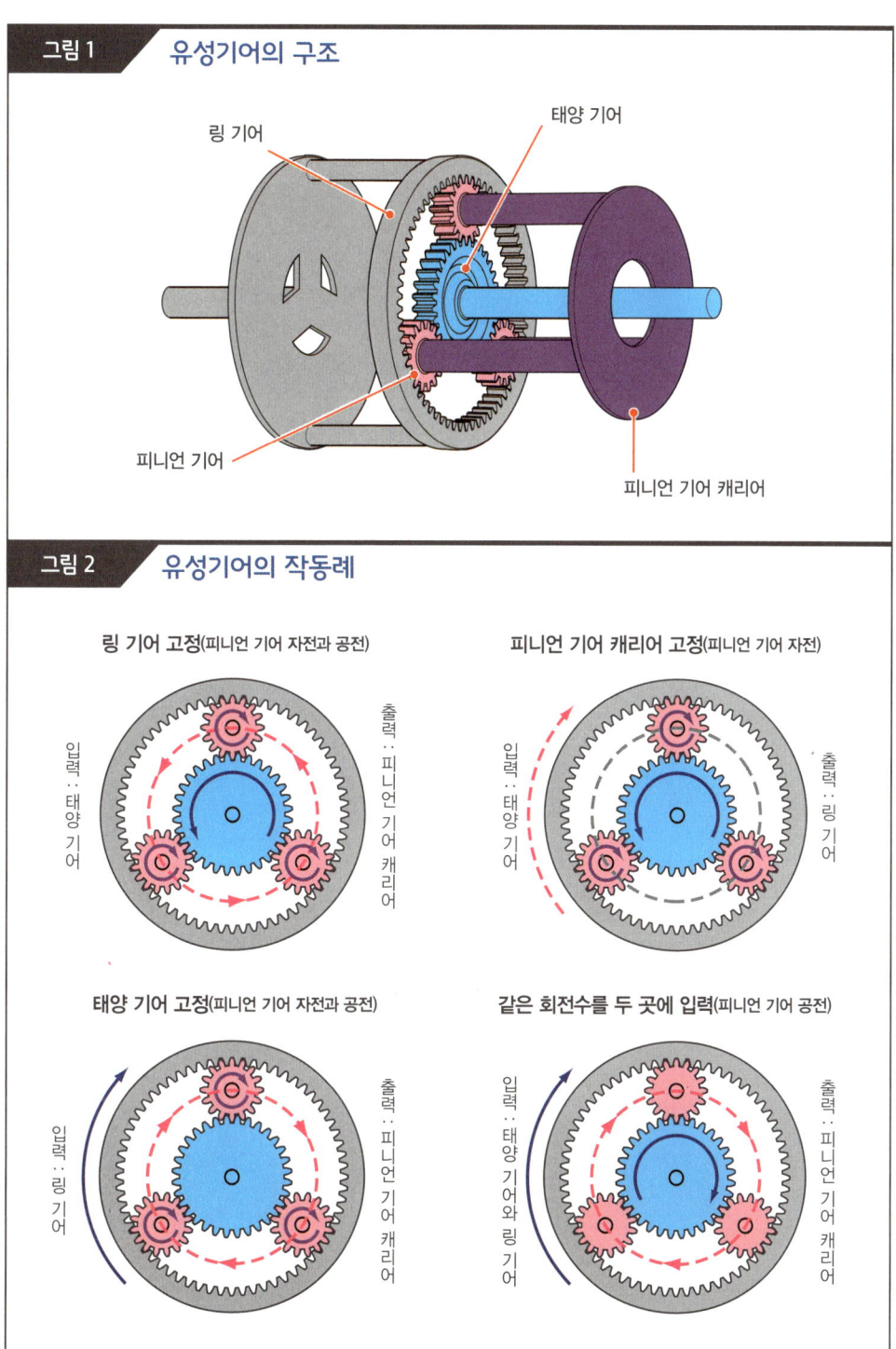

자동 변속기

TCU의 지시로 주행 상황에 맞춰 변속한다

수동 변속기의 경우 클러치와 수동 변속기를 독립된 장치로 파악할 때가 많지만, **자동 변속기**는 토크 컨버터까지 포함해 취급하는 일이 많다. 실제로 토크 컨버터는 자동 변속기의 케이스 안에 들어 있고, 토크 컨버터의 유체는 변속기의 윤활 등에도 사용되며 컴퓨터 제어도 통합해 실행한다. 또 **유성기어식 변속기**의 정식 명칭은 **부변속기**인데, 토크 컨버터에서도 토크의 증폭과 변속을 실시하기 때문이다.

실제 유성기어식 변속기는 유성기어 여러 개로 입출력의 회전축을 전환하는 **클러치 기구**와 회전축을 고정하는 **제동 기구**, 일정 방향으로만 회전하게 하는 **일방향 클러치 기구** 등이 조합되어 있다. 실제 변속 작동은 매우 복잡한 까닭에 지면상 설명을 생략하지만, 유성기어 2조로도 전진 4단, 후진 1단의 자동 변속기를 만들 수 있다. 현재는 변속이 매끄럽고 연비도 향상되어서 전진 7단이나 8단 자동 변속기도 만들지만, 이렇게 만들면 그만큼 변속기가 크고 무거워지며 가격도 비싸다.

유성기어식 변속기의 클러치 기구나 제동 기구 등은 유압(126쪽 참조)으로 작동한다. 유압 경로의 곳곳에는 전기로 여닫을 수 있는 밸브가 설치되어 있어서, 자동 변속기를 제어하는 TCU(Transmission Control Unit, 변속기 제어 장치)의 지시에 따라 유압 경로가 바뀌면서 변속이 이루어진다. TCU는 차속이나 엔진 회전수 등 다양한 정보를 바탕으로 변속 타이밍을 결정한다.

이 유압 기구에 사용하는 액체를 **ATF**라고 하는데, 변속기 내부에 있는 톱니바퀴 등의 윤활에 사용할 뿐만 아니라 토크 컨버터에서 토크를 전달하는 유체로도 사용한다.

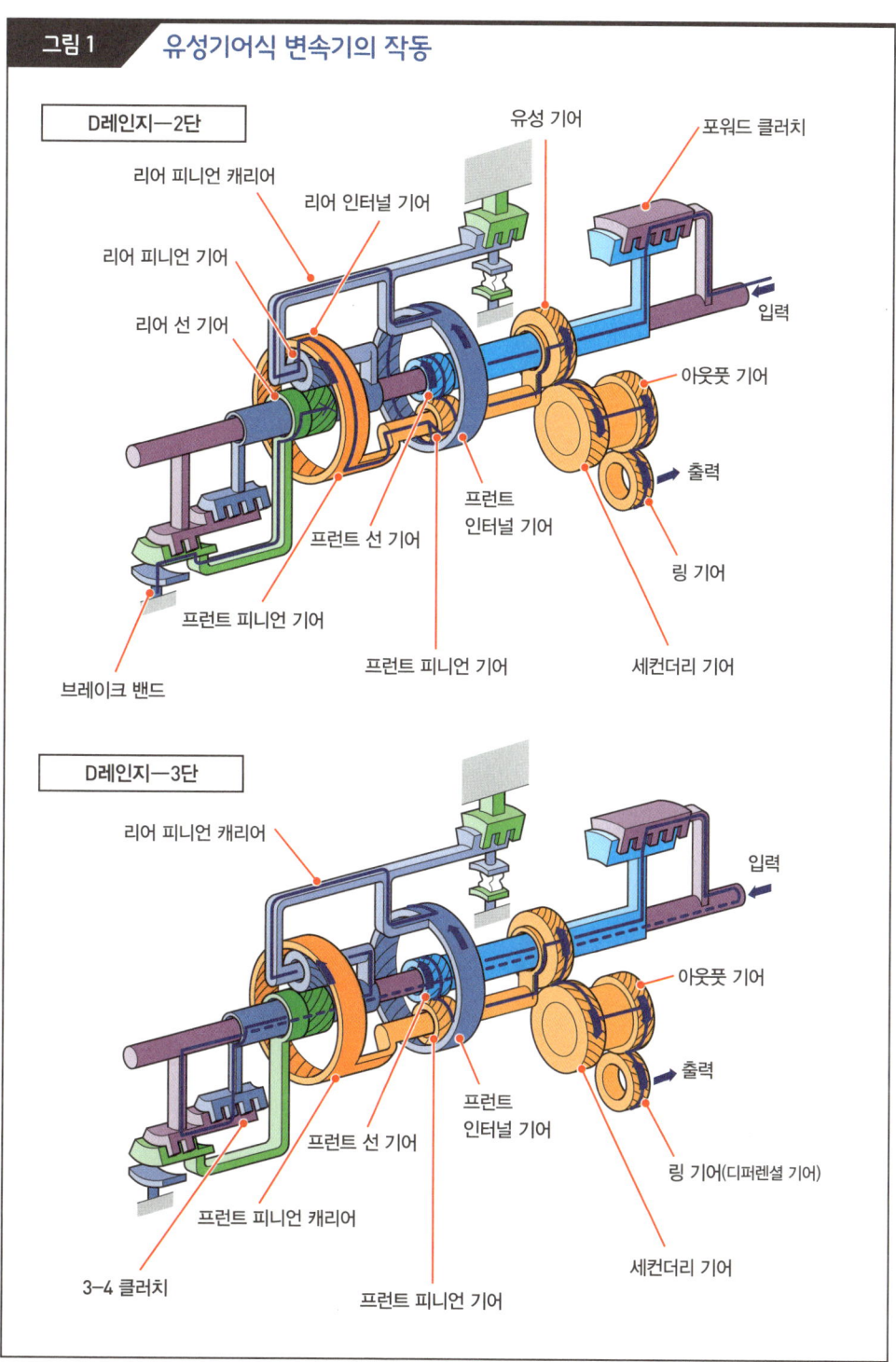

CVT
풀리의 폭을 변화시켜 변속한다

연비 향상이 가능해 CVT를 탑재하는 차량이 증가하고 있다. 과거에는 트로이달 CVT를 탑재한 자동차도 시판되었지만 현재는 **벨트식 CVT**만이 사용되고 있다.

벨트식 변속기에 사용하는 두 개의 **풀리**는 홈이 V자 모양이어서 그 폭을 바꿀 수 있다. 그리고 그 폭에 딱 들어가도록 벨트의 단면을 사다리꼴로 만든다. 풀리와 벨트를 이용해 회전을 전달하거나 변속할 경우 일정한 장력을 유지할 수 있기 때문에 고무벨트를 채용하는 경우가 많지만, 벨트식 변속기의 경우 벨트에 커다란 힘이 걸리기 때문에 얇은 금속편 여러 개를 금속제 밴드에 끼운 벨트를 사용한다.

풀리에 있는 홈의 폭을 바꾸면 벨트가 걸리는 위치가 변한다. 홈이 넓어지면 벨트가 걸리는 위치는 중심에 가까워진다. 반대로 홈이 좁아지면 벨트가 걸리는 위치는 바깥 둘레에 가까워진다. 이처럼 풀리의 실질적인 지름을 바꿀 수 있기 때문에 변속이 가능하다. 다만 부주의하게 양쪽 풀리에 있는 홈의 폭을 바꾸면 벨트가 느슨해져 회전을 전달하지 못한다. 그래서 컴퓨터가 홈의 폭을 제어한다. 물론 주행 상황에 맞춘 변속비도 컴퓨터가 선택한다. 홈의 폭을 조절할 때 모터를 사용하는 경우도 있지만, 일반적으로는 유압을 이용한다.

벨트식 변속기의 경우에도 발진을 할 때는 엔진과 변속기 사이에 단속 기구가 필요하다. 전자 클러치(전자석을 이용해 단속을 하는 클러치)를 활용하는 경우가 일부 있는데, 전자 클러치를 사용하면 효율을 높일 수 있지만 크리핑을 이용하기가 어렵다. 그래서 CVT가 탑재된 자동차에도 일반적으로 토크 컨버터를 쓴다.

그림 1 벨트식 변속기의 작동

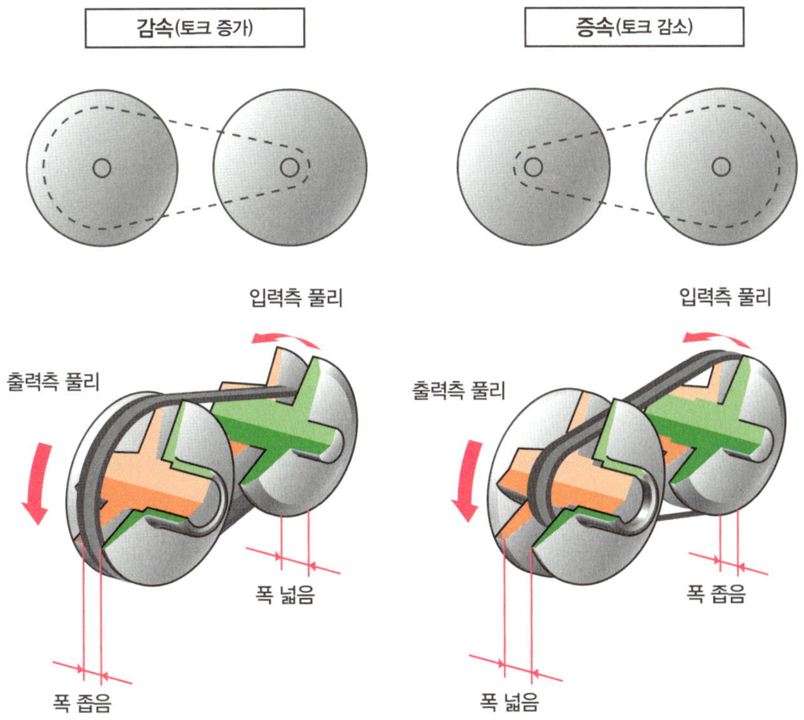

감속(토크 증가)
증속(토크 감소)
입력측 풀리
출력측 풀리
폭 넓음
폭 좁음
입력측 풀리
출력측 풀리
폭 좁음
폭 넓음

입력측 풀리에 있는 홈의 폭이 넓어져 실질적인 지름이 작아지면 속도가 감소하고 토크가 증가한다.

입력측 풀리에 있는 홈의 폭이 좁아져 실질적인 지름이 커지면 속도가 증가하고 토크가 감소한다.

그림 2 벨트와 풀리의 단면

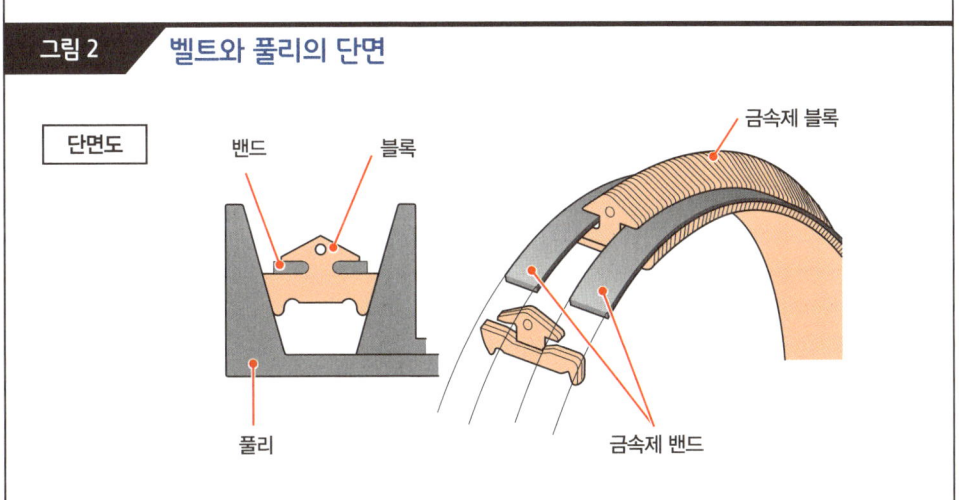

단면도
밴드
블록
풀리
금속제 블록
금속제 밴드

디퍼렌셜 기어

커브를 돌 때는 좌우 바퀴의 회전 속도가 달라진다

자동차가 커브를 돌 때는 바깥쪽 바퀴의 이동 거리가 더 길어진다. 이때 만약 좌우의 구동륜에 똑같은 회전이 전달된다면, 안쪽 바퀴는 본래 이동할 수 있는 거리보다 짧은 거리를 이동할 것이다. 그 탓에 안쪽 바퀴는 미끄러져서 공회전하거나, 본래 이동 거리보다 더 길게 이동하는 바깥쪽 바퀴에 끌린다. 물론 어느 쪽이든 원활한 주행이 되지는 못한다.

그래서 동력 전달 장치에는 좌우 구동륜의 **회전 속도 차이**를 흡수하는 **디퍼렌셜 기어**가 장착되어 있다.

디퍼렌셜 기어의 원리는 저항 차이에 따른 힘의 전달이다. 위아래로 움직일 수 있는 **랙**(rack, 판 모양의 톱니바퀴)을 두 개 준비하고 그 사이에 바깥기어를 배치한다. 두 랙의 무게가 완전히 똑같을 경우, 바깥기어를 위로 이동시키면 톱니바퀴가 회전하지 않아 양쪽 랙이 바깥기어의 이동 거리만큼만 이동한다. 이것이 좌우에 저항 차이가 없는 상태다.

한편 한쪽 랙을 무겁게 만든 상태에서 바깥기어를 위로 이동시키면 가벼운 랙만이 움직인다. 바깥기어가 회전하면서 무거운 쪽의 랙에서 가벼운 쪽의 랙으로 회전이 전달된 것이다. 가벼운 쪽의 랙이 이동하는 거리는 바깥기어가 이동한 거리의 두 배가 된다. 요컨대 저항 차이가 있는 경우나 없는 경우 모두 두 랙이 이동한 거리의 합계는 동일하다. 이것이 저항 차이에 따라 힘이 전달되는 원리다. 디퍼렌셜 기어는 이 원리를 이용해 좌우 구동륜의 회전 속도에 차이를 만들어낸다.

그림 1   회전 반경의 차이

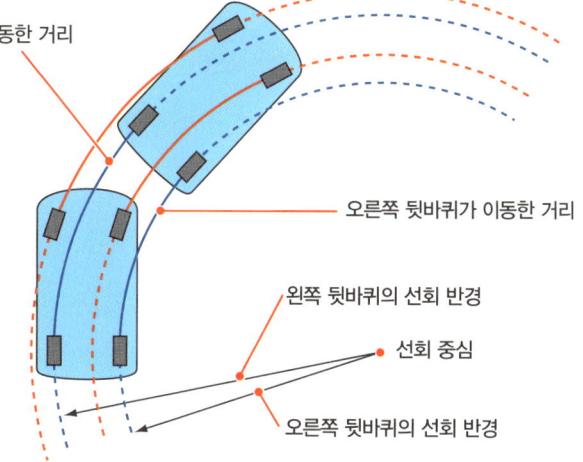

커브를 돌 때 좌우 바퀴의 선회 반경이 다르며, 필요한 이동 거리도 다르다. 그러므로 좌우 바퀴의 회전 속도가 다르지 않으면 원활한 주행을 할 수가 없다(그림은 FR의 경우).

그림 2   저항 차이에 따른 힘의 전달

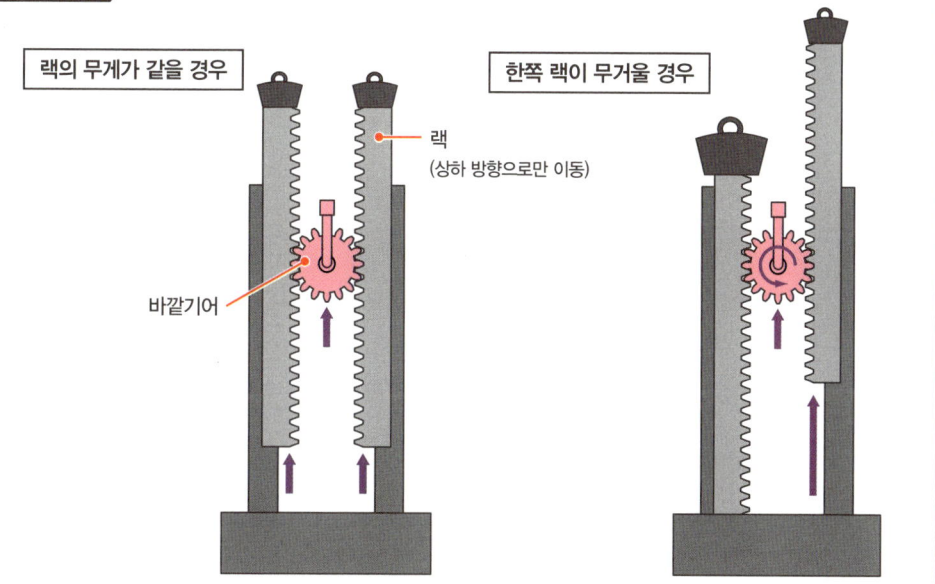

좌우 랙의 무게가 같으면 바깥기어가 이동한 거리만큼 양쪽 랙도 이동한다.

좌우 랙의 무게가 다르면 바깥기어가 회전하며, 그 이동 거리의 두 배만큼 가벼운 쪽의 랙이 이동한다.

디퍼렌셜 기어와 파이널 기어
좌우 저항의 크기에 맞춰 회전을 분배한다

회전 속도의 차이를 흡수하는 것을 **차동**이라고 하며, 디퍼렌셜 기어를 우리말로 **차동 기어 장치**라고 한다. 디퍼렌셜 기어 중에는 유성기어를 이용하는 것도 있지만, 일반적으로는 **베벨기어**를 사용한다. 마주보듯이 배치한 두 **디퍼렌셜 사이드 기어**가 출력측이며, 바퀴에 회전을 전달하는 **구동축**에 연결한다. 양쪽의 사이드 기어와 맞물리도록 배치한 두 개(네 개일 경우도 있다)의 **디퍼렌셜 피니언 기어**는 **디퍼렌셜 케이스**라는 틀에 고정한다. 이 케이스가 입력측이며, 변속기로부터 회전이 전달된다. 피니언 기어는 자전뿐만 아니라 디퍼렌셜 케이스와 함께 공전도 할 수 있다. 이 자전이 앞장에서 설명한 바깥기어의 회전에 해당하며, 공전은 바깥기어의 이동에 해당한다.

직선 주행을 할 때는 좌우의 구동륜이 받는 저항이 같으므로 피니언 기어가 자전하지 않고 공전해 사이드 기어에 같은 속도의 회전을 전달한다. 한편 선회를 할 때는 안쪽 구동륜의 저항이 커지기 때문에 피니언 기어가 자전해 저항이 큰 쪽에서 작은 쪽으로 회전을 전달한다. 이에 따라 커브 바깥쪽 바퀴의 회전 속도가 높아진다.

보통은 포괄적으로 디퍼렌셜 기어라고 부르지만, 디퍼렌셜 케이스의 바깥쪽에 장착된 기어와 여기에 맞물려 회전을 입력하는 기어의 조합을 **파이널 기어**라고 한다. 우리말로는 종감속 장치 또는 최종 감속 장치라고 한다. 변속기로 바퀴의 회전에 필요한 회전 속도까지 감속시키는 것이 불가능하지는 않지만, 그렇게까지 감속시키면 토크가 커지기 때문에 변속기나 축류를 튼튼하게 만들어야 한다. 즉, 동력 전달 장치가 크고 무거워진다는 뜻이다. 그래서 바퀴와 가까운 부분에 위치한 파이널 기어가 감속을 담당한다.

그림 1 — 디퍼렌셜 기어와 파이널 기어

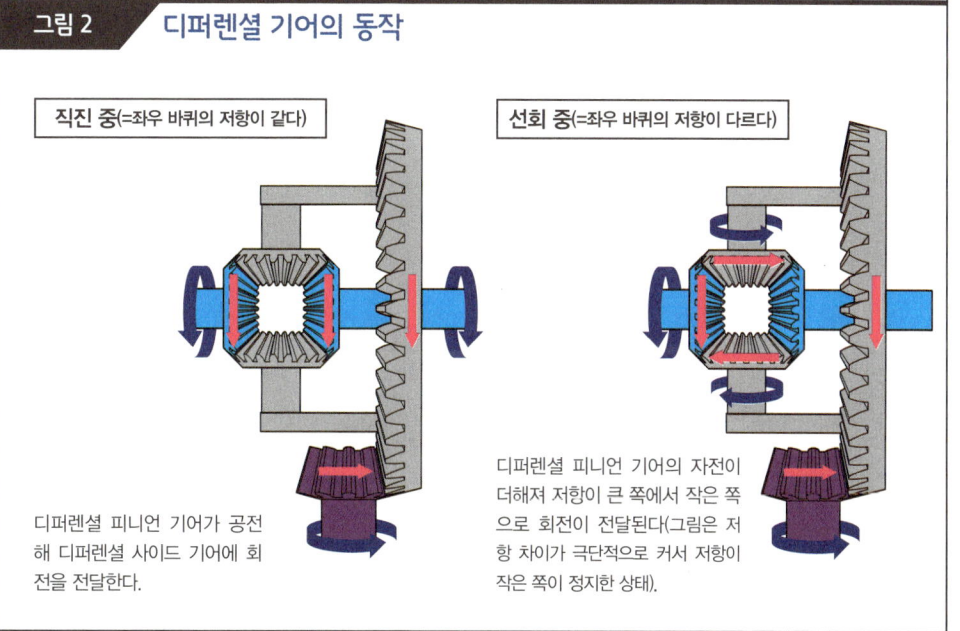

- 디퍼렌셜 케이스
- 파이널 기어
- 우측 디퍼렌셜 사이드 기어
- 좌측 디퍼렌셜 사이드 기어
- 우측 구동축
- 좌측 구동축
- 디퍼렌셜 피니언 기어
- 피니언 기어
- 추진축

그림은 주로 FR에서 사용되는 디퍼렌셜 기어와 파이널 기어다. 입력인 엔진 쪽과 출력인 바퀴 쪽의 방향이 직각이기 때문에 베벨기어를 사용한다. FF의 경우는 입력측과 출력측의 회전축이 평행하기 때문에 양쪽에 바깥기어를 사용한다.

그림 2 — 디퍼렌셜 기어의 동작

직진 중(=좌우 바퀴의 저항이 같다)
디퍼렌셜 피니언 기어가 공전해 디퍼렌셜 사이드 기어에 회전을 전달한다.

선회 중(=좌우 바퀴의 저항이 다르다)
디퍼렌셜 피니언 기어의 자전이 더해져 저항이 큰 쪽에서 작은 쪽으로 회전이 전달된다(그림은 저항 차이가 극단적으로 커서 저항이 작은 쪽이 정지한 상태).

차동 제한 장치
디퍼렌셜 기어의 약점을 해결한다

디퍼렌셜 기어는 커브를 매끄럽게 주행하기 위해 없어서는 안 될 매우 우수한 장치이지만 약점도 있다. 디퍼렌셜 기어는 좌우 구동륜의 저항 차이에 따라 차동을 실시한다. 그러나 눈길이나 진흙길에서 한쪽 구동륜만이 미끄러져 공회전할 경우, 공회전하고 있는 구동륜은 저항이 매우 작아지기 때문에 모든 회전이 전달되며, 그 결과 접지한 반대쪽 구동륜이 정지해 버린다. 이처럼 한쪽 바퀴가 공회전하는 극단적인 상황 이외에도 디퍼렌셜 기어의 약점이 나타날 때가 있다.

노면 상태가 완전히 균일하다는 보장은 없다. 가령 비가 내렸다가 그쳐서 젖은 노면과 마르기 시작한 노면이 섞여 있는 상황에서는 노면의 각 부분마다 마찰력의 한계가 달라진다. 이와 같이 마찰력의 한계가 다른 부분에 좌우 구동륜이 동시에 닿으면 차동이 작동하는 경우가 있는데, 이렇게 되면 자동차의 움직임이 불안정해진다. 특히 선회를 할 때 이런 불안정한 움직임이 일어나면 위험하다.

지금까지 살펴본 약점을 해결하기 위해 디퍼렌셜 기어의 차동을 제한하는 장치가 탑재된 경우가 있다. 이런 **차동 제한 장치**를 일반적으로 **LSD**(Limited Slip Differential)라고 한다. LSD의 구조에는 여러 종류가 있는데, 비스커스 커플링(viscous coupling)을 사용하는 **비스커스 LSD**가 많이 사용된다. 비스커스 커플링은 회전차 감응형 토크 전달 장치의 일종으로, 회전 속도에 차이가 없는 상태에서는 토크를 전달하지 않지만 회전 속도에 차이가 발생하면 회전이 빠른 쪽에서 느린 쪽으로 토크를 전달한다. 비스커스 커플링으로 디퍼렌셜 기어의 좌우 출력을 연결해 차동을 제한하는 것이다.

또 제어 장치를 통해 누르는 힘을 바꿀 수 있는 습식 다판 클러치로 차동 제한을 하는 **전자 제어 LSD**도 있다. 이것은 주행 상황에 맞춰 차동 제한을 할 수 있다.

그림 1 디퍼렌셜 기어의 약점

한쪽 구동륜이 진흙탕에 빠져 공회전하면 그 바퀴의 저항이 매우 작아지기 때문에 모든 회전이 전달된다. 그 결과 반대쪽 바퀴가 정지해버리기 때문에 자동차가 오도 가도 못한다.

그림 2 LSD

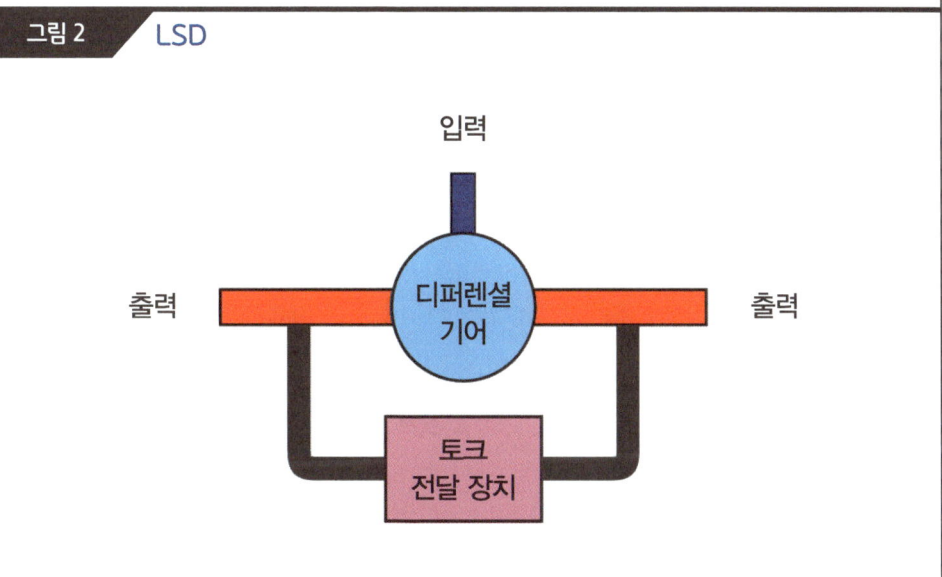

좌우 구동륜의 회전 속도가 같을 때는 토크를 전달하지 않는다. 한편 선회할 때처럼 좌우 구동륜의 회전 속도에 차이가 발생하면 회전이 빠른 쪽에서 느린 쪽으로 토크를 전달한다.

축과 조인트
위치 관계가 변해도 축으로 회전을 전달할 수 있다

디퍼렌셜 기어에서 최종적으로 바퀴에 회전을 전달하는 축을 **구동축**, FR이나 4WD에서 변속기로부터 디퍼렌셜 기어로 회전을 전달하는 축을 **추진축**이라고 한다. 두 축 모두 단순한 구조의 철제 봉인데, 경량화를 위해 속이 비어 있다.

바퀴는 서스펜션에 따라 차량 본체와의 위치 관계가 변화한다. FR이나 4WD의 경우도 변속기와 디퍼렌셜 기어의 위치 관계가 변할 때가 있다. 그래서 이런 축의 양끝에는 위치 관계가 변하더라도 회전을 지속적으로 전달할 수 있는 **유니버설 조인트**(universal joint, 자재이음)가 설치되어 있다.

추진축에 사용하는 조인트는 **훅 조인트**(hook joint)라고 한다. 이 조인트의 경우, 일정 시간 동안의 회전수는 입력측과 출력측 모두 같지만 1회전 사이에 **각속도**(일정 시간에 회전하는 각도)가 변한다. 그리고 그 변화는 입력측과 출력측의 축이 이루는 각도에 따라 결정된다. 그래서 디퍼렌셜 기어의 위치가 이동해도 변속기와 디퍼렌셜 기어의 회전축이 항상 평행을 유지하도록 배치되어 있다. 이에 따라 한쪽 조인트에서 각속도가 변하면 다른 쪽 조인트에서는 정반대의 변화가 발생하기 때문에 각속도의 변화가 상쇄된다.

한편 구동축의 경우는 바퀴의 움직임이 복잡하기 때문에 변속기와 디퍼렌셜 기어의 관계처럼 편의적으로 배치할 수가 없다. 그래서 유니버설 조인트 중에서도 **등속 조인트**라는 유형을 사용한다. 여러 가지 구조가 있지만, 볼이나 롤러의 회전을 통해 각속도의 변화 없이 회전을 전달할 수 있다. 구조가 복잡한 탓에 훅 조인트에 비하면 가격이 비싸다.

그림 1　훅 조인트의 구조

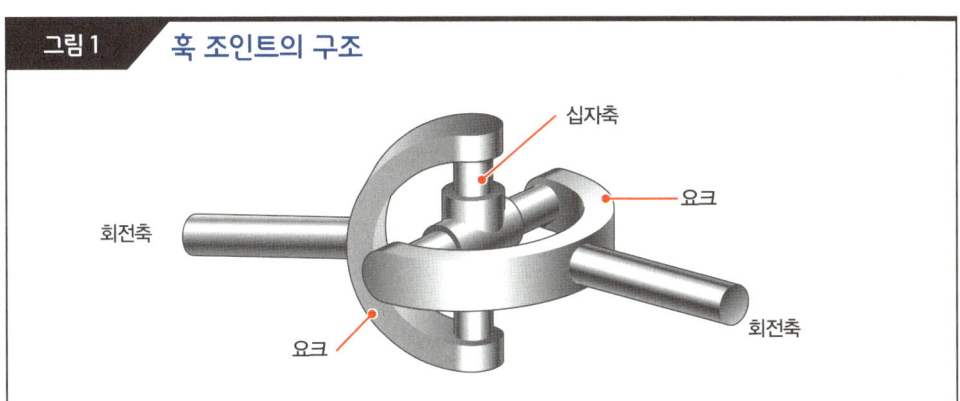

그림 2　각속도 변화의 상쇄

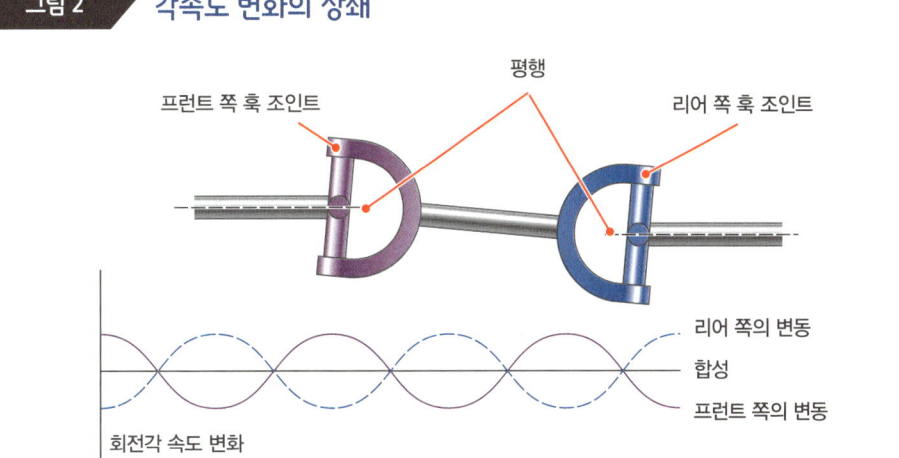

평행이 유지되면서 각속도의 변화가 상쇄된다.

그림 3　구동축과 등속 조인트

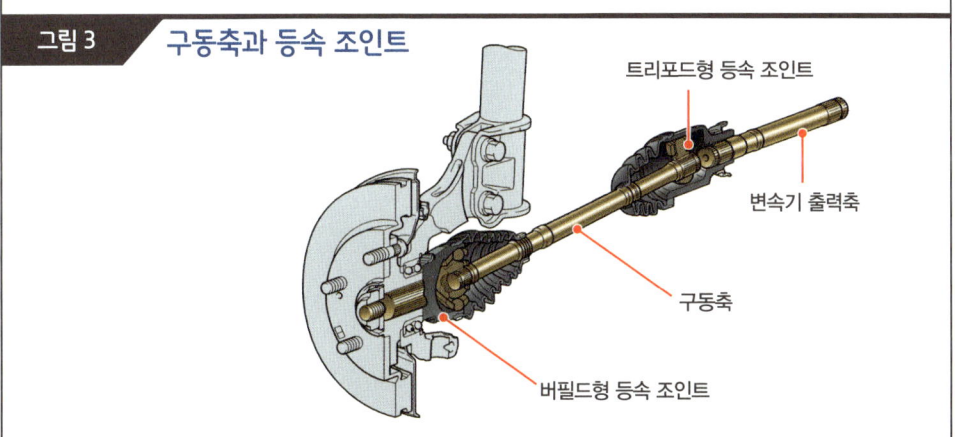

사륜구동
4WD의 매력은 험로 주파만이 아니다

4WD, 즉 사륜구동이라고 하면 비포장도로나 험로를 주파하는 자동차를 떠올리는 사람이 많다. 분명히 네 바퀴 모두에 **구동력**이 전달되면 길이 울퉁불퉁해서 어느 한쪽 타이어가 공중에 뜨더라도 잘 주행할 가능성이 높다. 그러나 4WD의 능력은 험로 주파만이 아니다.

자동차는 타이어와 노면의 마찰력을 통해 구동력을 발휘하는데, 마찰력에는 한계가 있다. 실제로는 단위가 달라서 정확한 표현이라고 말할 수 없지만, 가령 최대 100의 구동력을 발휘할 수 있는 엔진을 탑재한 자동차의 경우 2WD(이륜구동)는 각 구동륜에 최대 50의 구동력을 발휘할 수 있고, 4WD는 각 구동륜에 최대 25의 구동력을 발휘할 수 있다. 주행 중인 도로의 마찰력 한계가 30이라고 가정하면, 2WD는 50의 힘을 타이어에 전달할 경우 휠 스핀이 일어나기 때문에 엔진의 힘을 억제해야 한다. 즉, 두 바퀴를 합쳐서 60의 구동력밖에 발휘하지 못한다. 그러나 4WD는 한 바퀴에 25씩 모두 합쳐 100의 구동력을 온전히 발휘할 수 있다.

눈길이나 빙판길처럼 잘 미끄러지는 노면의 경우에는 이 차이가 크게 나타난다. 마찰력의 한계가 10인 상태라면 2WD는 20의 구동력밖에 발휘하지 못하지만 4WD는 40의 구동력으로 안정한 주행을 할 수 있다.

선회를 할 때는 구동력과 사이드 포스(side force, 측면 힘) 양쪽이 마찰력의 반력으로 나타나기 때문에 **그림 2**와 같이 (구동력)^2+(사이드 포스)^2=(마찰력의 한계)^{2}라는 관계가 성립한다. 전체적으로 같은 구동력을 발휘하는 상황에서는 각 바퀴의 구동력이 작아지는 4WD의 사이드 포스가 커지므로 코너링이 안정된다. 그만큼 속도를 높일 수 있고 안정성도 높아진다.

이상과 같이 4WD는 주행 성능이 높은 구동 방식이라고 할 수 있지만, 부품 수의 증가로 차중이 증가할 뿐만 아니라 주행저항도 커지기 때문에 연비 측면에서는 불리하다.

그림 1 4WD와 2WD의 구동력

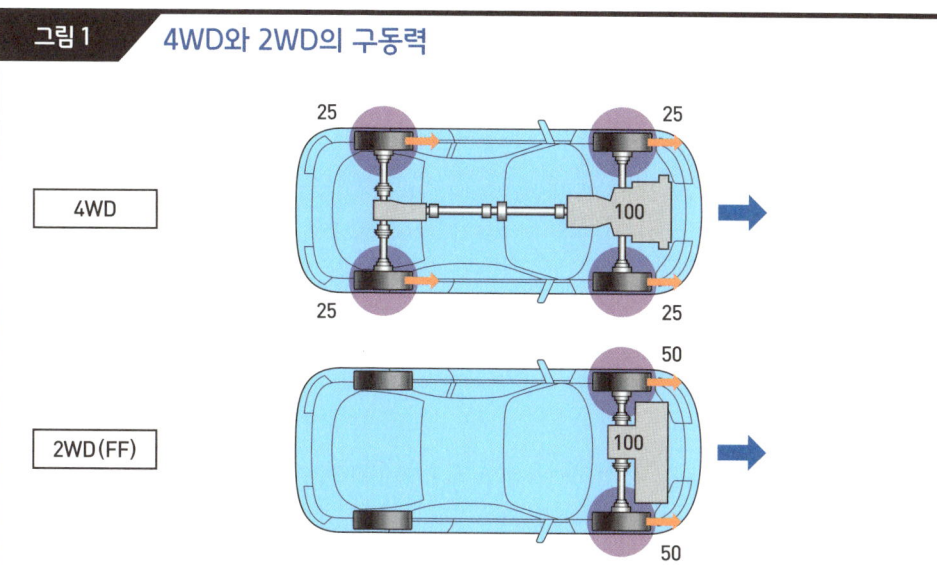

마찰력의 한계를 원으로 표현했다. 원의 반지름이 30일 경우 4WD는 25의 구동력을 문제없이 발휘할 수 있지만, 2WD는 50의 구동력을 발휘하려고 해도 휠 스핀을 일으킬 뿐이다.

그림 2 4WD와 2WD의 선회

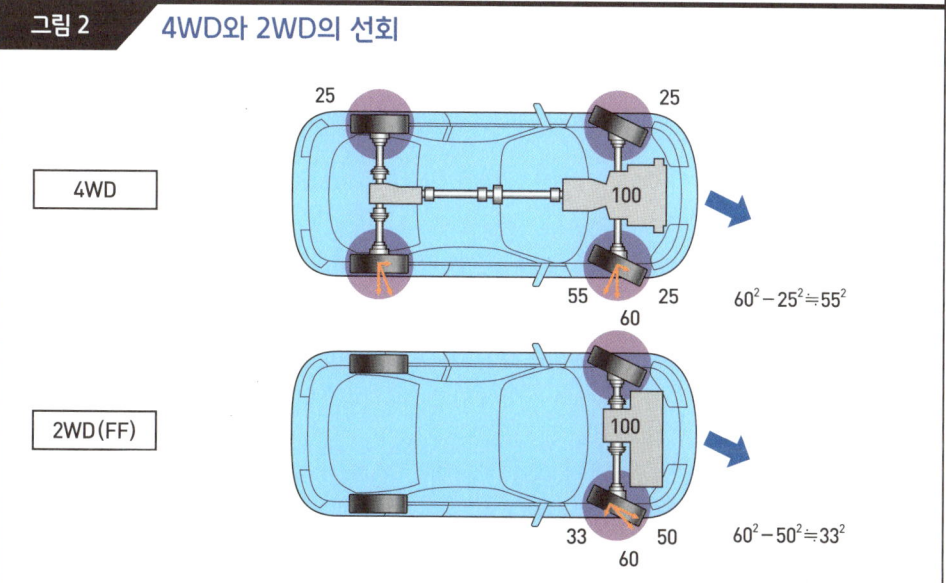

$60^2 - 25^2 ≒ 55^2$

$60^2 - 50^2 ≒ 33^2$

구동력의 반력으로서 나타나는 마찰력과 사이드 포스의 반력으로 나타나는 마찰력은 직각으로 교차하는 힘이다. 따라서 그 합력이 마찰력의 한계에 수렴할 필요가 있다. 마찰력의 한계를 60, 엔진의 힘을 100이라고 하면 각 바퀴의 구동력이 작은 4WD의 사이드 포스가 더 크고 코너링 포스도 커진다.

143

풀타임 4WD
앞바퀴와 뒷바퀴의 회전 속도 차이를 흡수한다

자동차가 선회할 때 좌우 구동륜의 회전 속도 차이는 디퍼렌셜 기어가 해결하는데, 4WD는 네 바퀴 모두의 선회 반경이 다르기 때문에 앞뒤 바퀴(좌우 앞바퀴의 평균과 좌우 뒷바퀴의 평균) 사이에서도 회전 속도 차이가 발생한다. 따라서 4WD는 이 문제도 해결해야 한다.

해결 방법에는 여러 가지가 있는데, 가장 알기 쉬운 것은 차동 톱니바퀴 장치인 디퍼렌셜 기어를 사용하는 것이다. 이런 디퍼렌셜 기어를 **센터 디퍼렌셜 기어**라고 하며, 베벨기어를 이용한 제품 외에 유성기어를 이용한 제품을 쓰기도 한다. 변속기의 출력이 센터 디퍼렌셜 기어에 전달되고 여기에서 앞뒤 구동륜의 디퍼렌셜 기어에 회전이 전달되는 것이 기본적인 흐름이다. 4WD의 경우 구동륜의 디퍼렌셜 기어 이상으로 디퍼렌셜 기어의 약점이 큰 영향을 끼치기 때문에 LSD나 전자 제어로 센터 디퍼렌셜 기어의 차동을 제한할 때가 많다. 전자 제어로 작동하는 센터 디퍼렌셜 기어는 주행 상황에 맞춰 전후의 토크 배분을 바꿈으로써 4WD의 주행 성능을 더 높인다.

센터 디퍼렌셜 기어를 사용하지 않고 컴퓨터 제어로 누르는 힘을 바꿀 수 있는 습식 다판 클러치를 사용해 동력을 배분하는 **전자 제어 4WD**도 있다. 전후 중에서 한쪽 구동륜이 기본이 되고 반대쪽 구동륜에 동력을 배분하는 구조이기 때문에 50:50~100:0으로 배분할 수 있다. 주행 상황에 맞춰 토크 배분을 바꿀 수 있어 4WD 특유의 주행 성능을 더욱 높일 수 있다.

이런 4WD는 항상 네 바퀴에 구동력을 발생시키기 때문에 **풀타임 4WD**라고 한다. 험로 주행이나 눈길 주행을 중시하는 자동차나 주행 성능을 높이고 싶은 스포츠형 자동차에 많이 쓴다.

그림 1 　센터 디퍼렌셜식 풀타임 4WD

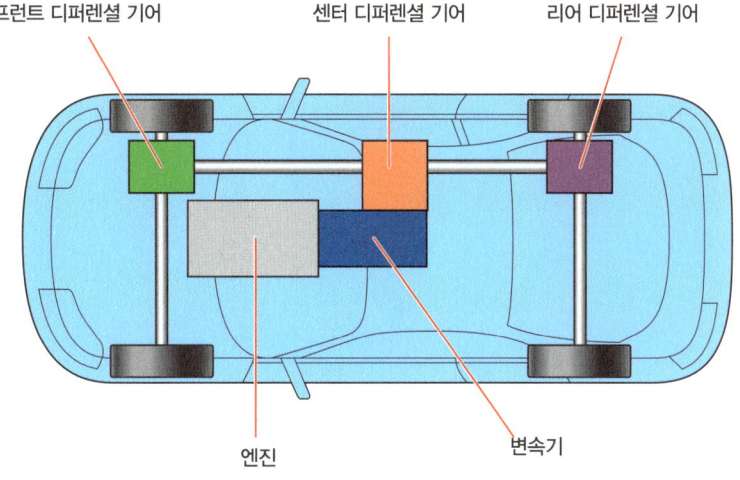

센터 디퍼렌셜 기어로 차동할 수 있게 만들고 앞뒤에 동력을 배분한다. 각각의 동력은 앞뒤 바퀴의 디퍼렌셜 기어에 전달되어 사륜구동으로 주행한다.

그림 2 　전자 제어 토크 배분식 풀타임 4WD

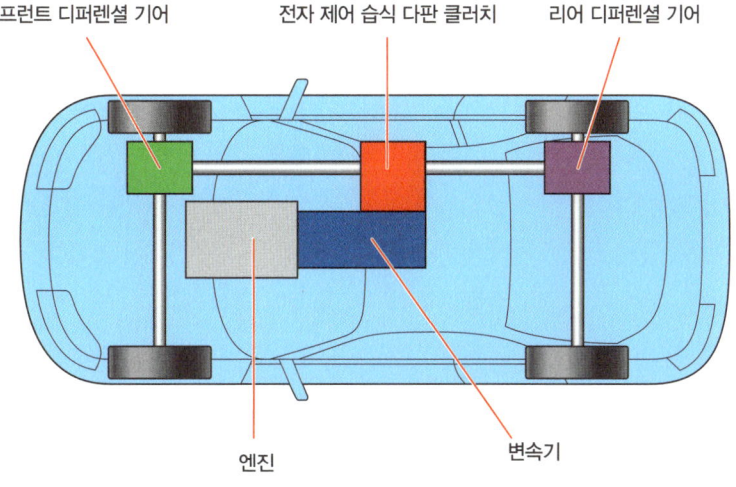

그림은 기본형이 FR이며, 습식 다판 클러치를 통해 앞바퀴에도 동력을 배분한다. 컴퓨터 제어로 앞바퀴에 배분하는 동력을 조절할 수 있다.

스탠바이 4WD
자동으로 2WD에서 4WD로 전환된다

스탠바이 4WD(standby 4WD)는 일반적인 자동차에 많이 쓰이는 사륜구동 방식이다. 평상시에는 2WD 주행을 하다가 4WD 주행을 하는 편이 주행 성능이나 안전성을 높일 수 있을 때 4WD 주행으로 자동 전환된다. 2WD 상태로 대기하는 4WD라고 해서 이런 명칭이 붙었다. 전자 제어 등을 이용하지 않고 주행 상황에 따라 수동적으로 4WD 전환이 되기 때문에 **패시브 4WD**(passive 4WD)라고도 한다.

스탠바이 4WD는 FF를 바탕으로 만드는 경우가 많다. 프런트 디퍼렌셜 기어에 전달되는 회전이 베벨기어에도 전달되어 추진축에서 리어 디퍼렌셜 기어로 보내지는데, 중간에 회전차 감응형 토크 전달 장치가 설치되어 있다. 각종 토크 전달 장치가 있지만, 가장 많이 사용하는 것은 비스커스 커플링이다. 이 커플링을 사용한 스탠바이 4WD를 비스커스 4WD라고 부르기도 한다.

토크 전달 장치의 입력측에는 변속기로부터 앞바퀴와 똑같은 속도의 회전이 전달되며, 출력측에는 뒷바퀴와 똑같은 속도의 회전이 전달된다. 직진 주행처럼 앞뒤 바퀴에 회전 속도 차이가 없는 상태에서는 토크가 전달되지 않지만, 선회처럼 회전 속도에 차이가 발생하면 토크가 전달되어 4WD 주행이 된다. 즉, 선회를 할 때나 자동차의 움직임이 불안정할 때면 4WD으로 안전하게 주행할 수 있다.

참고로 자동차 제조사의 카탈로그에는 스탠바이 4WD가 풀타임 4WD로 소개되어 있는 경우가 있다. 엄밀히 말하면 2WD가 될 때도 있지만, 노면 상황은 각 부분마다 다르기 때문에 실제 주행에서 앞뒤 바퀴의 회전 속도가 차이 나지 않는 상황은 거의 없다고 한다. 그래서 스탠바이 4WD를 풀타임 4WD라고 말할 수도 있는 것이다.

그림 1 스탠바이 4WD

프런트 디퍼렌셜 기어
토크 전달 장치
리어 디퍼렌셜 기어
엔진
변속기
트랜스퍼

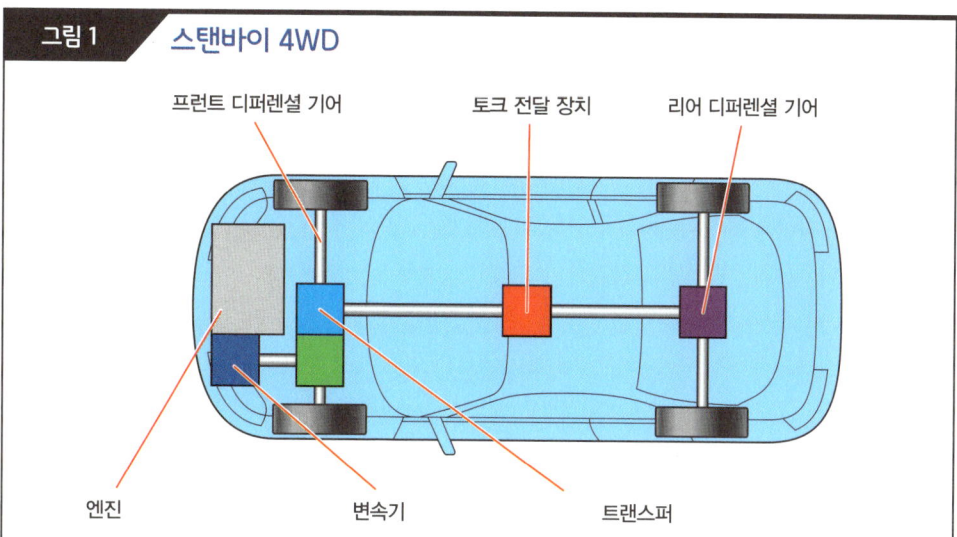

변속기의 출력은 프런트 디퍼렌셜 기어와 베벨기어로 구성된 트랜스퍼를 통해 추진축에 전달된다. 추진축의 중간에는 회전차 감응형 토크 전달 장치가 설치되어 있다.

그림 2 스탠바이 4WD의 작동

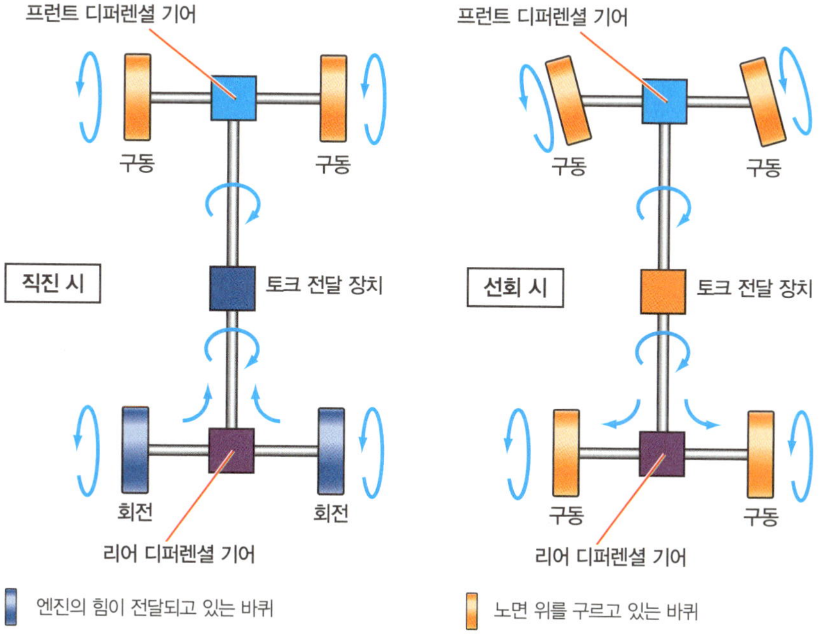

프런트 디퍼렌셜 기어
구동
구동
직진 시
토크 전달 장치
회전
회전
리어 디퍼렌셜 기어
엔진의 힘이 전달되고 있는 바퀴
프런트 디퍼렌셜 기어
구동
구동
선회 시
토크 전달 장치
구동
구동
리어 디퍼렌셜 기어
노면 위를 구르고 있는 바퀴

앞뒤 바퀴에 회전 속도 차이가 없을 때는 2WD 주행

앞뒤 바퀴에 회전 속도 차이가 있으면 4WD 주행

토막 상식 5

트로이달 CVT

1999년에 닛산이 세계 최초로 시판 자동차에 탑재한 CVT를 **트로이달**(toroidal) CVT라고 한다. 당시 벨트식 CVT는 큰 토크를 전달할 수 없었기 때문에 소형 자동차에만 쓸 수 있었는데, 트로이달 CVT는 큰 토크를 전달할 수 있어 대형 자동차에도 탑재할 수 있었다. 독특한 곡면을 그리는 원뿔 모양의 디스크 두 장을 마주 보게 하고 그 사이에 롤러를 배치한다. 그리고 이 롤러의 각도를 조정해 디스크와의 접촉 위치를 바꿈으로써 변속을 한다.

큰 기대를 모았던 CVT이지만, 비용이 높고 전달 효율이 낮다는 약점이 있었다. 이 약점을 개선하기 위해 연구 개발을 진행했지만 그사이에 벨트식 CVT도 발전해 큰 토크에 대응할 수 있는 제품이 등장했고, 결국 2005년을 마지막으로 생산이 종료됐다.

트로이달 CVT의 원리

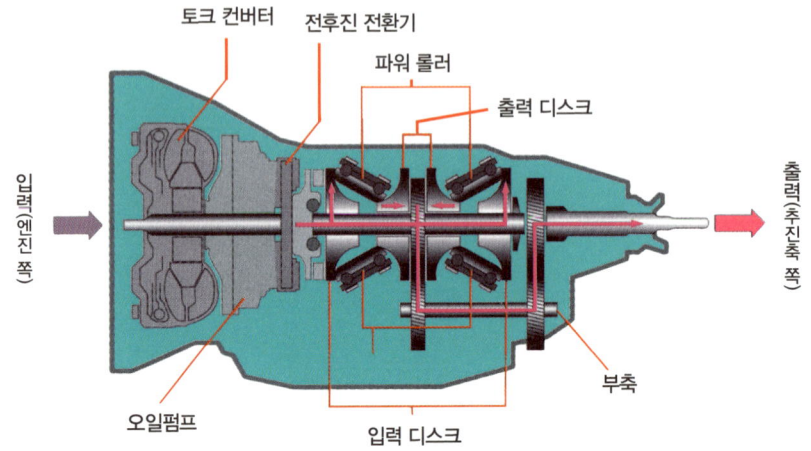

원뿔 모양의 디스크와 롤러로 변속을 한다. 큰 토크를 전달할 수 있지만 효율이 나쁘다.

INDEX

제동력과 마찰력 • 150
풋 브레이크 • 152
디스크 브레이크 • 154
드럼 브레이크 • 156
배력 장치 • 158
ABS • 160
파킹 브레이크 • 162
원심력과 구심력 • 164
코너링 포스와 마찰력 • 166
조향 장치 • 168
파워 스티어링 시스템 • 170

토막 상식 6
엔진 브레이크 • 172

Chapter 6
자동차를 멈추거나 방향을 바꾸는 메커니즘

제동력과 마찰력
마찰력의 반력으로 자동차를 감속시키다

애니메이션에서 자동차가 급제동하는 장면을 보면, 타이어가 회전을 멈추면서 노면과의 마찰로 연기가 피어오른다. 매우 익숙한 장면이지만 이것은 잘못된 묘사다. 회전을 멈추면 타이어는 노면 위에서 미끄러진다. 마찰이 전혀 발생하지 않는 것은 아니지만 그렇게 크지도 않다.

구동력이 **마찰력**의 반력인 것처럼 자동차를 감속시키거나 멈추게 하는 **제동력**도 마찰력의 반력이다. 주행 중에 타이어를 본래 회전하던 속도보다 느리게 회전시키면 타이어와 노면 사이에 마찰이 발생해 제동력이 발휘된다. 타이어의 회전을 느리게 할수록 마찰력이 커지며 제동력도 커진다.

그러나 구동력의 경우와 마찬가지로 타이어와 노면의 마찰에는 한계가 있다. 타이어의 회전을 너무 늦추면 마찰력의 한계를 넘어서서 마찰이 발생하지 않는다. 그러면 타이어의 회전이 멈추고, 타이어는 노면 위에서 미끄러진다. 이것을 **로크업**이라고 한다.

비탈길에서는 타이어가 노면을 누르는 힘이 약해지기 때문에 마찰력의 한계가 낮아져 로크업이 일어나기 쉽다. 특히 내리막길의 경우, 자동차의 중량 중 노면에 대해 수평인 부분이 구동력처럼 작용하기 때문에 경사가 없는 노면보다 큰 구동력이 필요해진다.

이런 마찰력의 한계를 감지하며 브레이크 조작을 하기는 어렵다. 그러나 현재는 로크업을 방지하는 장치인 **ABS**(160쪽 참조)가 필수 장치로 탑재되기 때문에 특별한 페달 조작이 필요하지 않다.

| 그림 1 | 마찰이 없으면 자동차는 멈추지 않는다 |

타이어의 회전이 멈추면서 급제동이 걸리는 것은 애니메이션의 묘사일 뿐이다. 현실 세계에서는 타이어가 회전을 멈추면 브레이크가 작동하지 않는다.

| 그림 2 | 마찰력과 제동력의 관계 |

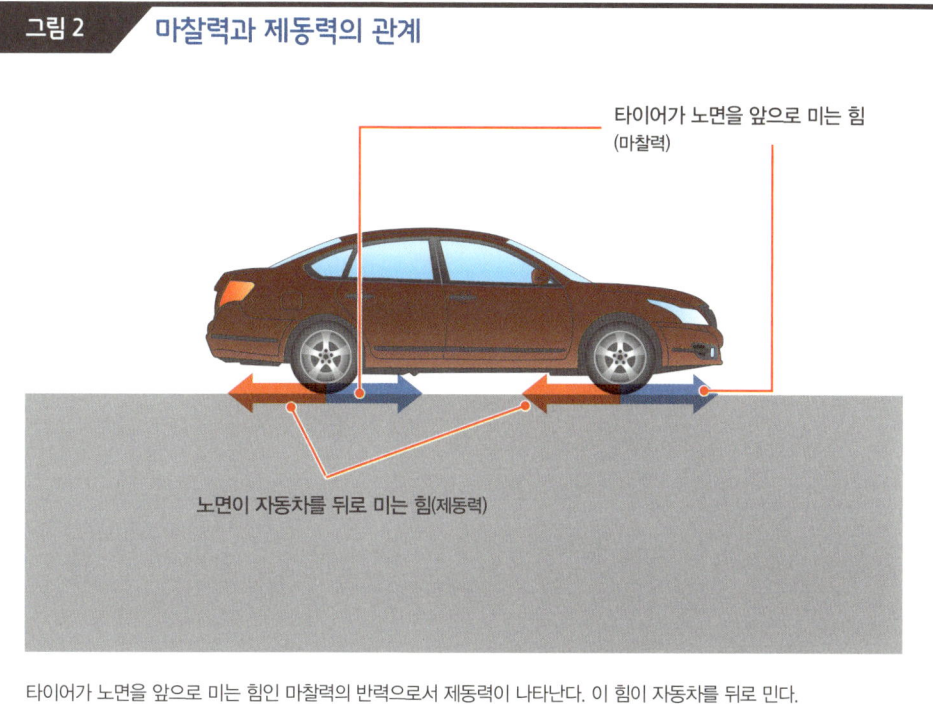

타이어가 노면을 앞으로 미는 힘 (마찰력)

노면이 자동차를 뒤로 미는 힘(제동력)

타이어가 노면을 앞으로 미는 힘인 마찰력의 반력으로서 제동력이 나타난다. 이 힘이 자동차를 뒤로 민다.

151

풋 브레이크
페달에 실린 힘을 브레이크 본체에 전달한다

제동을 위해 타이어의 회전을 늦추는 장치가 **제동 장치**다. 제동 장치도 마찰을 이용하는 장치로, 마찰열(운동 에너지가 열에너지로 변환)을 일으켜 타이어의 회전을 늦춘다. 제동 장치 가운데 바퀴의 회전축인 차축에 장착되어 실제로 마찰열을 발생시키는 부분을 **브레이크 본체**라고 한다. 브레이크 본체의 종류로는 **디스크 브레이크**와 **드럼 브레이크**가 있다.

브레이크 본체를 작동시키는 힘은 다름 아닌 운전자의 발힘이다. 그래서 이 제동 장치를 **풋 브레이크**라고 한다. 힘을 전달하는 데는 유압 기구가 이용된다. 브레이크 페달의 밑동 부근에는 **브레이크 마스터 실린더**라는 실린더와 피스톤이 장착되어 있는데 여기서 유압이 발생한다. 브레이크 본체에도 유압으로 힘을 발생시키는 실린더와 피스톤이 장착되어 있으며, **브레이크 파이프**나 **브레이크 호스**라는 배관을 이용해 마스터 실린더와 연결되어 있다. 브레이크 페달을 밟으면 마스터 실린더에 유압이 발생하고, 그 유압이 브레이크 본체를 작동시킨다.

유압 기구의 경우, 배관의 어딘가 한 군데라도 구멍이 뚫리면 유압을 전달하는 액체가 새어 나와 힘을 전달하지 못한다. 그래서 유압 브레이크 시스템은 안전을 위해 반드시 두 계통으로 나뉘어 있다. 일반적으로 오른쪽 앞바퀴와 왼쪽 뒷바퀴, 왼쪽 앞바퀴와 오른쪽 뒷바퀴가 한 조를 이룬다. 이렇게 조합할 경우 배관이 X자 모양이 되기 때문에 이 브레이크 배관을 **X자형 계통식**이라고 한다. 참고로 ABS 장치는 이 유압 배관의 중간에 설치한다.

그림 1 풋 브레이크의 유압 시스템

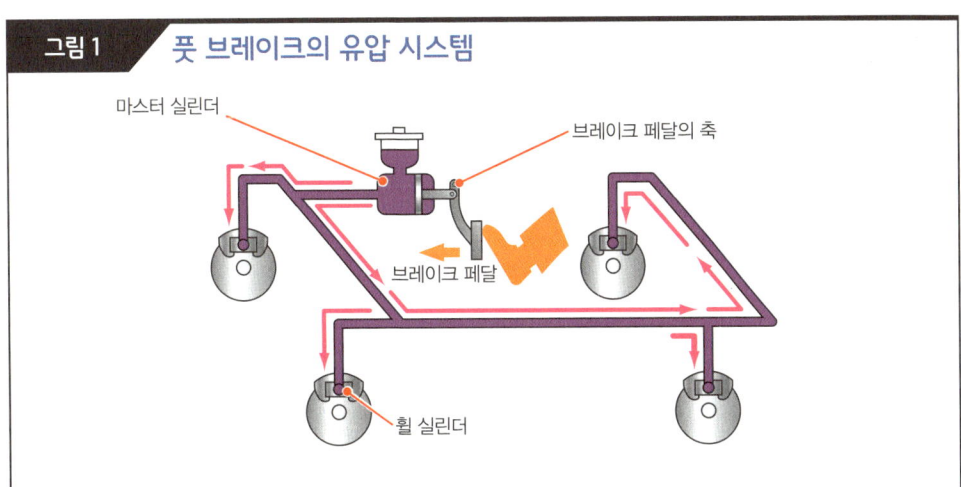

- 마스터 실린더
- 브레이크 페달의 축
- 브레이크 페달
- 휠 실린더

브레이크 페달을 밟은 힘이 마스터 실린더에서 유압이 되어 각 바퀴의 브레이크 본체로 보내진다.

그림 2 브레이크의 유압 경로

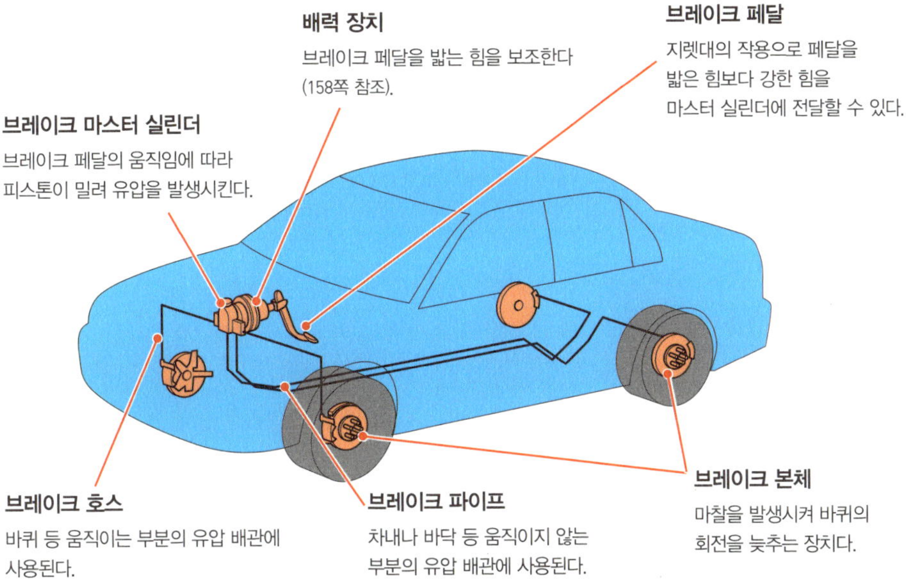

배력 장치
브레이크 페달을 밟는 힘을 보조한다 (158쪽 참조).

브레이크 페달
지렛대의 작용으로 페달을 밟은 힘보다 강한 힘을 마스터 실린더에 전달할 수 있다.

브레이크 마스터 실린더
브레이크 페달의 움직임에 따라 피스톤이 밀려 유압을 발생시킨다.

브레이크 호스
바퀴 등 움직이는 부분의 유압 배관에 사용된다.

브레이크 파이프
차내나 바닥 등 움직이지 않는 부분의 유압 배관에 사용된다.

브레이크 본체
마찰을 발생시켜 바퀴의 회전을 늦추는 장치다.

브레이크 플루이드

예전에는 풋 브레이크의 유압 기구에서 유압의 전달에 사용되는 액체를 브레이크 오일이라고 불렀지만 지금은 브레이크 플루이드라고 부를 때가 많다.

디스크 브레이크
원판이 마찰열을 발생시켜 속도를 줄인다

디스크 브레이크는 차축과 함께 회전하는 금속제 원판의 양쪽을 마찰재로 눌러서 마찰을 발생시킨다. 원판을 **디스크 로터**(disc rotor) 또는 브레이크 디스크라고 하며, 마찰재를 **브레이크 패드**라고 한다. 패드마다 실린더와 피스톤이 장착되어 있는 경우도 있지만, 한 조의 실린더와 피스톤으로 양쪽 패드를 움직이는 시스템이 일반적이다. 패드가 장착된 부분을 **브레이크 캘리퍼**(brake caliper)라고 하며, 여기에 실린더와 피스톤을 내장한다.

브레이크 캘리퍼는 로터에 걸치듯이 배치되며, 로터와 마주하는 면에 패드를 장착한다. 브레이크 캘리퍼는 로터의 회전축 방향으로 이동할 수 있도록 만들어져 있다. 그림 2와 같은 캘리퍼의 경우 마스터 실린더에서 전달된 유압에 피스톤이 밀리면 오른쪽의 패드가 왼쪽으로 이동해 로터를 누른다. 이때 캘리퍼는 반력을 받는다. 이 반력에 캘리퍼 전체가 오른쪽으로 이동하면서 왼쪽의 패드가 로터에 눌린다. 반력을 이용하기 때문에 양 패드가 누르는 힘은 항상 같다.

피스톤이 유압에 밀려날 때는 피스톤 주위에 배치된 **피스톤 실**(piston seal)이라는 고무로 만든 부품이 변형된다. 그리고 브레이크 페달에서 발을 떼어 유압이 저하되면 피스톤 실의 탄력으로 피스톤이 제자리로 돌아가기 때문에 패드가 로터에서 떨어진다.

참고로 브레이크는 과열에 약하다(156쪽 참조). 그래서 방열 효과를 높이기 위해 로터 내부에 방사형으로 통풍 구멍을 뚫어놓은 디스크 브레이크도 일부 있다. 이런 유형을 **벤틸레이티드 디스크 브레이크**(ventilated disc brake)라고 한다.

그림 1 디스크 브레이크

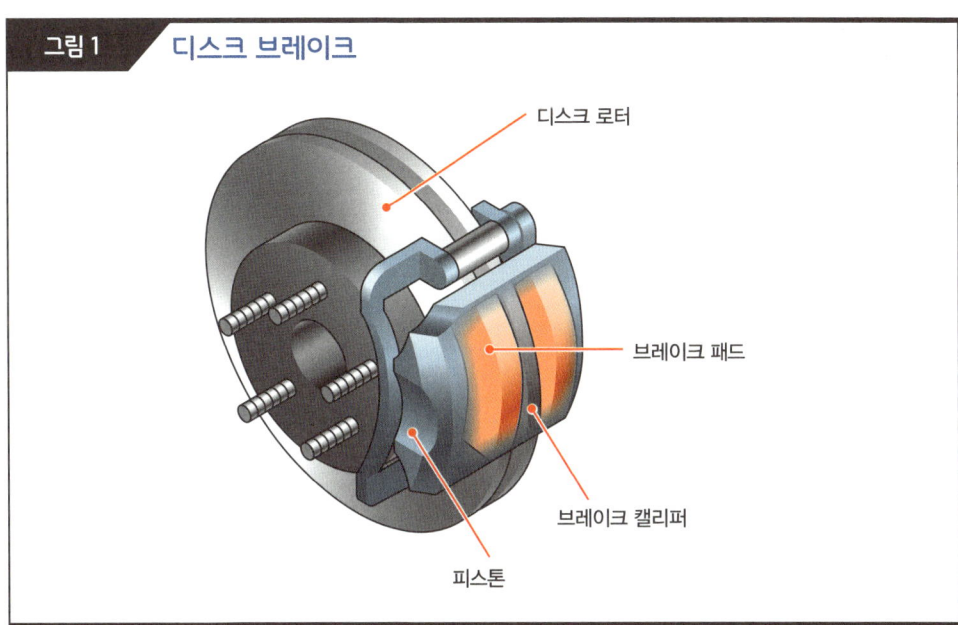

그림 2 디스크 브레이크의 작동

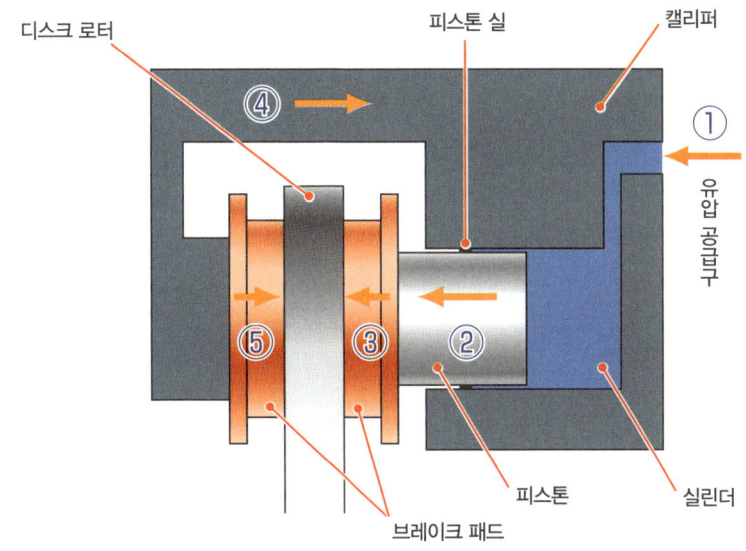

① 브레이크 마스터 실린더에서 유압을 보낸다.
② 피스톤이 전진한다.
③ 오른쪽의 브레이크 패드가 디스크 로터를 누른다.
④ 오른쪽 브레이크 패드를 누르는 힘의 반력으로 캘리퍼가 이동한다.
⑤ 캘리퍼가 이동함에 따라 왼쪽의 브레이크 패드가 디스크 로터에 눌린다.

드럼 브레이크

원통의 안쪽을 마찰재로 눌러 속도를 줄인다

드럼 브레이크는 차축과 함께 회전하는 금속제 원통의 안쪽을 마찰재로 눌러서 마찰을 발생시킨다. 원통을 **브레이크 드럼**, 마찰재를 **브레이크 슈**(실제로 마찰을 발생시키는 부분은 브레이크 라이닝)라고 한다. 다양한 구조가 있는데, **그림 1**과 같이 양쪽 브레이크 슈의 아래쪽에 힘점을 설치하고 위쪽에 **브레이크 휠 실린더**를 설치하는 **리딩 트레일링 슈 형식**(leading trailing shoe type)이 일반적이다. 마스터 실린더에서 유압을 보내면 휠 실린더가 양쪽으로 열려서 슈가 드럼을 누른다. 유압이 저하되면 **리턴 스프링**의 힘으로 슈가 원래의 위치로 돌아간다.

이 형식의 드럼 브레이크는 진행 방향 쪽의 슈(리딩 슈)가 눌렸을 때 드럼과 같이 회전하려고 하다가 더욱 강하게 눌린다. 이것을 **자기 배력 작용**이라고 하며, 드럼 브레이크에 발생하는 마찰력이 매우 커진다.

브레이크를 사용하면 마찰열 때문에 브레이크 본체 주위의 온도가 높아진다. 마찰재가 고온이 되면 마찰력이 저하되는 페이드(fade) 현상이 일어나기 때문에 위험하다. 과열로 유압 기구의 액체가 끓어오르는 **베이퍼 로크**(vapor lock) 현상이 일어날 수도 있다. 액체가 끓어서 기체가 되면 유압으로 힘을 전달할 수가 없어 위험하다. 드럼 브레이크는 구조상 열이 잘 빠져나가지 않는데, 디스크 브레이크는 방열이 잘되기 때문에 과열의 우려가 적다.

마찰재에 물 같은 액체가 묻었을 때도 마찰력이 저하되는데, 드럼 브레이크는 내부에 물이 남기 쉬운 데 비해 디스크 브레이크는 원심력으로 물을 날려버리기가 용이하다. 이처럼 제동력만 놓고 보면 자기 배력 작용이 있는 드럼 브레이크가 우수하지만, 과열과 물에 강하다는 장점 때문에 디스크 브레이크가 주류를 이루고 있다.

그림 1   드럼 브레이크

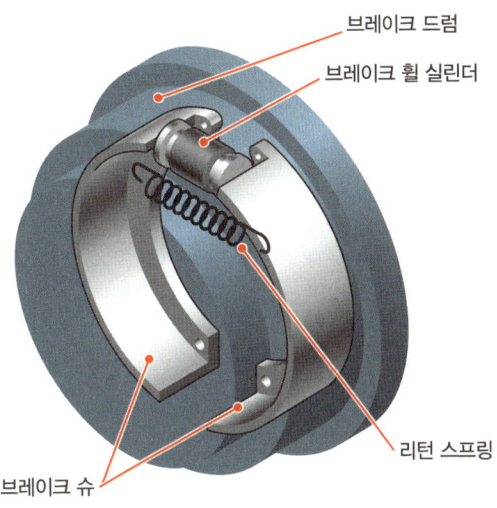

그림 2   자기 배력 작용

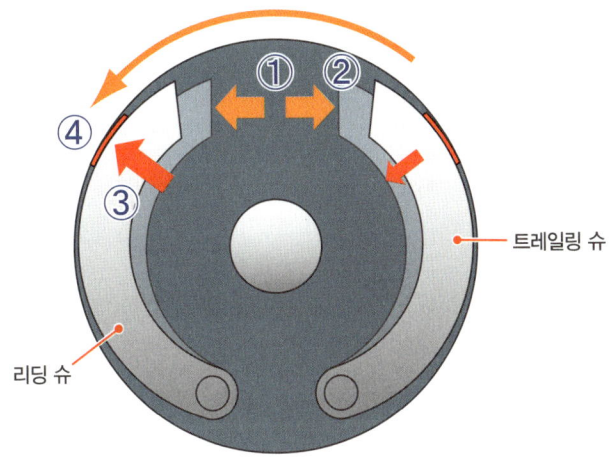

① 유압이 보내진다.
② 브레이크 휠 실린더가 좌우로 벌어진다.
③ 브레이크 슈가 브레이크 드럼에 눌린다.
④ 왼쪽의 슈는 드럼과 함께 회전하려고 하며, 그 힘 때문에 더욱 강하게 드럼에 눌린다.

※ 오른쪽 슈에는 드럼이 회전하는 반대 방향의 힘이 작용하지만, 미는 힘이 더 강하기 때문에 마찰력은 그다지 저하되지 않는다.

배력 장치
브레이크 페달을 밟는 힘을 보조한다

브레이크 페달은 지렛대의 원리로 페달을 밟는 힘을 증폭해 마스터 실린더에 전달하며, 유압 기구도 힘을 증폭할 수 있다. 그러나 고속으로 달리는 무거운 자동차를 운전자의 발힘만으로 멈추기는 어려운 일이다. 그래서 일반적으로는 대기압과 흡기 부압의 차이를 이용하는 **배력 장치**라는 보조 기구를 이용한다.

배력 장치는 일종의 실린더와 피스톤으로, 브레이크 페달과 마스터 실린더 사이에 배치한다. 피스톤에 해당하는 부분을 **다이어프램**(diaphragm)이라고 하며, 브레이크 페달에서 마스터 실린더에 이르는 축에 접속되어 있다. 다이어프램의 양쪽에서는 흡기 부압이 유도되는데, 페달 쪽에는 축의 움직임과 연동하는 밸브가 있어서 흡기 부압과 대기압을 전환한다.

브레이크 페달을 밟지 않은 상태에서는 양쪽이 흡기 부압이므로 다이어프램에 힘이 작용하지 않는다. 그리고 페달을 밟아서 축이 이동하면 밸브가 전환되어 흡기 부압이 정지되고 다이어프램의 브레이크 페달 쪽이 대기에 개방된다. 그러면 다이어프램의 양쪽에서 기압차가 발생하기 때문에 다이어프램이 마스터 실린더 쪽으로 눌린다. 이 힘이 페달을 밟는 힘을 보조한다.

또한 아이들링 스톱 앤 고 기구를 탑재한 자동차의 경우, 정차 중에 엔진이 정지하면 흡입 부압이 발생하지 않기 때문에 기존의 배력 장치가 기능하지 못한다. 이럴 때는 전용 전동 펌프로 부압을 만들어낼 때가 많다. 배력 장치를 사용하지 않고 유압으로 보조하는 방법도 있다. 전동 펌프로 유압을 발생시켜서 필요할 때 브레이크 유압 기구의 유압을 높인다. 이런 시스템은 ABS와 함께 컴퓨터로 제어된다.

그림 1   배력 장치의 구조

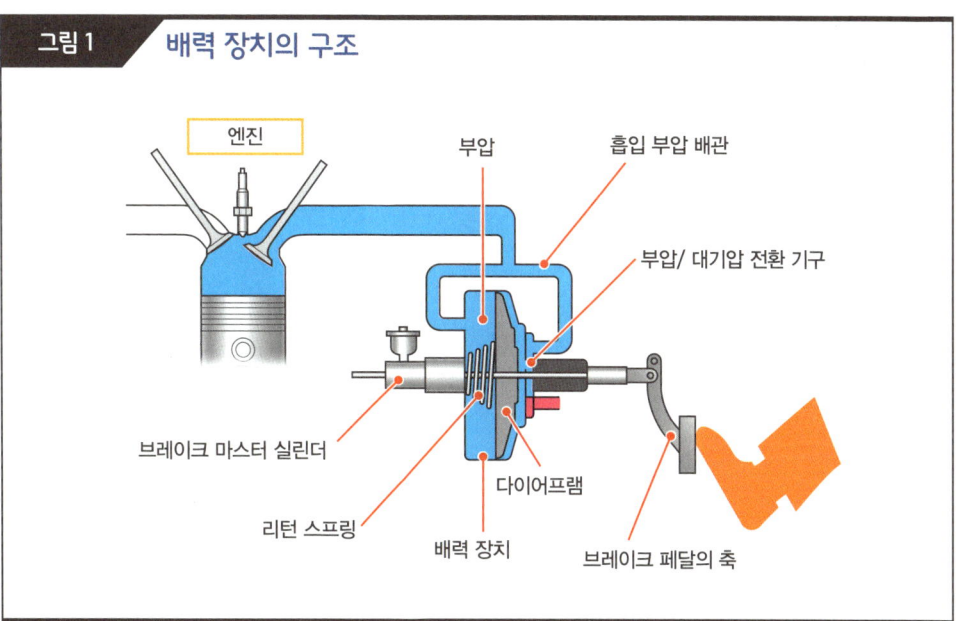

그림 2   배력 장치의 작동

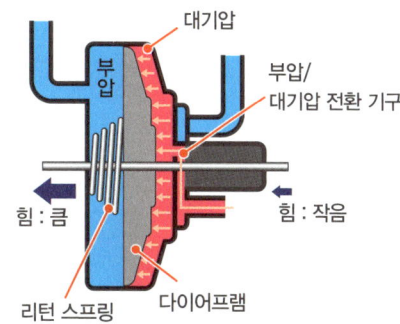

다이어프램의 양쪽이 흡기 부압이므로 다이어프램에 힘이 작용하지 않는다.

다이어프램의 한쪽이 대기에 개방되면 대기압과 흡기 부압의 압력차가 다이어프램에 작용해 보조 힘이 된다.

브레이크 부스터(Brake Booster)

배력 장치만큼 여러 가지 명칭으로 불리는 장치도 없다. 기능이나 원리 등 다양한 요소가 명칭에 사용된다. 브레이크 부스터, 브레이크 서보(servo), 진공 부스터, 진공 서보 등이 일반적이며, 배력 장치를 사용한 제동 장치 전체를 지칭할 경우는 서보 브레이크나 파워 브레이크라고 부르기도 한다.

ABS
마찰력의 한계를 넘지 않도록 제어한다

급제동으로 타이어의 회전이 지나치게 느려지면 **로크업**이 일어난다. 로크업이 일어나면 제동력이 극단적으로 저하되어 제동 거리가 길어질 뿐만 아니라 어떤 식으로 미끄러질지 알 수 없다. 즉, 자동차가 제어 불능이 된다. 타이어가 노면 위를 미끄러지는 상태에서는 핸들을 조작해도 자동차의 방향을 바꿀 수가 없는데, 이래서는 위기 회피가 불가능하다. 이런 사태를 막아주는 것이 Anti-lock Brake System, 즉 ABS다.

ABS는 **유압 제어 유닛**(ABS 유닛)과 각종 센서, 컴퓨터로 구성되어 있다. 노면이나 타이어의 상태는 균일하지 않기 때문에 각 바퀴의 회전 속도와 마찰력의 한계는 시시각각 변한다. 그래서 컴퓨터가 여러 센서로 바퀴의 상태를 감시하는데, 각 바퀴에 장착된 차륜 속도 센서로 회전 속도를 알아내고, **G센서**(가속도 센서)로 자동차의 감속 정도를 체크한다. 만약 로크업을 일으킬 것 같은 바퀴가 있다고 판단되면 컴퓨터는 유압 제어 유닛에 지시를 내린다.

유압 제어 유닛에는 여러 가지가 있다. 가장 기본적인 구조의 경우, 마스터 실린더에서 로크업을 일으킬 것 같은 바퀴의 브레이크 전체로 유압을 더는 보내지 않는다. 또한 브레이크 본체 쪽의 유압을 보조 탱크로 빼내 브레이크의 작동을 약화시킨다. 그리고 바퀴의 회전 속도가 제동력을 발휘할 수 있는 상태가 되면 그 상태를 유지하며, 반대로 바퀴의 회전 속도가 지나치게 빨라져 제동력을 충분히 발휘하지 못하게 되면 다시 마스터 실린더에서 브레이크 본체로 유압을 보낸다. ABS는 이런 동작을 매순간 반복해서 최상의 제동력을 유지하고 로크업을 방지한다.

그림 1   ABS의 구조

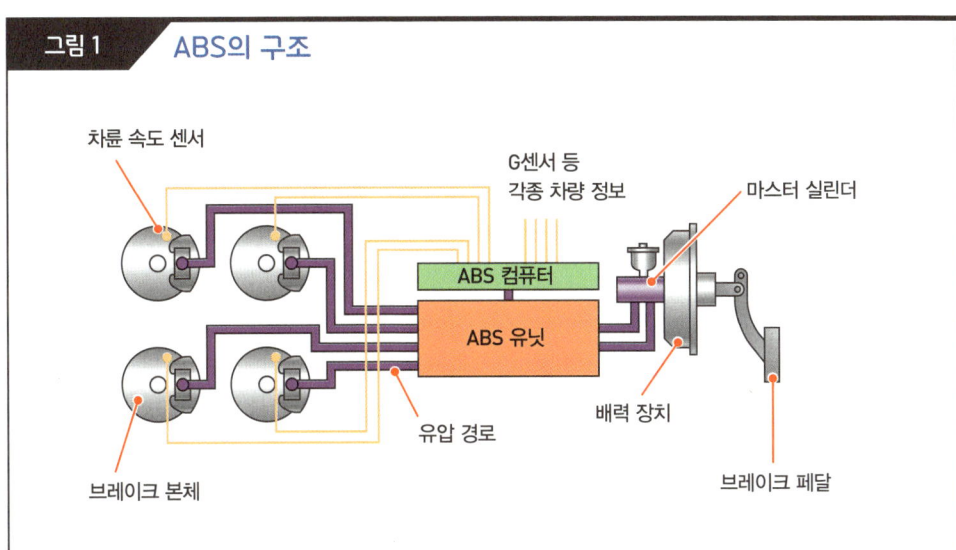

그림 2   ABS의 동작

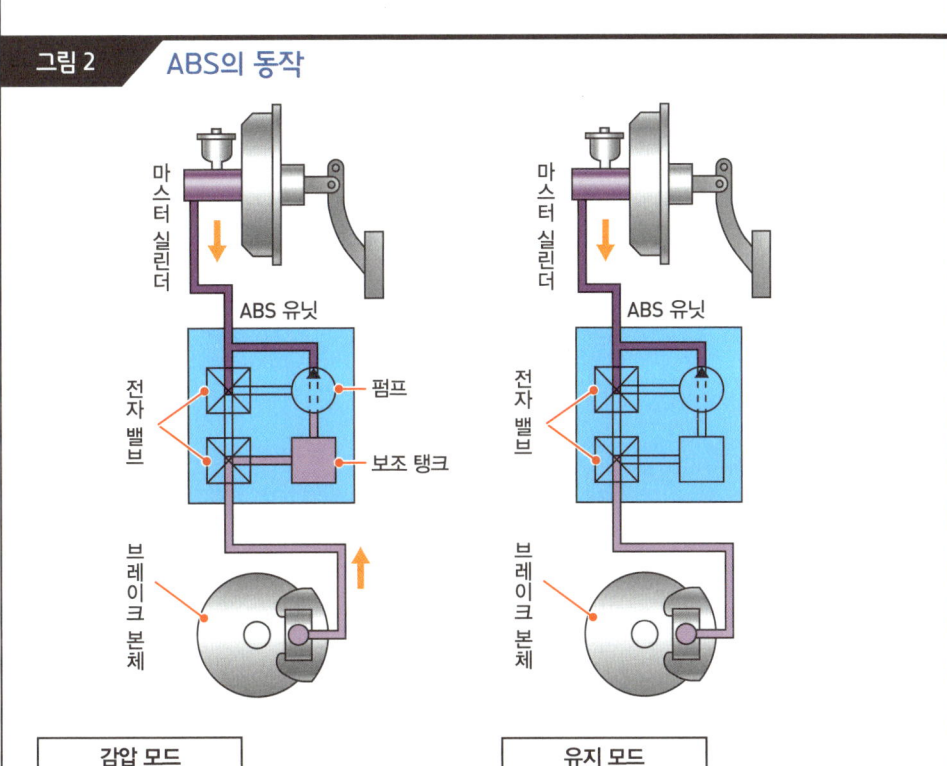

감압 모드

마스터 실린더에서 보내는 유압을 차단하고 브레이크 본체 쪽의 유압을 보조 탱크로 빼내 브레이크 본체에 작용하는 유압을 낮춘다.

유지 모드

유압의 상태가 최적이 되었으면 브레이크 본체 쪽의 유압을 차단한다. 유압을 높여야 하는 상태가 되었다면 마스터 실린더에서 유압을 보낸다.

파킹 브레이크
갈고리를 걸어 브레이크의 작동 상태를 유지한다

주차 중에 자동차의 위치를 유지하기 위해 사용하는 것이 **파킹 브레이크**(parking brake)다. 손으로 레버를 조작하거나 발로 페달을 조작하는 유형이 있다. 브레이크 본체는 풋 브레이크와 공유하는 경우가 많지만, 일부는 풋 브레이크용 디스크 브레이크의 로터 안에 파킹 브레이크용 드럼 브레이크를 설치하기도 한다. 또 파킹 브레이크는 앞뒤 바퀴 중 어느 한 쪽의 두 바퀴만을 사용하는 것이 일반적이다.

파킹 브레이크는 와이어를 이용해 브레이크 본체에 힘을 전달한다. 작동 상태를 유지하는 데는 **래칫 기구**(ratchet mechanism)가 사용된다. 래칫은 바깥톱니바퀴와 갈고리로 구성되어 있다. 사용되는 톱니바퀴는 통상적인 톱니바퀴와 달리 톱니의 경사가 비대칭이다. 그리고 갈고리는 스프링의 힘으로 톱니에 걸리도록 만들어져 있다. 이 래칫이 파킹 브레이크 레버(또는 파킹 브레이크 페달)의 밑동에 설치되어 있으며, 브레이크 본체 근처에는 해제 상태를 유지하기 위한 리턴 스프링이 장착되어 있다.

레버를 당길 때는 갈고리가 톱니바퀴의 완만한 면을 타고 올라가기 때문에 문제없이 톱니를 넘어갈 수 있다. 파킹 브레이크를 조작할 때 나는 딸깍거리는 소리는 톱니 하나를 넘어간 갈고리가 아래로 떨어질 때 내는 소리다. 브레이크 본체가 작동하는 위치까지 레버를 잡아당긴 다음 손을 놓으면 리턴 스프링의 힘 때문에 원래의 위치로 되돌아가려 하지만, 갈고리가 톱니의 경사가 심한 면에 걸리기 때문에 위치가 유지된다. 브레이크를 해제할 때는 해제 버튼을 누른다. 이때 갈고리가 들리기 때문에 스프링이 원래 위치로 되돌려놓는다.

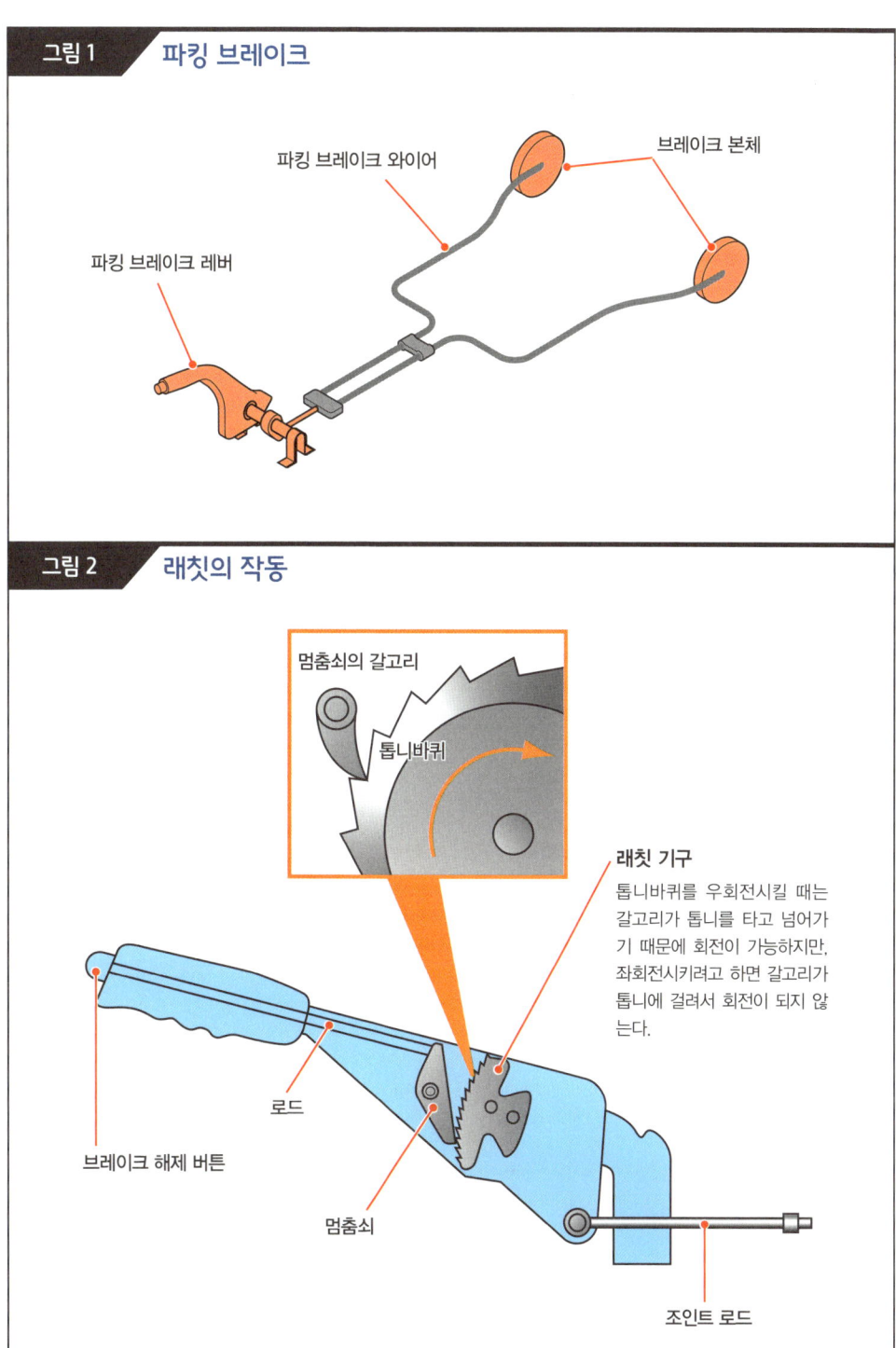

원심력과 구심력
커브를 돌기 위해서는 원심력에 대응해야 한다

자동차가 커브를 도는 그림을 그리게 하면 커브 안쪽으로 자동차가 기울어지도록 그리는 사람이 있다. 분명히 자전거나 오토바이는 커브 안쪽으로 차체가 기울지만, 자동차는 그 반대다. 즉, **원심력**의 영향을 받아 바깥쪽으로 기운다. 자동차를 타고 있어도 커브 바깥쪽으로 기우는 것을 잘 체감하지 못하는 이유는 도로 자체가 커브 안쪽을 향해 경사져 있는 경우가 많기 때문이다. 이런 자동차의 움직임은 다음 장에서 설명할 예정인데, 원심력은 자동차의 조향이나 선회에 커다란 영향을 미친다. 참고로 자전거나 오토바이가 차체를 커브 안쪽으로 기울이는 것도 원심력에 대항하기 위해서다.

그렇다면 원심력이란 무엇일까? 이 힘은 물체가 원운동을 할 때 발생한다. 물체는 운동할 때 관성의 법칙을 따르기 때문에 움직이고 있던 방향을 유지하려 한다. 물체가 원운동을 하려면 원의 중심으로 향하는 힘이 필요한데, 이 힘을 **구심력**이라고 한다. 물체에 구심력이 작용하면 운동 방향이 그 전과는 전혀 달라진다. 그리고 구심력이 연속적으로 작용하면 원운동이 된다. 구심력에 따라 물체가 원운동을 하면 그 반력으로 원심력이 나타난다. 그 크기는 물체의 질량에 비례하며 속도의 제곱에 비례한다.

고무줄에 추를 달아서 돌리면 추가 원운동을 한다. 이때 고무줄이 줄어들려고 하는 힘이 구심력이다. 추의 속도를 일정하게 유지하면 일정한 회전 반경으로 원운동을 한다. 또 추가 회전하는 속도를 높이면 그만큼 커다란 구심력이 필요해지므로 고무줄이 늘어나 원운동의 회전 반경이 커진다. 원심력이 커진다고 생각해도 무방하다. 속도가 같아도 추의 무게를 무겁게 하면 구심력, 즉 원심력이 커져서 원운동의 회전 반경이 커진다.

그림 1　선회 중인 자동차의 움직임

커브 안쪽으로 자동차가 기우는 느낌이 드는 것은 착각이다. 자동차는 바깥쪽으로 기운다. 다만 도로가 안쪽으로 기울어져 있는 경우가 많다.

그림 2　원심력과 구심력

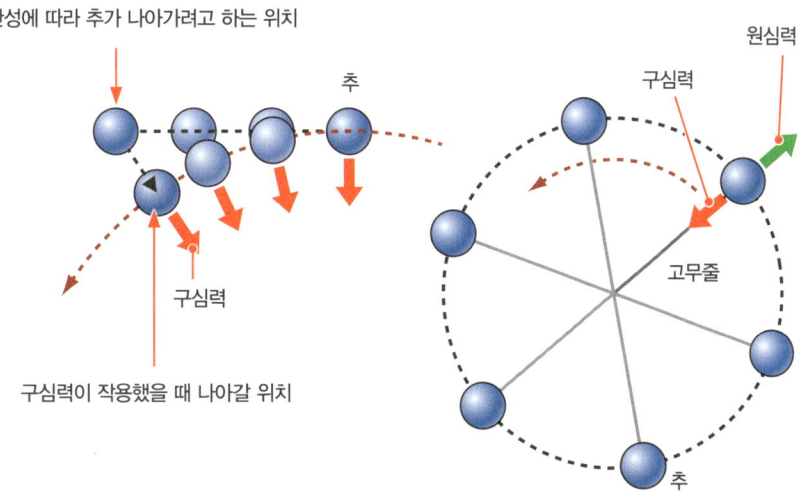

원의 중심을 향해 작용하는 구심력 때문에 추가 원운동을 한다. 그리고 구심력의 반력으로 원심력이 나타난다.

코너링 포스와 마찰력
타이어의 마찰과 변형이 구심력을 만들어낸다

자동차를 선회시키려면 구심력이 필요한데, 이 힘도 구동력이나 제동력과 마찬가지로 타이어와 노면 사이에 발생한 마찰력의 **반력**이다.

자동차는 앞바퀴의 방향을 바꿔서 조향을 한다. 이때 앞바퀴에 주어지는 각도를 **조향각**이라고 한다. 타이어는 구르기 편한 방향으로 나아가려는 성질이 있다. 자동차의 속도가 매우 느리다면 원심력의 영향이 작으므로 타이어가 향한 방향으로 자동차가 나아가지만, 속도가 빨라질수록 커다란 원심력이 작용해 타이어가 옆으로 미끄러지기 때문에 타이어가 향한 방향과 나아가는 방향 사이에 괴리가 생긴다. 이때 타이어의 중심선(타이어가 향한 방향=타이어가 나아가고자 하는 방향)과 진행 방향이 이루는 각도를 **옆 미끄럼 각**(Slip Angle)이라고 한다.

타이어가 옆으로 미끄러진다는 말은 마찰력이 발생한다는 의미다. 또 옆으로 미끄러질 때는 타이어가 변형된다. 타이어는 고무로 만들어 탄성이 있기 때문에 이 변형에서 복원되려고 하는 힘이 발생한다. 이 마찰력과 복원력을 합쳐서 **사이드 포스**라고 한다. 이 힘의 방향은 타이어의 중심선에 대해 수직이 된다. 한편 선회에 필요한 구심력은 타이어의 진행 방향에 대해 수직 방향이어야 하기 때문에 사이드 포스 중에서 실제 진행 방향에 대해 수직인 성분만이 구심력이 된다. 이것을 **코너링 포스**(cornering force, 선회력)라고 한다.

사이드 포스 중에서 타이어의 진행 방향에 대해 수평인 성분은 진행 방향과는 반대 방향의 힘이기 때문에 주행저항이 된다. 또 타이어에는 구동이나 제동에 따른 마찰력도 동시에 발생하는 경우가 대부분이지만 이것까지 생각하면 복잡해지기 때문에 **그림 1**에서는 선회와 관련된 힘의 성분만을 생각했다.

그림 1 원심력과 선회력

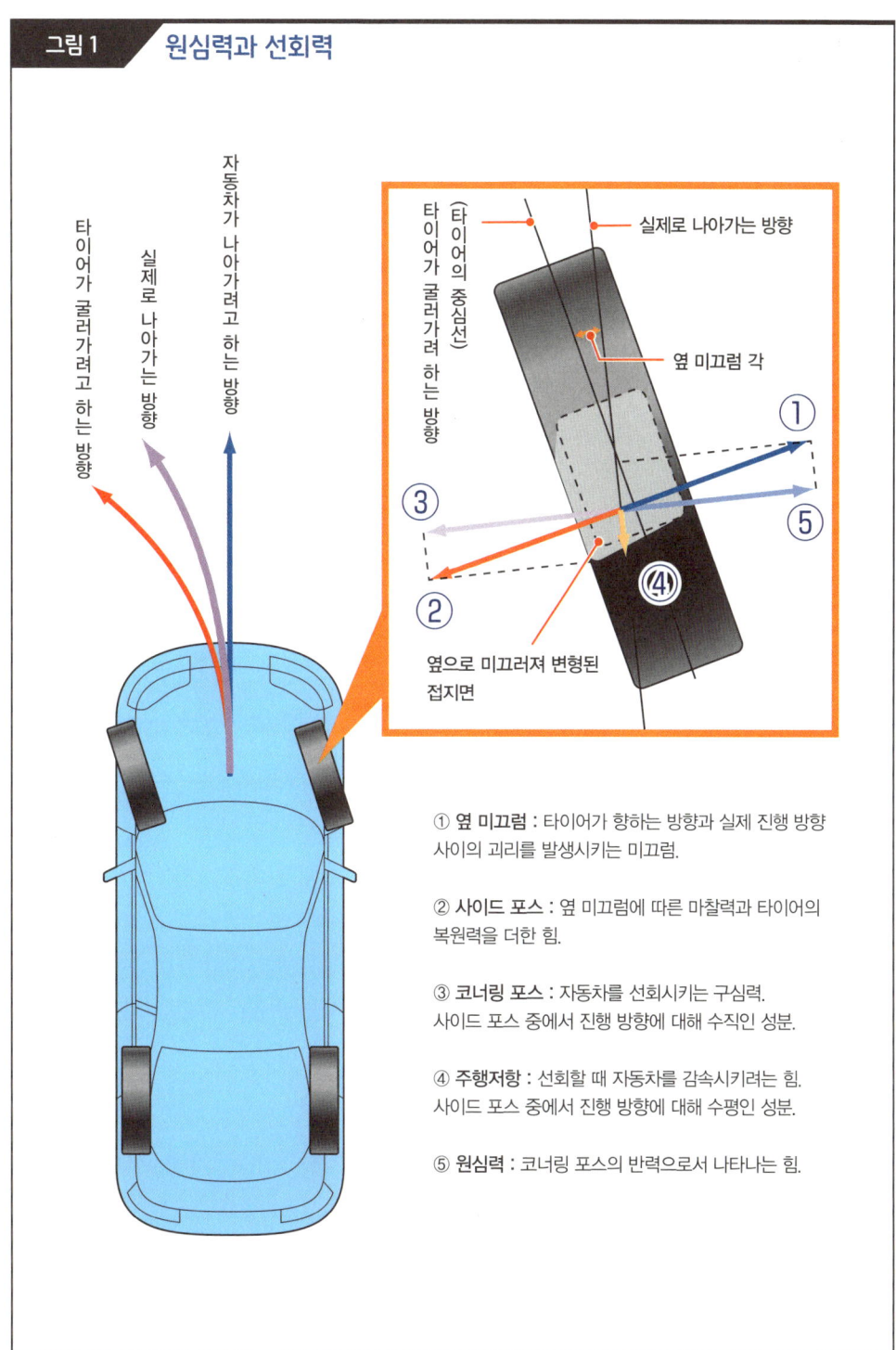

① **옆 미끄럼** : 타이어가 향하는 방향과 실제 진행 방향 사이의 괴리를 발생시키는 미끄럼.

② **사이드 포스** : 옆 미끄럼에 따른 마찰력과 타이어의 복원력을 더한 힘.

③ **코너링 포스** : 자동차를 선회시키는 구심력. 사이드 포스 중에서 진행 방향에 대해 수직인 성분.

④ **주행저항** : 선회할 때 자동차를 감속시키려는 힘. 사이드 포스 중에서 진행 방향에 대해 수평인 성분.

⑤ **원심력** : 코너링 포스의 반력으로서 나타나는 힘.

조향 장치
타이어가 향하려 하는 방향을 바꾼다

바퀴가 굴러가는 방향을 바꾸는 장치를 **조향 장치**라고 한다. 승용차의 경우 일반적으로 전륜 조향식이 채용되기 때문에 조향 장치를 좌우 앞바퀴 사이에 장착한다.

조향 장치를 사용해 방향을 바꿀 수 있도록 앞바퀴가 고정되는 바퀴통이라는 부분은 위 아래에 회전축이 달려 있다. 바퀴통에서는 너클암(knuckle arm)이라는 막대 모양의 부품이 후방으로 뻗어 있는데, 너클암의 끝을 좌우로 밀거나 당겨서 앞바퀴의 방향을 바꿀 수 있다.

조향 장치는 **핸들**(Steering Wheel), **조향축**, **조향 기어 박스**, **조향 링크**로 구성되어 있다. 기어 박스에는 볼 앤드 너트식(ball & nut type) 구조도 있지만 현재는 대부분의 승용차가 **랙 앤드 피니언식**(rack & pinion type)을 채용하고 있다. 랙은 판 또는 막대 모양의 톱니바퀴이며, 피니언은 작은 톱니바퀴(기어)로 대개 바깥기어를 사용한다. 링크 기구는 기계요소의 하나로, 막대 모양의 부품을 조합해 힘이나 움직임을 전달하는 기구다. 세차 운동을 하는 것을 암, 밀거나 당기는 것을 로드라고 부를 때가 많다.

랙 앤드 피니언식의 기어 박스에서는 랙이 자동차의 좌우 방향으로 배치되고 양쪽 끝에 **타이로드**라는 막대 모양의 부품이 설치되며 각각의 끝에 너클암이 접속된다. 조향은 핸들을 돌려서 하는데, 핸들의 회전은 조향축을 통해 **피니언 기어**로 전달된다. 피니언이 회전하면 맞물려 있는 랙이 좌우로 움직이며, 이 움직임에 따라 너클암의 끝이 밀리거나 당겨지면서 바퀴의 방향이 바뀐다.

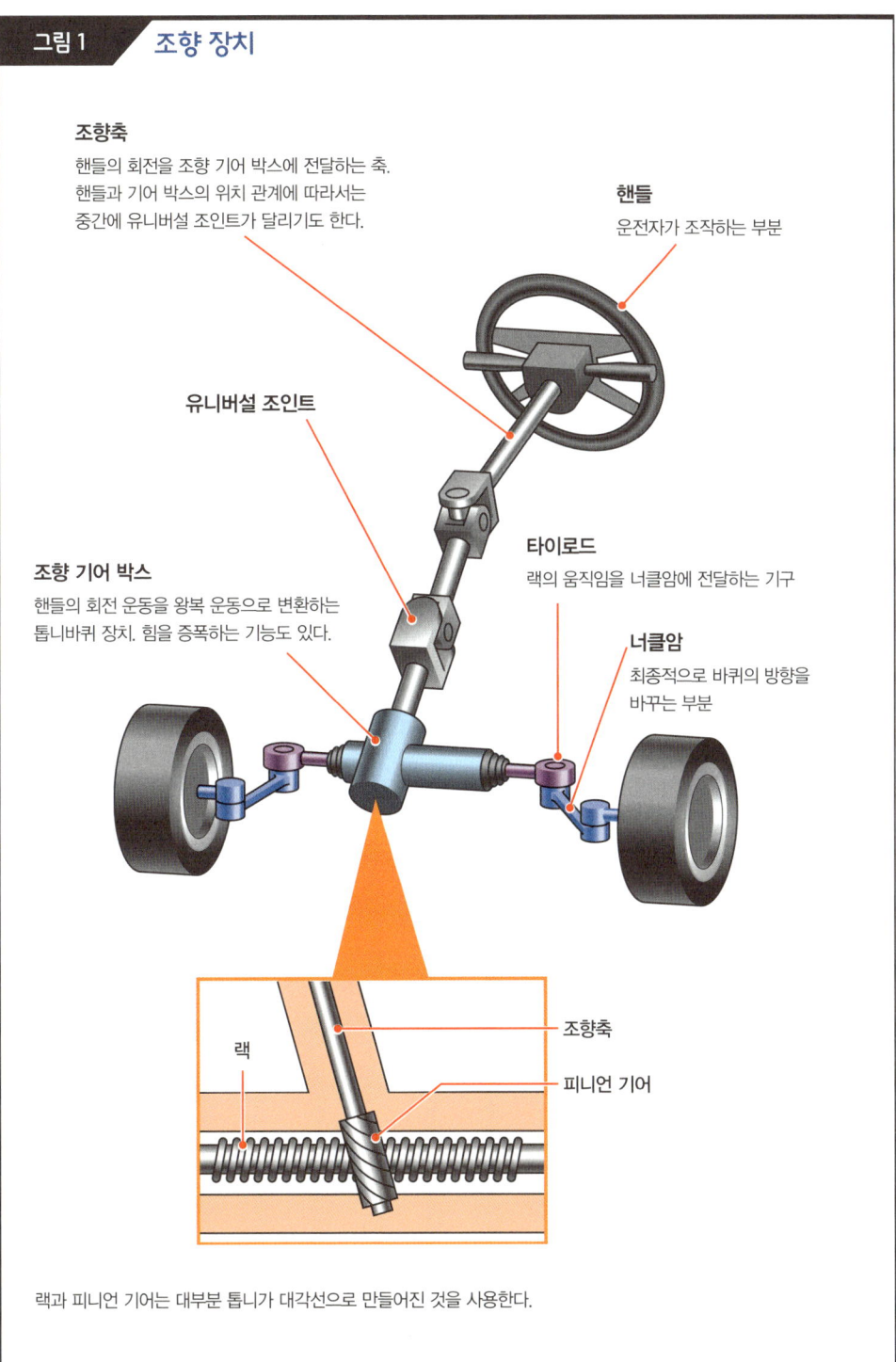

파워 스티어링 시스템
유압이나 모터의 힘으로 핸들 조작을 보조한다

조향 장치로 앞뒤 바퀴의 방향을 바꿀 때는 자동차의 중량이 실린 타이어와 지면 사이에서 마찰이 발생하므로 핸들 조작에 커다란 힘이 필요하다. 자동차가 움직이고 있으면 타이어가 구르면서 마찰을 일으키기 때문에 속도가 빨라질수록 마찰력이 작아지지만, 정차 중에는 마찰력이 매우 크다. 그러나 정차 상태에서 조향을 할 수 있으면 평행 주차를 하거나 차고에 들어갈 때 편리하다.

조향 장치에서는 핸들이 지렛대의 원리로 힘을 증폭하고 조향 기어 박스에서도 힘을 증폭하지만, 이 정도로는 정차 상태에서 조향을 하기에 충분하다고 할 수 없다. 그래서 보조 기구로 **파워 스티어링 시스템**이 장착되어 있다.

과거에는 **유압식 파워 스티어링**이 일반적이었다. 유압식은 랙의 일부에 피스톤을 설치하고, 역시 랙의 케이스 중 일부를 실린더로 만들어 활용하는 방식이다. 엔진의 힘으로 파워 스티어링 펌프라는 유압 펌프를 돌려서 만들어낸 유압으로 핸들 조작을 보조한다. 유압식의 경우, 파워 스티어링을 사용하지 않을 때도 유압 펌프가 항상 엔진에 부담을 주기 때문에 효율이 좋은 시스템이라고는 할 수 없었다.

그래서 현재는 **전동식 파워 스티어링**이 주류를 이루고 있다. 핸들(또는 조향축)에 설치된 조향각 센서라는 회전 각도 센서의 정보와 차속 등의 정보를 바탕으로 차량 제어 장치가 최적의 힘을 계산해 모터에 지시를 내린다. 모터를 배치하는 방식에는 여러 가지가 있어서, 조향축의 회전을 보조하는 것, 피니언 기어의 회전을 보조하는 것, 랙의 이동을 보조하는 것 등이 있다.

그림 1 — 유압식 파워 스티어링

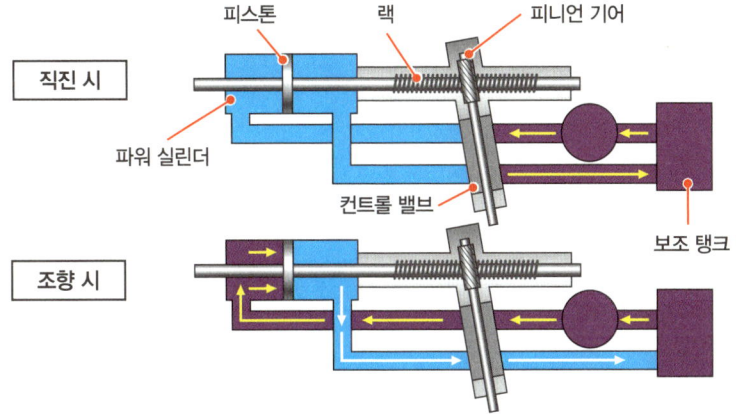

조향축이 회전함에 따라 피니언 기어 근처에 설치된 컨트롤 밸브가 작동한다. 파워 실린더의 보조가 필요한 방향으로 유압이 보내진다. 피스톤의 반대쪽에서는 유압이 회수된다. 보조가 필요 없을 때(직진 시 등)는 어느 쪽으로도 유압을 보내지 않는다.

그림 2 — 전동식 파워 스티어링

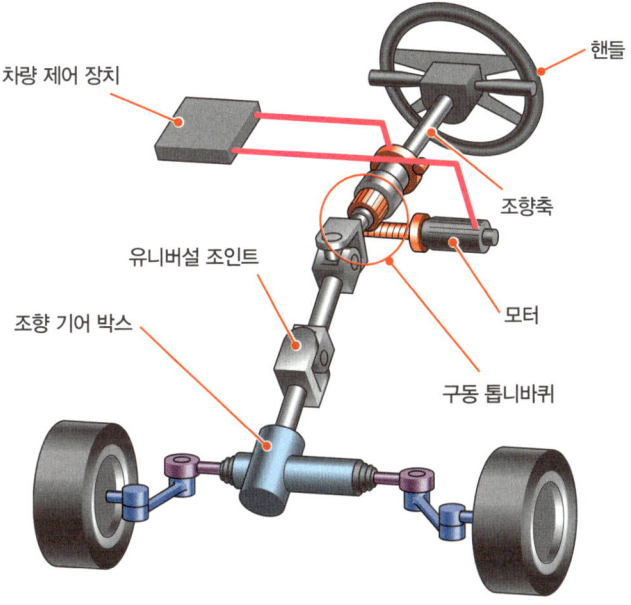

조향축의 회전을 보조하는 유형의 전동식 파워 스티어링. 모터의 회전을 빠르게 하면 힘이 강해지기 때문에 감속 기구에서 감속시킨 다음 조향축에 전달한다.

토막 상식 6

엔진 브레이크

자동차 용어 중에 **엔진 브레이크**라는 말이 있다. 엔진 브레이크라고 해도 특정한 장치가 있는 것은 아니다.

주행 중에 가속 페달에서 완전히 발을 떼면 구동륜의 회전이 동력 전달 장치를 거쳐서 엔진에 전달된다. 연료가 공급되고 있지 않으므로 힘은 발생하지 않지만 흡기나 압축은 일어난다. 이 때의 펌프 손실이 저항이 되기 때문에 구동륜의 회전을 늦출 수 있다. 이것이 엔진 브레이크다. 수동 변속기의 경우 구동륜과 엔진이 직접 연결되어 있기 때문에 엔진 브레이크의 효과가 매우 좋다. 차속에 맞춰서 기어를 낮추면 풋 브레이크는 정차 직전에 잠깐 사용하는 정도로 충분하다. 그러나 현재 주류인 자동 변속기나 CVT의 경우 엔진과 구동륜 사이에 토크 컨버터가 있기 때문에 엔진 브레이크의 효과가 나쁘다. D레인지에서는 거의 체감할 수 없을 정도다. 그래서 풋 브레이크가 많이 사용된다. 다만 이런 자동차의 경우도 엔진 브레이크가 완전히 쓸모없는 것은 아니다. 2단이나 1단으로 바꾸면 어느 정도는 엔진 브레이크의 효과를 낼 수 있다. 긴 내리막길의 경우처럼 풋 브레이크의 잦은 사용으로 문제가 발생할 수 있는 상황이라면 꼭 사용해보기 바란다.

자동 변속기 차량도 변속 레버를 조작하면 엔진 브레이크의 효과를 낼 수 있다.

INDEX

서스펜션 시스템 • 174

자동차의 움직임 • 176

스프링 • 178

쇼크 업소버 • 180

차축 현가식 서스펜션 • 182

독립 현가식 서스펜션 • 184

타이어 • 186

트레드 패턴 • 188

편평률 • 190

공기압 • 192

휠 • 194

스프링 하중량 • 196

토막 상식 7

펌핑 브레이크 • 198

Chapter 7
바퀴와 바퀴를 지탱하는 메커니즘

서스펜션 시스템
타이어의 접지를 확보해서 안정한 주행을 한다

옛날에는 세 바퀴 자동차도 있었지만, 방향을 바꿀 때 안정성이 떨어지고 옆에서 바람이 불거나 하는 일에도 불안정했다. 또 차내 공간을 넓게 만들 수 없기 때문에 지금은 네 바퀴가 주류다. 공간 위의 세 점은 각 점이 어느 위치에 있든 수평을 공유할 수 있지만, 네 점일 경우는 공유할 수 있는 상태가 한정된다. 간단히 말하면 세 발 의자는 바닥이 울퉁불퉁해도 안정적이지만 네 발 의자는 완전한 수평 이외에는 다리 중 하나가 공중에 떠서 불안정해진다. 자동차의 경우도 네 바퀴의 위치가 차체에 고정되어 있다면 노면이 완전한 평면일 때만 모든 타이어가 바닥에 닿는다. 그러나 자동차가 주행하는 노면은 그곳이 포장도로라고 해도 요철과 굴곡이 있기 마련이다.

지금까지 설명했듯이 자동차가 나아가고, 멈추고, 방향을 바꾸기 위해 필요한 구동력, 제동력, 코너링 포스는 전부 타이어와 지면의 마찰이 있기에 발휘할 수 있는 힘이다. 타이어가 지면에 닿지 않으면 이런 힘들을 발휘할 수 없다. 단순히 발휘할 수 없는 것이 아니라, 만약 자동차의 좌우 구동력에 차이가 있다면 자동차는 일직선으로 주행할 수조차 없다. 제동과 조향도 접지하지 않은 타이어가 있으면 매우 위험하다. 게다가 노면의 요철에서 받는 충격도 차체에 직접 전달된다.

그래서 자동차에는 타이어의 접지를 항상 확보하기 위한 장치로서 **서스펜션 시스템**(현가장치)이 장착되어 있다. 흔히 서스펜션이라고 하면 승차감을 생각하는 일이 많은데, 분명히 승차감도 중요하지만 접지의 확보는 그 이상으로 중요하다고 할 수 있다. 서스펜션은 기본적으로 바퀴와 차체를 용수철로 연결하고, 거기서 발생하는 신축성을 이용해 타이어의 접지를 확보한다.

그림 1 　세 바퀴와 네 바퀴

다리가 세 개인 의자는 좌면이 기울 수는 있지만 아무리 바닥이 울퉁불퉁해도 안정적이다.

다리가 네 개인 의자는 다리 길이가 똑같아도 바닥이 완벽한 평면이 아니면 불안정하다.

그림 2 　서스펜션의 역할

네 바퀴의 위치를 고정한 자동차

차체에 바퀴의 위치가 고정되어 있으면 노면의 요철이나 굴곡에 따라 타이어가 공중에 뜨게 된다. 차체가 기울어지면 요철에 따른 진동이 차체에 전달된다.

네 바퀴를 용수철로 지탱한 자동차

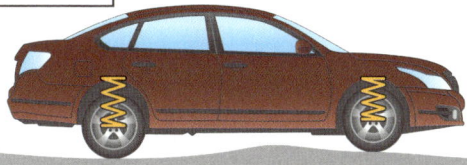

용수철로 차체와 바퀴를 접속하면 노면의 요철이나 굴곡을 바퀴가 따라가면서 항상 접지를 확보할 수 있다. 차체가 기우는 일도 적으며 요철의 진동도 차체에 잘 전달되지 않는다.

자동차의 움직임

관성력이나 원심력이 자동차를 기울이는 힘으로 작용한다

서스펜션은 노면의 상황뿐만 아니라 주행 중인 자동차에 작용하는 다양한 힘에도 대응해야 한다. 가속을 할 때나 감속을 할 때는 관성력이, 선회를 할 때는 원심력이 자동차에 작용한다. 또 바람처럼 외부에서 힘이 가해질 때도 있다.

관성력이나 원심력 같은 힘은 자동차의 각 부분에 작용하지만 무게중심에 집중적으로 작용한다고 간주해도 무방하다. 가령 가속을 할 때는 자동차를 뒤로 되밀려고 하는 관성력이 무게중심에 작용하며, 구동륜과 노면의 접촉면에 구동력이 작용한다. 이와 같이 물체의 두 곳에 힘이 작용하면 물체를 회전시키려는 힘이 발생한다(두 힘이 같은 축 위에 있는 경우는 제외한다). 이 힘은 자동차의 후방을 아래로 눌러서 전방이 떠오르는 **노즈업**(nose-up) 현상을 일으킨다. 이에 따라 자동차가 기우는 것은 물론이고 타이어를 노면에 누르는 힘의 분배도 변한다. FF라면 구동륜을 누르는 힘이 약해지기 때문에 구동력의 측면에서도 불리해진다.

제동을 할 때 무게중심의 앞쪽으로 관성력이 작용하고 타이어 접지면의 뒤쪽으로는 제동력이 작용한다. 그래서 자동차의 전방이 아래로 눌러서 후방이 떠오르는 **노즈다이브**(nose-dive) 현상이 발생한다. 선회를 할 때는 무게중심에 커브 바깥쪽을 향한 원심력이 작용하며, 접지면에 커브 안쪽을 향한 코너링 포스가 작용한다. 이에 따라 자동차가 커브 바깥쪽을 향해 기울어지는 **롤링**(rolling)이 일어난다.

물체를 회전시키려는 이런 힘은 두 점의 거리가 멀수록 커진다. 그래서 스포츠형 자동차는 무게중심을 낮춰서 움직임의 변화를 억제한다. 미니밴이 선회할 때 잘 기울어지고 흔들거리는 것은 무게중심이 높은 위치에 있기 때문이다.

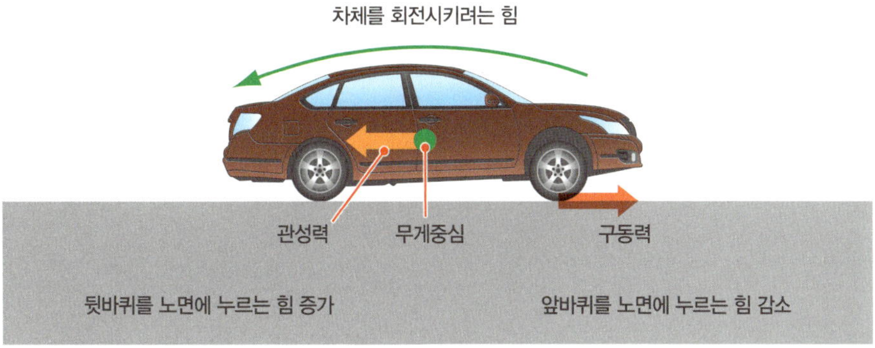

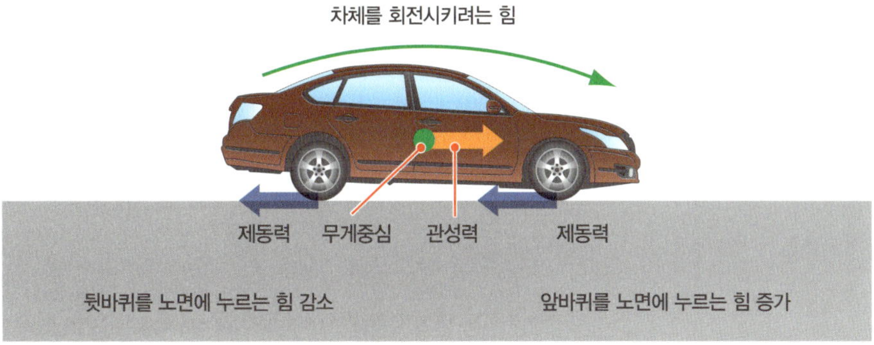

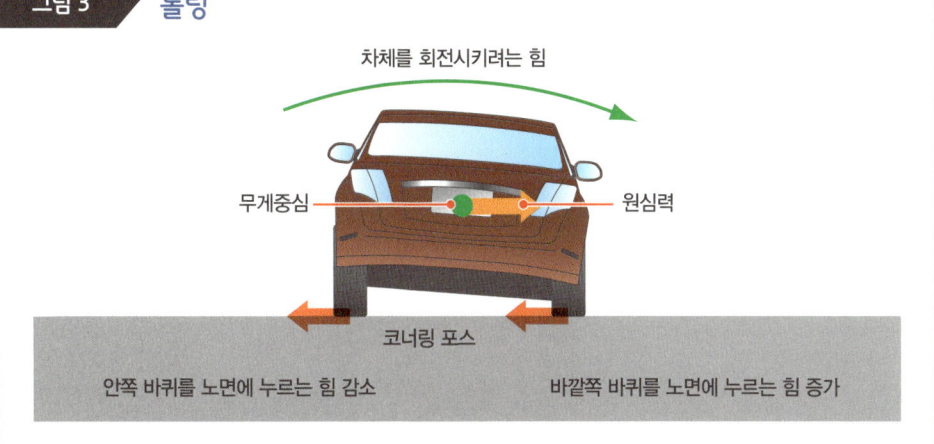

스프링

동작 제어를 통해 서스펜션으로 활용한다

전자 제어를 하는 서스펜션의 경우에 공기 용수철(air spring)을 사용하기도 하지만, 자동차의 서스펜션으로 가장 많이 사용하는 용수철은 **코일 스프링**이다. 코일 스프링은 다양한 성능의 용수철을 낮은 비용으로 제조할 수 있지만, 서스펜션에 따라서는 불리한 성질도 지니고 있다.

코일 스프링은 기본적으로 중심선 방향의 힘에 작용해 늘어나거나 줄어든다. 그러나 코일 스프링은 이런 본래의 힘을 작용시키고자 하는 방향이 아닌 다른 방향으로도 자유롭게 휘어질 수 있기 때문에 그만큼 바퀴의 접지를 확보하기가 어렵다. 그래서 막대 모양이나 틀 모양의 골격을 이용해 바퀴가 움직일 수 있는 범위를 제한한다. 서스펜션은 이 골격 구조에 따라 다양한 형식으로 분류된다. 특별히 정해져 있지는 않지만, 막대 모양의 부품 가운데 세차(歲差) 운동을 하는 것을 **암**, 막대의 축 방향으로 힘이 작용하는 것을 **로드**라고 부를 때가 많다. 또 막대 여러 개가 관절처럼 조합되어 움직이는 것을 흔히 **링크**라고 부른다.

코일 스프링은 누르던 힘이 사라지면 원래 상태로 되돌아가려 하는데, 관성력이 작용해서 원래보다 더 늘어난다. 그리고 다시 줄어들어 원래 위치로 돌아가려 하지만, 이번에는 처음보다 더 줄어든다. 이러기를 반복하면 **진동**이 발생한다. 결국은 진동이 가라앉지만, 스프링이 줄어들려 할 때 노면의 오목한 부분에 도달하면 타이어가 접지하지 못한다. 또 진동으로 자동차가 둥실거리면 승차감이 나빠진다. 그래서 일반적으로는 진동을 흡수하는 유압 댐퍼를 병용한다.

그림 1 　 코일 스프링의 성질

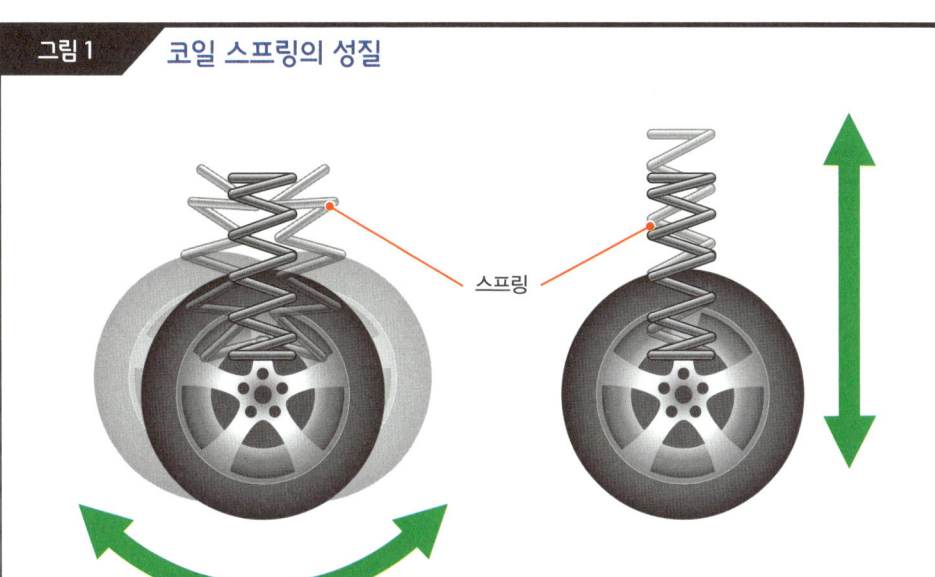

코일 스프링은 휘어질 수 있기 때문에 스프링만으로 접지를 확보하기가 어렵다.

코일 스프링은 진동이 좀처럼 가라앉지 않기 때문에 접지를 확보하지 못하거나 자동차가 둥실거린다.

그림 2 　 서스펜션의 기본 구성

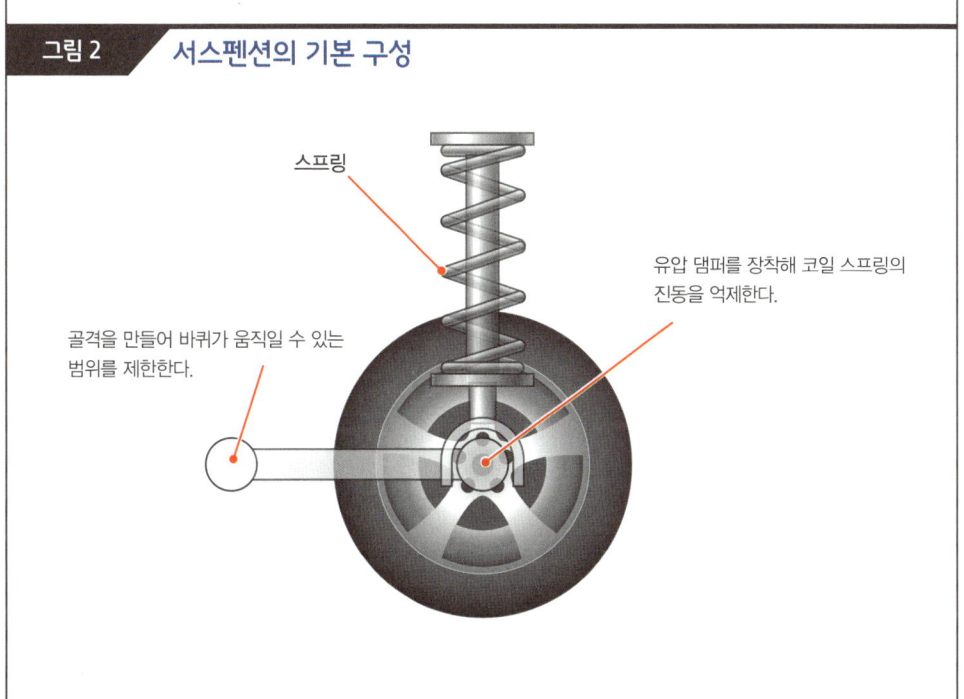

스프링

유압 댐퍼를 장착해 코일 스프링의 진동을 억제한다.

골격을 만들어 바퀴가 움직일 수 있는 범위를 제한한다.

쇼크 업소버

오일이 작은 구멍을 통과할 때의 저항으로 진동을 흡수한다

코일 스프링의 진동을 흡수하는 데 사용하는 유압 댐퍼는 유압 기구의 일종으로, 일반적으로는 **쇼크 업소버**(shock absorber)라고 한다. 여러 가지 구조가 있는데, 오일같이 점성이 있는 액체가 작은 구멍을 통과할 때 발생하는 마찰을 이용해 운동 에너지를 열에너지로 변환하는 것이 기본 원리다.

유압 댐퍼의 가장 단순한 구성은 **실린더와 피스톤**이다. 일반적인 유압 기구의 실린더는 유압이 드나드는 배관이 접속되어 있지만, 유압 댐퍼의 경우는 실린더가 밀폐되어 있고 피스톤에 **오리피스**(orifice)라는 작은 구멍이 뚫려 있다. 또 피스톤에는 **피스톤 로드**라는 막대가 달려 있어서 실린더 밖으로 나와 있다. 이 로드와 로드의 반대쪽에 있는 실린더의 끝이 쇼크 업소버의 양끝이 되며, 이 양끝이 코일 스프링의 양쪽에 직접 혹은 간접적으로 연결된다.

코일 스프링이 줄어들려고 할 때(수축 행정)는 피스톤이 밀려서 오일이 피스톤의 아래에서 위로 이동하려 하는데, 구멍이 작기 때문에 통과할 때 마찰이 저항으로 작용한다. 이 저항은 코일 스프링이 줄어들려는 힘을 흡수한다. 반대로 코일 스프링이 늘어나려 할 때(신장 행정)는 피스톤이 잡아당겨져 오일이 피스톤의 위에서 아래로 이동하려 하지만, 역시 저항이 발생해 스프링의 늘어나려는 힘을 흡수한다. 쇼크 업소버가 발휘하는 이런 힘을 감쇠력이라고 한다.

오리피스에 밸브를 병용하면 오일이 수축 행정일 때와 신장 행정일 때 각각 다른 오리피스를 통과하게 할 수 있다. 이렇게 하면 수축 행정일 때와 신장 행정일 때 다른 감쇠력을 발휘한다.

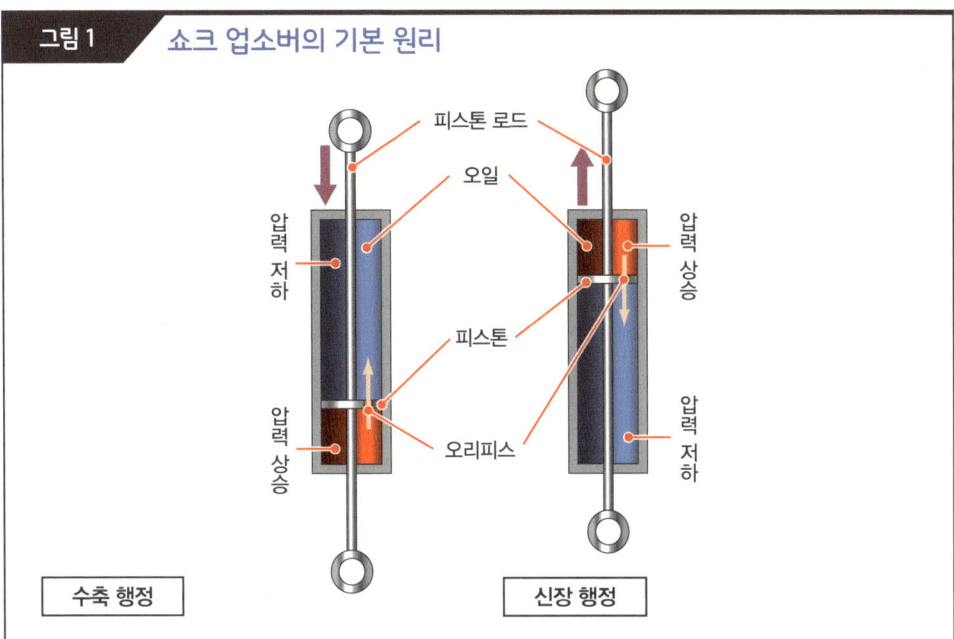

그림 1 쇼크 업소버의 기본 원리

수축 행정
피스톤 아래쪽의 압력이 높아지고 위쪽의 압력이 낮아진다. 오리피스를 통해 오일이 아래에서 위로 이동할 때 저항이 발생한다.

신장 행정
피스톤 아래쪽의 압력이 낮아지고 위쪽의 압력이 높아진다. 오리피스를 통해 오일이 위에서 아래로 이동할 때 저항이 발생한다

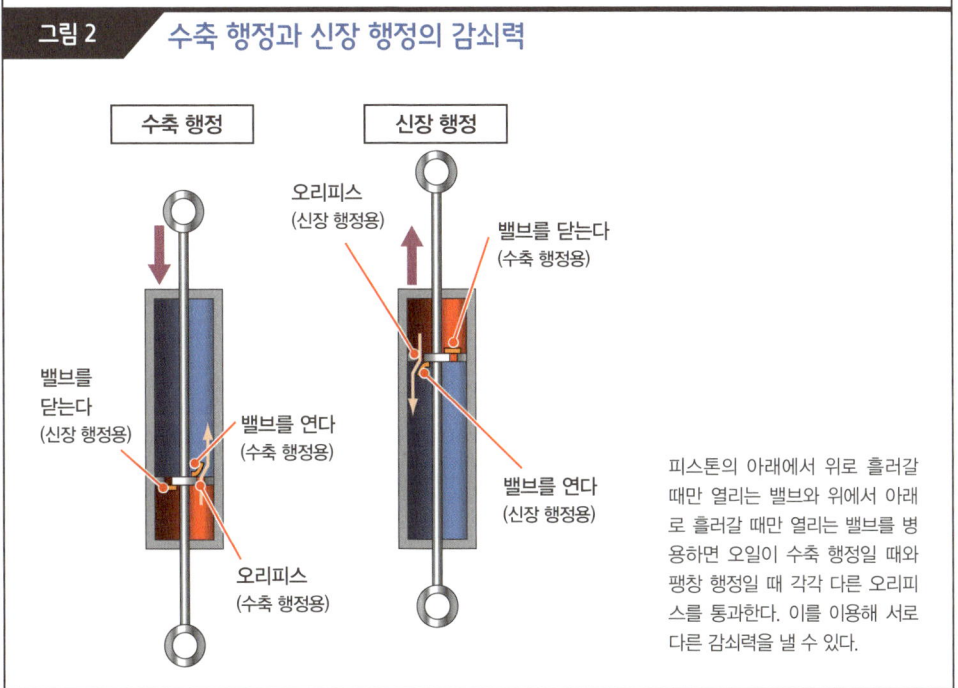

그림 2 수축 행정과 신장 행정의 감쇠력

피스톤의 아래에서 위로 흘러갈 때만 열리는 밸브와 위에서 아래로 흘러갈 때만 열리는 밸브를 병용하면 오일이 수축 행정일 때와 팽창 행정일 때 각각 다른 오리피스를 통과한다. 이를 이용해 서로 다른 감쇠력을 낼 수 있다.

차축 현가식 서스펜션
어떤 부분을 지탱하느냐에 따라 바퀴의 움직임이 달라진다

서스펜션은 크게 **차축 현가식**(rigid axle suspension type)과 **독립 현가식**(independent suspension type)으로 나눌 수 있다. 차축 현가식은 좌우 바퀴가 하나의 축으로 연결되어 움직임이 연동되는 데 비해 독립 현가식은 좌우 바퀴가 독립적으로 움직일 수 있기 때문에 성능이 높은 서스펜션을 만들기가 용이하다. 예를 들어 **그림 1**과 같이 한쪽 바퀴만 내려간 상황에서 차축 현가식은 좌우 반대쪽의 바퀴에도 움직임이 나타나지만, 독립 현가식은 반대쪽이 영향을 받지 않는다. 그러나 차축 현가식은 구조가 간단해 서스펜션이 차지하는 공간이 작으며 저비용으로 제조가 가능하다는 이점이 있다. 차축 현가식에는 다양한 형식의 서스펜션이 있는데, **토션빔식**(torsion beam type)이 FF 소형차의 뒷바퀴에 채용되는 경우가 많다.

토션빔식은 **트레일링 암**(trailing arm)이 차축의 양쪽 끝에서 앞쪽을 향해 뻗어 있고 그 끝에 받침점이 있다. 좌우 바퀴는 **토션바**(torsion bar)라는 막대 모양의 용수철로 연결되어 있다 (차축에 내장되어 있을 때가 많다). 토션바는 막대의 끝이나 일부가 비틀리는(회전되는) 힘에 작용하는 용수철이다. 좌우 바퀴가 동시에 떠오르는 상황에서는 양쪽 바퀴가 연동해서 움직이므로 토션바에 힘이 가해지지 않는다. 한쪽 바퀴만 떠오르는 상황이 돼야 토션바에 비틀리는 힘이 가해진다. 이때 토션바에는 이 비틀림과 반대 방향으로 작용하는 힘이 생긴다. 이 힘으로 차량이 옆 방향으로 기울어지는 것을 방지하고 기울어졌다가 복귀하는 것을 돕는다.

차축 현가식은 또한 좌우 바퀴가 차축으로 연결되어 있는데, 여기에서 차축은 바퀴의 회전축이 아니다. 디퍼렌셜 기어를 설명할 때 이미 언급했듯, 좌우 바퀴의 회전축이 하나이면 커브를 돌 때 문제가 발생한다. 그래서 좌우의 회전축은 독립되어 있다.

그림 1 　 차축 현가식과 독립 현가식

차축 현가식　한쪽 바퀴만 내려가도 반대쪽 바퀴에 움직임이 나타난다.

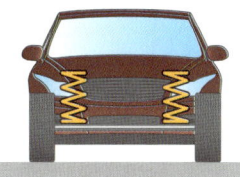
수평 노면

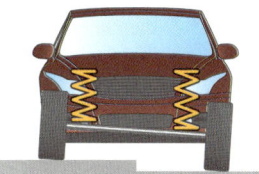
한쪽 바퀴가 내려간 상황

독립 현가식　한쪽 바퀴가 내려가도 반대쪽 바퀴는 영향을 받지 않는다.

수평 노면

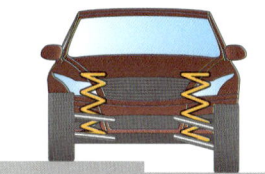
한쪽 바퀴가 내려간 상황

그림 2 　 토션빔식 서스펜션

스트럿
코일 스프링과 쇼크 업소버를 일체화한 것. 바퀴의 상하 방향에 작용하는 힘을 받아들인다.

토션바
좌우 바퀴가 독립적으로 움직이면 이 용수철이 비틀려서 독립된 움직임을 억제한다.

토션빔
차축에 해당하는 부분이다.

트레일링 암
차체 전방 쪽에 받침점을 두고 그 점을 중심으로 바퀴가 위아래로 움직인다.

래터럴 로드
기본 구조만으로는 가로 방향의 힘을 받아들일 능력이 낮기 때문에 추가될 때가 많은 로드다.

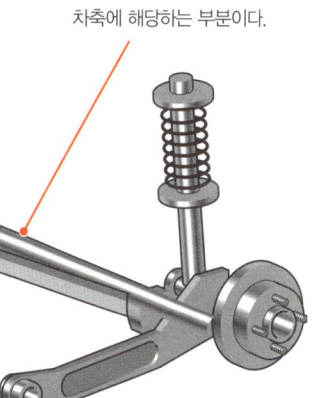

독립 현가식 서스펜션
사용하는 암의 수에 따라 서스펜션의 성능이 달라진다

독립 현가식에도 여러 가지 형식의 서스펜션이 있다. 현재 쓰이고 있는 것은 암을 한 개 사용하는 **맥퍼슨 스트럿식**(MacPherson strut type)과 암을 두 개 사용하는 **더블 위시본식**(double wishbone type), 다수의 암이나 로드를 사용하는 **멀티 링크식**(multi link type)이다.

스트럿식에서 사용하는 암은 한 개이지만, **코일 스프링**과 **쇼크 업소버**를 일체화한 버팀대가 서스펜션의 골격을 구성한다. 스트럿은 버팀대(지주)라는 의미다. 차축보다 낮은 위치에 장착하기 때문에 **로어암**(lower arm)이라고 부르는 암은 차축과 거의 같은 방향으로 뻗어 있으며, 세차 운동을 하는 회전축은 노면과 수평을 이룬다. 이 구조는 지면에 수직인 축을 중심으로 바퀴를 회전시키려 하는 힘에 약하고 설계의 자유도도 낮다. 하지만 부품의 수가 적고 저비용으로 만들 수 있기 때문에 앞바퀴에 쓸 때가 많다.

더블 위시본식은 **어퍼암**(upper arm)과 **로어암**, 이 두 암으로 차축을 지탱하고 코일 스프링과 쇼크 업소버(스트럿)가 바퀴와 차체를 연결한다. 스트럿식에 비해 대항할 수 있는 힘과 방향이 늘어날 뿐만 아니라 두 암의 길이나 위치를 바꾸면 바퀴의 움직임이 다른 서스펜션을 설계할 수 있다. 다만 필요한 공간이 크고 제작비도 높다.

멀티 링크식은 특정 구조를 가리키는 용어가 아니다. 더블 위시본식이나 스트럿식을 바탕으로 암이나 로드를 추가하거나 더블 위시본식이나 스트럿식의 V자형(또는 A자형) 암을 두 개의 가는 암으로 분할한다. 암의 수를 늘려서 바퀴의 움직임을 더욱 세밀하게 제어할 수 있다.

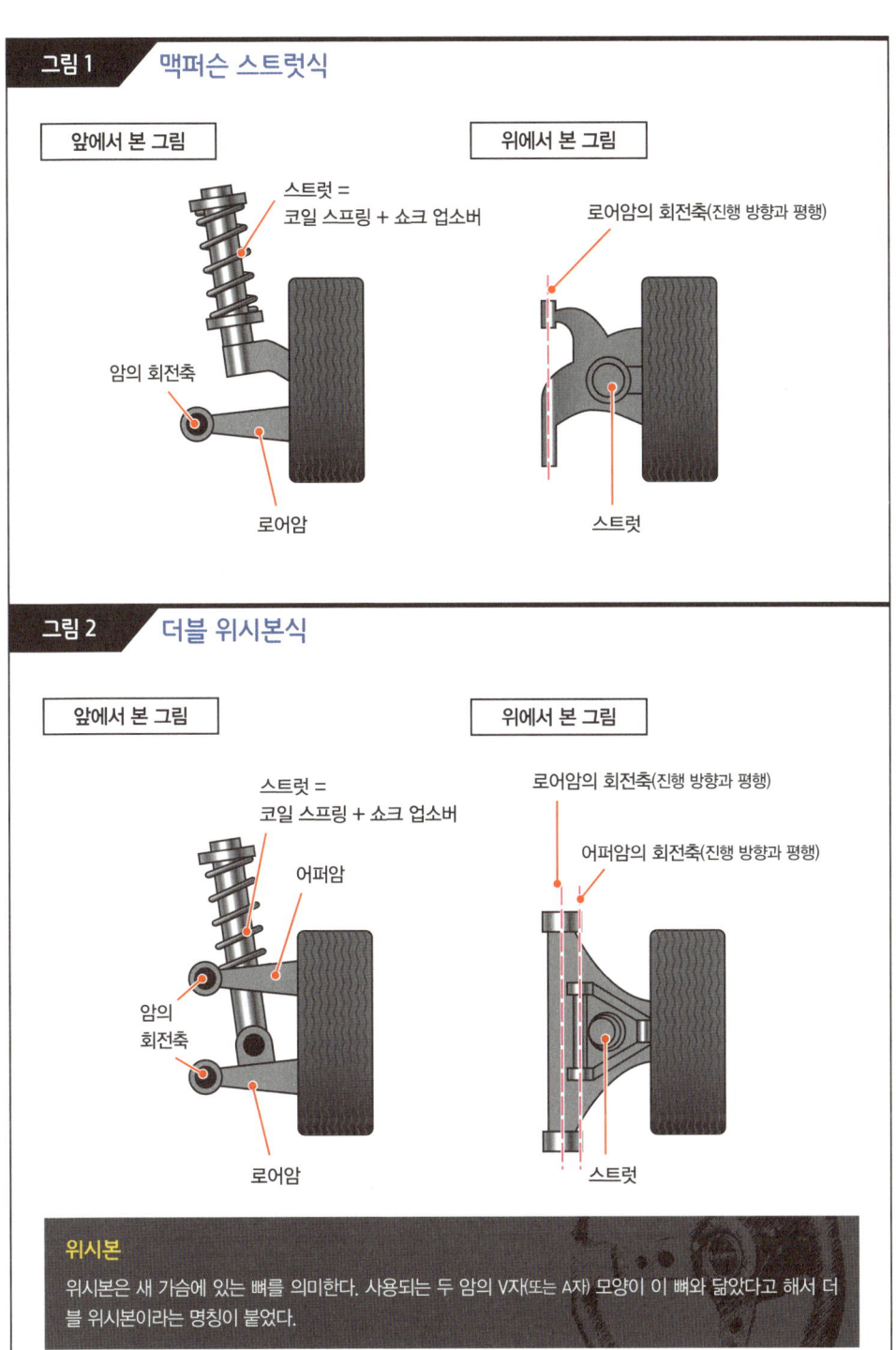

타이어
부분별로 다른 성질의 고무를 사용한다

자동차에는 공기를 채운 고무 타이어가 사용되는데, 이것이 공기로 만든 용수철 역할을 해서 승차감을 향상시킨다. 예전에는 타이어의 내부에 도넛 모양의 튜브를 넣고 그 튜브로 공기를 유지했지만, 현재는 타이어 자체(일부는 휠)에서 공기를 유지하는 **튜브리스타이어**(tubeless tire)가 주류를 이루고 있다. 타이어에서 노면에 접하는 부분을 **트레드**(tread), 측면을 **사이드월**(side wall), 이 둘을 연결하는 부분을 **숄더**(shoulder), 휠과 접하는 부분을 **비드**(bead)라고 한다.

타이어의 기본 골격은 **카카스 코드**(carcass cord)로 만들어진다. 나일론이나 폴리에스테르, 철 등으로 만든 섬유를 고무로 감싸고, 그것을 몇 겹으로 겹친 것이 카카스 코드다. 트레드 부분에는 스틸이나 합성 섬유로 만든 벨트나 브레이커라는 보강층이 추가된다. 비드 부분에는 휠과의 접착력을 높이기 위해 **비드 와이어**라는 금속 와이어를 배치한다. 그리고 이 주위에 고무층을 넣은 다음 성형한다. 또한 공기를 유지할 수 있도록 안쪽에 **이너 라이너**(inner liner)라는 공기 투과성이 낮은 고무로 얇은 층을 만들어 붙인다.

성형을 할 때 사용하는 고무는 배치되는 위치에 따라 성질이 다르다. 트레드에서 마찰력을 발휘하려면 부드러운 고무가 좋지만, 너무 부드러우면 마모 때문에 수명이 짧아지거나 구름저항이 커진다. 사이드월은 신축을 통해 진동을 흡수하는 작용을 하기 때문에 신축이 잘되는 고무를 사용하면 승차감이 좋아지지만, 그렇다고 너무 신축이 잘되면 선회할 때 변형되기 쉽다. 사용하는 고무의 이와 같은 성질 차이가 스포츠나 이코노미형 같은 각각의 타이어 유형에 반영된다.

그림 1 　 타이어

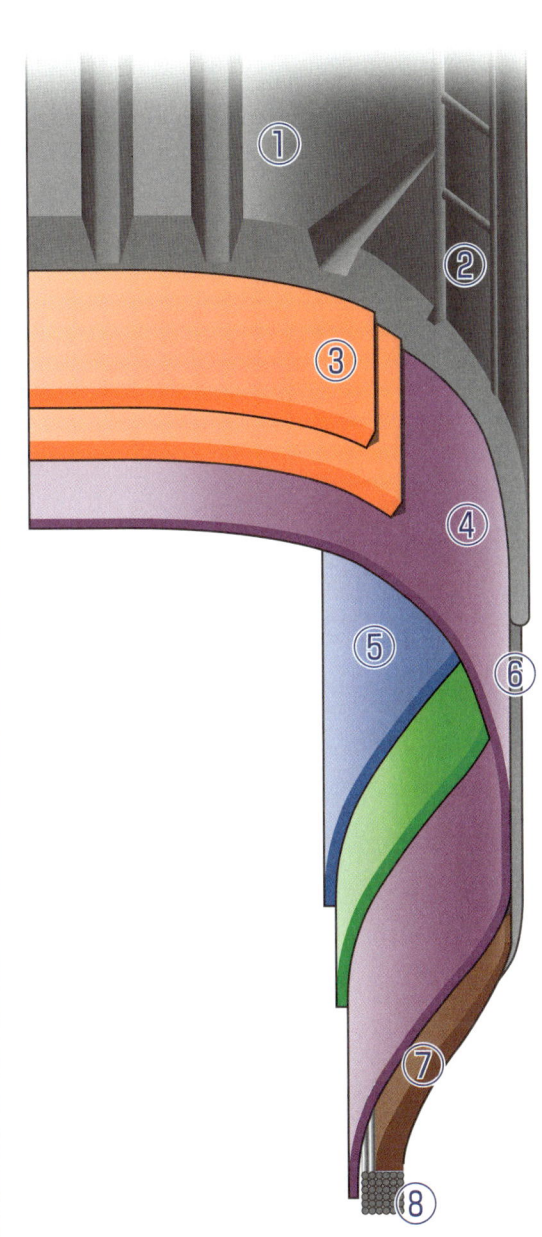

① **트레드**
노면과 접촉해 마찰력이 발생하는 부분. 수명을 좌우하는 내마모성의 균형에 따라 고무의 질이 결정된다.

② **숄더**
성질이 다른 두 종류의 고무를 접속하는 부분이다.

③ **벨트**
카카스 코드를 보강하는 층이다.

④ **카카스 코드**
합성 섬유와 고무로 만든 층이 겹쳐진 타이어의 기본 골격이다.

⑤ **이너 라이너**
타이어 안의 공기를 유지하기 위한 안쪽 고무층을 말한다.

⑥ **사이드월**
위아래로 신축하며 노면에서 전해지는 충격을 받아들인다. 신축이 잘되면 승차감이 좋지만, 너무 부드러우면 코너에서 버티지 못한다.

⑦ **비드 필러**
휠에 접하는 부분을 더욱 보강하기 위해 강도가 높은 고무를 사용한다.

⑧ **비드 와이어**
가는 철사를 묶은 것으로 보강한다.

트레드 패턴

타이어와 노면 사이에 들어간 물을 홈을 이용해 원활히 배출한다

젖은 노면을 주행하면 타이어와 노면 사이에 물이 들어간다. 타이어와 접촉한 물이 금방 흘러내려갈 것이라고 생각할지 모르지만, 고속으로 주행하면 제때 배수가 되지 않아서 타이어가 물 위에 올라탄 상태가 되어 마찰력을 발휘하지 못한다. 경우에 따라서는 미끄러지거나 스핀을 일으킨다. 그래서 타이어의 트레드에는 배수를 위한 홈이 파여 있는데, 이 홈의 모양을 **트레드 패턴**이라고 한다.

덤프트럭이나 건설용 차량 등에는 러그형(lug type)이나 리브러그형(rib-lug type) 같은 패턴이 쓰이기도 하지만, 승용차용 타이어에는 리브형이 기본이다. 그러나 이 기본형에 가는 홈이 다수 추가되기 때문에 블록형이라고도 할 수 있다. 타이어를 사용하면 마모되어 홈의 깊이가 얕아지는데, 1.6밀리미터가 사용 한계 깊이로 정해져 있다. 이 이하가 되면 타이어의 배수 능력이 저하되어 고속 주행을 할 때 타이어가 완전히 물 위로 올라타는 **수막현상**이 일어나기 때문에 매우 위험하다.

"홈이 얕아도 노면이 젖어 있지 않으면 상관없잖아?"라고 말하는 사람도 있다. 개중에는 홈이 완전히 없어졌을 때 (이런 타이어를 **민둥타이어**라고 한다) 주행 성능이 더 높아진다고 생각하는 사람도 있다. 분명히 레이스용 타이어인 슬릭 타이어(slick tire)에는 홈이 없다. 이렇게 해서 트레드의 접지 면적을 늘린다. 그러나 앞에서 설명했듯이 타이어의 각 부분에는 다른 성질의 고무가 사용된다. 홈이 없어질 때까지 마모되면 트레드와는 다른 고무질이 표면에 드러난다. 구동력이 저하되는 것은 둘째 치고 제동력과 코너링 포스도 떨어지기 때문에 매우 위험하다. 가열에 따른 압력 상승으로 타이어 파열을 일으키기도 한다.

그림 1 타이어의 홈을 이용한 배수

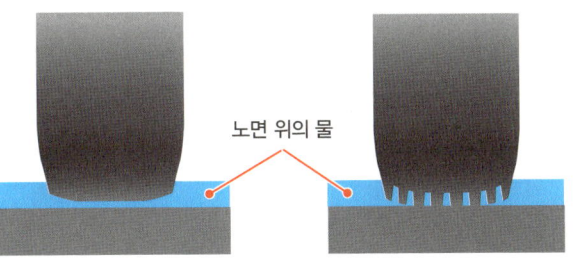

홈이 없는 트레드

홈이 없으면 타이어 아래의 물이 제때 배수되지 않아 타이어가 물 위로 올라타기 때문에 마찰력이 극단적으로 작아진다.

홈이 있는 트레드

홈이 있으면 물을 밖으로 내보내는 거리가 짧아져 재빨리 배수가 되기 때문에 타이어가 물 위로 올라타지 않는다.

그림 2 트레드 패턴

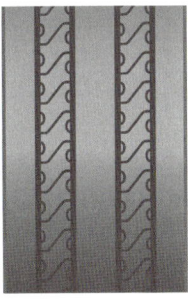

리브형

타이어의 진행 방향으로 홈을 만든다. 구름저항이 작고 현재 승용차용 타이어의 기본형이다.

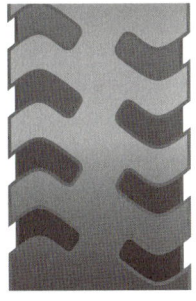

러그형

타이어의 진행 방향과 직각으로 홈을 만든다. 험로에서 구동력을 발휘하기 용이하지만 소음이 크고 승차감이 나쁘다.

리브러그형

리브형과 러그형을 합친 것이지만, 리브형의 성격이 더 강하게 나타난다.

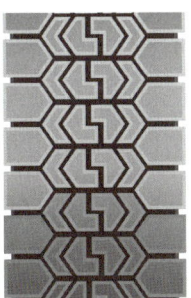

블록형

다수의 블록으로 홈을 구성한다. 험로용 타이어나 스노타이어에 쓰인다.

편평률
높이와 폭의 비율에 따라 타이어의 성격이 변한다

타이어 단면의 높이와 폭의 비율을 **편평률**(aspect ratio)이라고 하며, 보통은 퍼센티지로 표현한다. 승용차에 사용하는 타이어의 편평률은 보통 40~82퍼센트다. 편평률이 낮을수록 숄더의 단면이 각지고 접지 면적이 늘어난다. 접지 면적이 늘어나면 타이어는 구동력이나 제동력 등을 발휘하기가 쉽다.

또 선회할 때 옆에서 힘이 가해지면 타이어가 변형되며 떠올라 접지 면적이 줄어든다. 같은 타이어 폭이라면 편평률이 낮을수록 단면의 높이가 낮다. 사이드월이 낮으면 옆에서 힘을 받아도 타이어가 변형되지 않아 접지 면적을 유지하기가 용이하다. 커브에서 타이어가 버텨주는 것이다. 다만 사이드월이 낮으면 노면의 진동을 잘 흡수하지 못해 승차감이 나빠진다.

이런 이점 때문에 스포츠형 자동차는 편평률이 낮은 타이어를 채용하는 경향이 있으며 타이어 폭 자체도 넓은 것을 쓴다. 스포츠 타입이 아닌 자동차도 저편평률 타이어를 옵션으로 설정한 경우가 있다.

폭이 넓은 타이어로 교환하면 주행 성능을 높일 수 있지만, 장착할 수 있는 폭에는 한계가 있다. 그래서 저편평률 타이어로 교환한다. 바깥지름을 유지한 채 타이어의 편평률을 낮추기 위해서는 휠의 직경을 크게 만들 필요가 있다. 휠의 지름은 인치로 표현하기 때문에 이런 저편평률 타이어로 교환하는 것을 **인치업**(inch up)이라고 한다. 다만 최근에는 휠 측면의 면적을 키워서 휠의 디자인을 돋보이게 할 목적으로 인치업을 하는 경우가 더 많다.

그림 1 — 타이어 각부의 사이즈와 편평률

타이어의 총폭
타이어의 폭(W)
타이어의 단면 높이(H)
타이어의 바깥지름
타이어의 림경
휠의 림폭

편평률 = H ÷ W × 100
H : 타이어의 단면 높이
W : 타이어의 폭

편평률 : 65%
휠 : 15인치

편평률 : 55%
휠 : 17인치

그림 2 — 편평률에 따른 차이

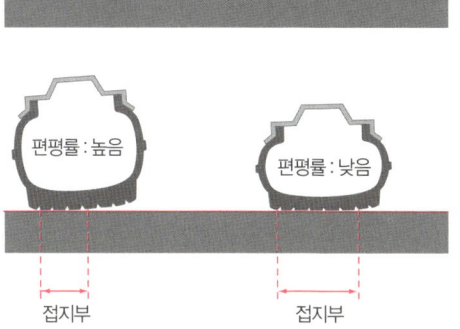

편평률 : 높음 / 단면 높이
편평률 : 낮음 / 단면 높이

편평률 : 높음
편평률 : 낮음
접지부
접지부

타이어의 폭이 같아도 편평률이 낮을수록 접지부의 폭이 넓어져 접지 면적이 늘어난다. 편평률이 낮을수록 단면의 높이가 낮아져 측면에서 가하는 힘에도 강해진다. 힘을 받아도 접지 면적이 잘 줄어들지 않지만, 승차감은 나빠진다.

공기압

내부 공기의 압력이 변하면 타이어의 성능이 달라진다

타이어는 공기압으로 외형을 유지한다. 차종별로 적정 공기압이 정해져 있어서, 적정치보다 공기압이 높거나 낮으면 타이어 본래의 기능을 발휘하지 못하며 트러블의 원인이 된다.

공기압이 적정치보다 매우 높으면 타이어의 접지 면적이 줄어들어 승차감이 나빠진다. 그러나 공기압이 자연스럽게 높아지는 일은 없다. 정비 실수가 아니라면 일어나지 않는 현상이다.

한편 타이어나 휠에 이상이 없더라도 공기압은 반드시 저하된다. 공기 중의 산소 분자는 고무 분자의 틈새를 빠져나갈 수 있기 때문에 조금씩 공기압이 떨어진다. 공기압이 적정치보다 낮으면 그만큼 타이어의 각부가 신축되기 쉬워져 구름저항이 커진다. 즉, 연비가 나빠진다. 타이어의 접지면 좌우 중앙이 움푹 들어가 접지 면적이 줄어들기도 한다. 이렇게 되면 구동력과 제동력을 제대로 발휘하지 못한다. 선회할 때처럼 횡방향으로 힘을 받을 때도 타이어가 변형되어 버티지 못하게 된다.

구름저항이 크면 발열량이 많아진다. 고무는 온도가 높아질수록 신축이 잘된다. 정상적인 상태라면 접지부에서 변형된 타이어는 노면에서 떨어질 때 원래의 형상으로 돌아간다. 하지만 공기압이 낮고 과열된 상태에서 고속 주행을 하면 원래의 상태로 돌아가기 전에 다시 접지가 일어나 변형이 증폭된다. 타이어의 바깥 둘레가 물결이 치는 듯한 상태가 되는 것이다. 이것을 **스탠딩 웨이브**(standing wave) 현상이라고 하며 최악의 경우는 **타이어 파열**을 일으킨다.

또 공기압이 낮으면 트레이드의 홈도 본래 모습을 유지하지 못해 배수 능력이 저하되며, 이에 따라 **수막현상**도 일어나기 쉬워진다.

그림 1   공기압의 저하

산소 분자는 고무를 통과할 수 있기 때문에 조금씩 공기압이 낮아진다.

그림 2   스탠딩 웨이브 현상

공기압이 낮으면 접지부가 변형되었다가 복원되기 전에 또 변형된다.

질소 충전
산소가 빠져나가서 공기압이 저하되는 현상을 막을 목적으로 타이어 안을 전부 질소로 채우는 방법이 있다. 타이어 판매점이나 자동차 용품점에서 서비스를 받을 수 있다.

휠
타이어에 확실히 회전을 전달한다

자동차 바퀴는 타이어와 **휠**로 구성되어 있다. 다만 영어로 wheel(휠)이라고 할 경우는 바퀴 전체를 가리킨다. 우리가 말하는 휠 부분은 **디스크 휠**(disc wheel)이라고 한다. 휠의 역할은 타이어와 함께 차중을 지탱하고 충격을 받아들이는 것과 타이어에 힘을 확실히 전달하는 것이다.

고무 타이어만으로 차중을 지탱하거나 노면에서 전해지는 충격을 견디는 일은 어렵다. 힘을 받았을 때 어떻게 변형될지 알 수 없다. 그래서 바퀴의 일부를 휠로 만든다.

또 구동륜의 경우 구동축의 회전을 타이어에 전달할 필요가 있다. 회전 중심의 축을 같은 토크로 돌렸을 경우, 중심에서 가까울(반지름이 작을)수록 이동 거리가 짧고 힘이 강해진다. 고무는 탄성이 있는 소재이기 때문에 만약 가는 금속제 축에서 회전을 전달하려고 하면 타이어 축과의 접촉면이 변형되어 힘을 확실히 전달하지 못한다. 마찰력의 한계를 넘어서서 축이 공회전할 수도 있다. 그러나 일정 지름의 휠을 통해 타이어에 회전을 전달하면 타이어와의 접촉면에 걸리는 힘이 작아지기 때문에 변형을 일으키지 않고 확실히 회전을 전달할 수 있다.

실제 휠은 타이어를 끼우는 림부와 회전축을 끼우는 디스크부로 구성되어 있다. 스틸 휠의 경우 림부와 디스크부를 별도로 제조하고 용접해서 일체화한 2피스(pieces) 구조로 만들어진다. 림부가 2분할된 3피스 구조도 많다. 한편 알루미늄 휠 같은 경합금 휠은 대부분 단체(單體)로 구성되는 1피스 구조다.

그림 1   휠의 역할

휠이 없을 경우

회전축이 가늘면 축이 회전할 때 타이어의 접촉면에 커다란 힘이 걸리기 때문에 고무가 변형되거나 축이 공회전한다.

휠이 있을 경우

금속제 휠은 회전축에서 문제없이 회전을 전달할 수 있다. 어느 정도 직경이 있기 때문에 타이어에도 문제없이 회전을 전달할 수 있다.

그림 2   휠의 구조

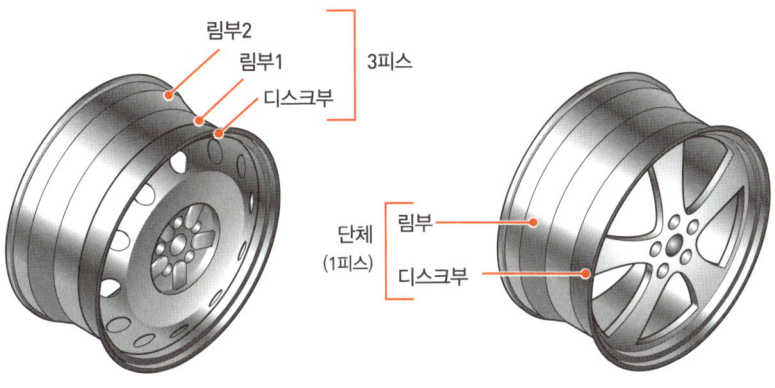

스틸 휠

그림과 같이 세 부품을 합한 3피스 구조나 림부가 단체로 제조되는 2피스 구조가 많다.

경합금 휠

경합금 휠은 단체로 제조되는 1피스 구조가 많다. 제조 방법에는 녹인 금속을 틀에 부어 만드는 주조식과 금속을 두들겨서 성형하는 단조식이 있다.

스프링 하중량

휠이나 타이어가 가벼울수록 주행이 경쾌해진다

서스펜션에는 **코일 스프링** 등의 용수철이 사용된다. 차체를 공중에 들어 올리면 바퀴의 무게로 코일 스프링이 늘어난다. 자동차의 중량 중에서 용수철이 늘어나도록 작용하는 중량을 **스프링 하중량**(下重量)이라고 하며, 바퀴나 브레이크 본체, 나아가서는 서스펜션을 구성하는 부품의 일부가 스프링 하중량이 된다.

스프링 하중량을 구성하는 부분은 서스펜션이 작동할 때 움직이는 부분이라고 할 수 있다. 스프링 하중량이 클수록 관성이 커지기 때문에 첫 움직임이 늦다. 또 움직인 위치에서 되돌아오는 것도 늦고, 스프링 코일에 발생한 진동이 가라앉는 데도 시간이 걸린다. 요컨대 스프링 하중량이 클수록 서스펜션의 반응이 나빠진다. 물론 스프링 하중량이 작으면 차중이 가벼워지기 때문에 연비가 좋아진다.

스틸 휠과 알루미늄 휠 같은 경합금 휠을 비교하면 경합금 휠이 경량화에 유리하지만 값이 비싸다. 예전에는 스틸 휠이 주류였지만 경량화를 통해 서스펜션의 성능을 높일 수 있기 때문에 스포츠형 자동차에서 경합금 휠을 쓰기 시작했고, 현재는 많은 자동차에서 쓰고 있다. 또한 경합금 휠은 아름다운 디자인으로 인기가 높아서 많은 제품이 시판되고 있다.

다만 시판되는 경합금 휠 전부가 스틸 휠보다 가벼운 것은 아니다. 개중에는 스틸 휠보다 무거운 것도 있다. 단지 외관을 꾸미는 것이 목적이라면 휠을 선택할 때 무게는 큰 문제가 아니겠지만, 주행 성능도 높이고 싶다면 휠의 무게를 꼼꼼히 살펴보고 선택해야 한다.

그림 1 스프링 하중량

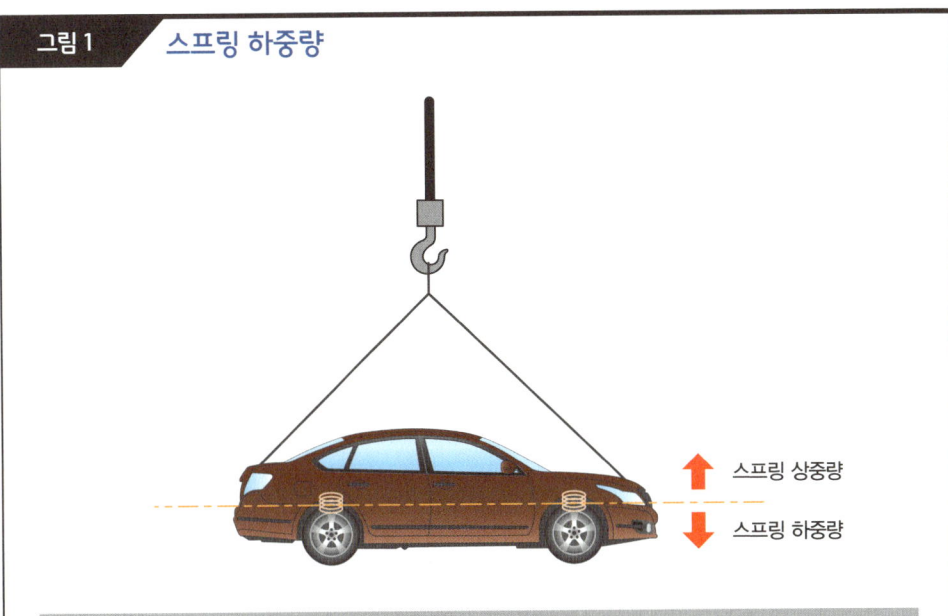

스프링이 늘어나도록 작용하는 중량을 스프링 하중량이라고 한다.

그림 2 코일 스프링의 진동 차이

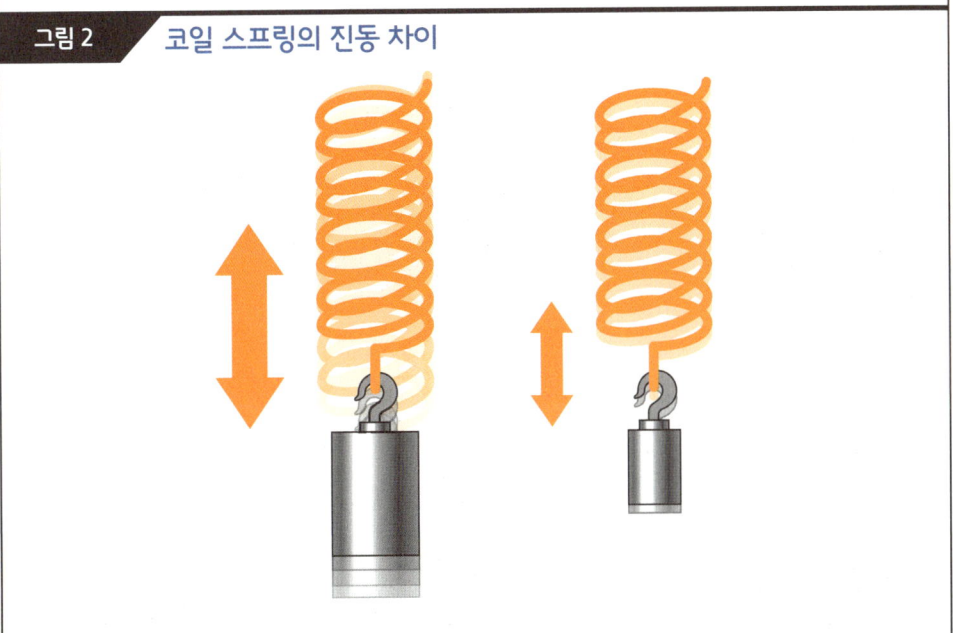

스프링에 걸려 있는 중량이 클수록 관성력이 커지기 때문에 진동이 좀처럼 진정되지 않는다.

토막 상식 7

펌핑 브레이크

펌핑 브레이크(pumping brake)란 브레이크 페달을 여러 번으로 나눠서 밟는 브레이크 조작법이다. 로크업을 방지할 수 있다고 알려져 옛날에는 자동차 교습소에서도 반드시 가르쳤다. 하지만 레이서가 아닌 평범한 사람에게 이런 브레이크 조작은 무리였다. 결국 이 역할을 해줄 ABS가 탄생했고 지금은 이것이 표준 장비로 널리 채택되고 있다.

현재도 일부 자동차 교습소에서는 펌핑 브레이크를 가르친다고 한다. 타이어의 로크업을 방지할 뿐만 아니라 후방의 차량에 급제동을 알리는 효과가 있다는 이유에서인데, 일반인이 펌핑 브레이크를 사용하면 오히려 제동 거리가 늘어난다. 후속 차량의 충돌을 방지하더라도 자신이 선행 차량과 충돌한다면 아무런 의미가 없다. 그러니 급제동을 하고 싶을 때는 아무 생각 말고 힘껏 브레이크 페달을 밟아야 한다. 그 다음 일은 ABS에게 맡기자.

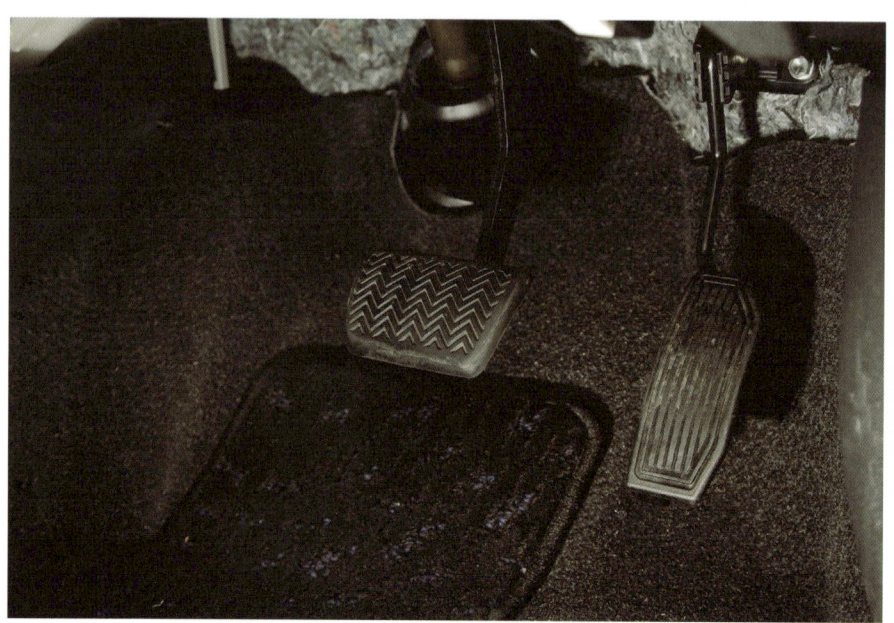

평범한 사람이 여러 번으로 나눠서 빠르고 강하게 브레이크 페달을 밟는 것은 무리다.

INDEX

전기 자동차 • 200

영구 자석형 동기 모터 • 202

회생 제동 • 204

2차 전지 전기 자동차 • 206

연료 전지 전기 자동차 • 208

하이브리드 자동차 • 210

병렬식 하이브리드 • 212

동력 분기식 하이브리드 • 214

Chapter 8
전기 자동차와 하이브리드 자동차

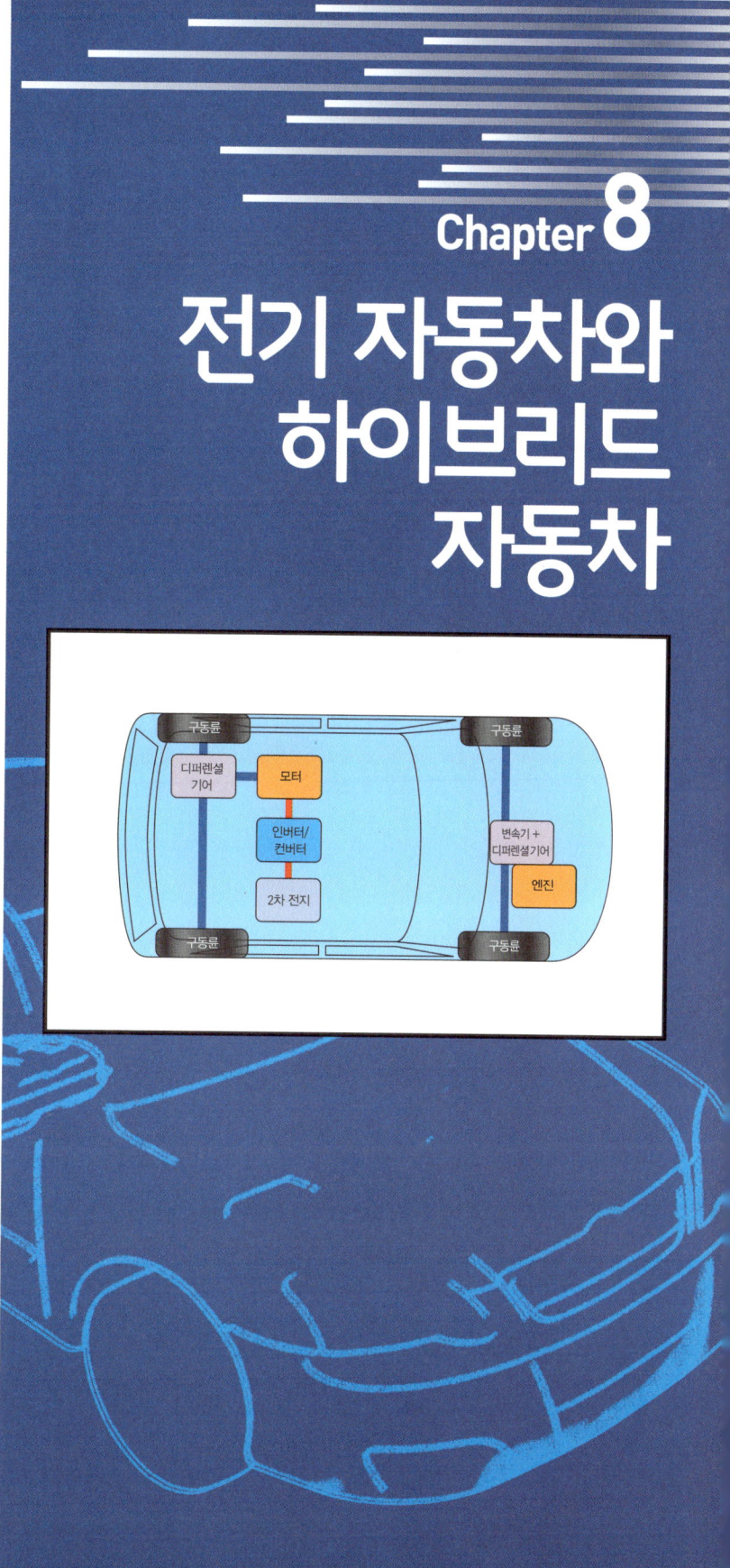

전기 자동차
엔진이 아닌 모터의 힘으로 주행한다

전기 자동차는 전기를 동력원으로 삼는 자동차다. 가솔린 엔진 같은 내연 기관을 동력원으로 삼는 자동차는 연료의 화학 에너지를 운동 에너지로 변환해 주행하지만, 전기 자동차는 모터를 이용해서 전기 에너지를 운동 에너지로 변환해 주행한다.

전기 자동차를 최신 자동차로 생각하는 사람이 많은데, 실제로는 19세기에 이미 실용화되었다. 당시부터 사용된 직류 모터는 시동을 걸 때의 토크가 크고 회전 속도가 높을수록 소비 전력이 줄어드는 특성이 있다. 그래서 내연 기관 자동차처럼 변속기를 병용할 필요가 없다. 교통 기관의 동력원으로 매우 적합하기 때문에 직류 모터는 최근까지도 전차 동력원의 주류였다. 그러나 자동차는 차체에 전원이 되는 충전식 전지를 탑재할 필요가 있는데, 이 전지의 무게와 크기가 개선되지 않아 항속 거리를 늘릴 수 없었다. 그래서 자동차의 동력원은 내연 기관이 주류가 되었다.

그러다 20세기 말부터 이산화탄소 배출 증가에 따른 지구 온난화와 화석 연료에 과도하게 의존하는 에너지 문제 때문에 다시 전기 자동차가 주목받았다. 그리고 21세기에 접어들자 기존 과제였던 전지 문제가 개선되기 시작해 단숨에 실용화가 진행되었다.

넓은 의미에서는 태양 전지를 전원으로 삼는 솔라카(solar car)도 전기 자동차이지만, 현재 실용 가능하다고 여겨지는 것은 **2차 전지 전기 자동차**(EV)와 **연료 전지 전기 자동차**(FCEV)다. 또 **하이브리드 자동차**(HEV)도 전기 자동차의 일종으로 생각할 수 있다. 2차 전지 전기 자동차를 EV(Electric Vehicle)로 줄여서 부를 때가 많은데, EV는 전기 자동차의 총칭으로 사용될 때도 있기 때문에 2차 전지 전기 자동차로 한정할 경우는 **전기 자동차**나 **플러그인 전기차**(PHEU)라고 한다.

그림 1 전기 자동차

배터리의 전기 에너지가 모터를 경유해 치축에서 운동 에너지로 변환된다.

그림 2 전기 자동차의 종류

2차 전지 전기 자동차
차량에 탑재된 2차 전지에 전기를 저장하고 그 전기를 사용해 주행한다.

연료 전지 전기 자동차

탑재한 연료를 연료 전지에서 화학 반응을 일으켜 전기를 만들고 그 전기로 주행한다.

하이브리드 자동차
내연 기관 엔진과 모터라는 두 종류의 동력원을 사용하는 자동차다.

영구 자석형 동기 모터
교류가 만들어낸 자기장 안에서 영구 자석이 회전한다

모터에는 여러 종류가 있다. 초기의 전기 자동차에 탑재되었던 직류 정류자 모터는 시동할 때의 토크가 크고, 회전 속도가 높아질수록 소비 전력이 줄어드는 특성이 있기 때문에 자동차의 동력원으로 매우 적합했다. 그러나 효율(전기 에너지를 운동 에너지로 변환할 수 있는 비율)이 그다지 높지 않고 회전으로 소모되는 부품이 있기 때문에 정기적인 유지 보수가 필요했다. 그래서 현재의 전기 자동차에는 주로 교류 모터의 일종인 **영구 자석형 동기 모터**가 채택되고 있다. 이 모터의 회전 원리를 제대로 설명하려면 엔진 원리를 설명할 때와 마찬가지로 한 장 전체를 할애해야 하기 때문에 지면 관계상 오른쪽 그림으로 간단히 해설했다.

영구 자석형 동기 모터는 효율이 높은 모터다. 그러나 전원에 연결하기만 해서는 시동을 걸 수 없으며 회전 속도가 전원의 주파수에 따라 결정된다. 그래서 옛날에는 교통 기관의 동력원으로 삼기가 어려웠지만, 현재는 반도체 기술의 발전으로 자동차 주행에 적합한 임의의 주파수나 전압의 교류를 만들어낼 수 있다. 일반적으로는 가변 전압 가변 주파수 전원인 **인버터**(inverter)라는 장치로 영구 자석형 동기 모터를 제어한다. 인버터의 제어를 전제로 할 경우 영구 자석형 동기 모터를 **브러시리스 AC 모터**(brushless AC motor)라고도 한다.

전기 자동차에 쓰이는 영구 자석형 동기 모터에는 희토류 자석을 사용한다. 일반적인 자석보다 자력이 매우 강하기 때문에 모터의 소형 경량화가 가능하지만, 원료로 사용하는 희토류가 고가인 까닭에 모터의 가격이 비싸다.

그림 1　영구 자석형 동기 모터의 개념

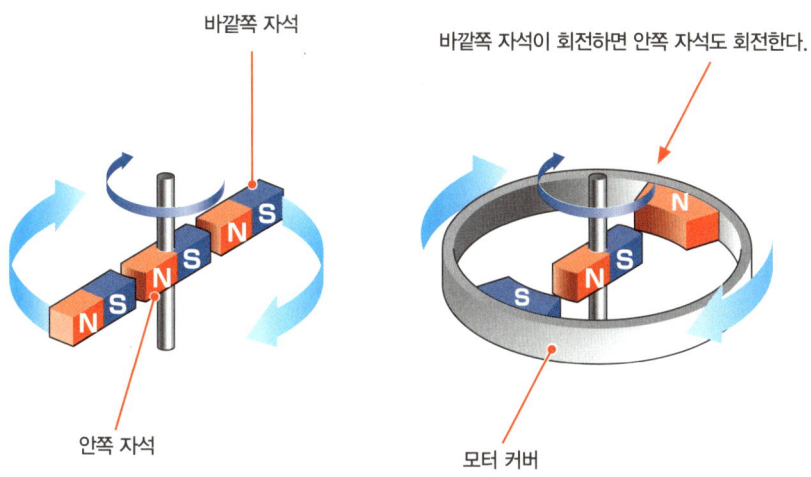

바깥쪽 자석
바깥쪽 자석이 회전하면 안쪽 자석도 회전한다.
안쪽 자석
모터 커버

회전축을 갖춘 영구 자석의 주위에 다른 영구 자석을 회전시키면 자기의 흡인력으로 중심에 있는 영구 자석이 회전한다. 주위에서 회전하는 자석을 전자석으로 바꾼 것이 영구 자석형 동기 모터라고 할 수 있다.

그림 2　영구 자석형 동기 모터의 회전 원리

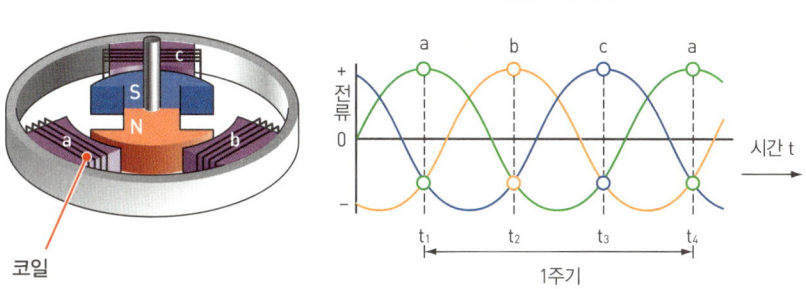

코일

삼상 교류 전류

+ 전류 0 −
시간 t
t_1　t_2　t_3　t_4
1주기

3개의 코일을 120도 간격으로 배치하고 각 코일에 주기가 3분의 1씩 어긋난 교류(삼상 교류)를 흘리면 교류의 주기에 따라 자기장이 회전한다. 이것을 회전 자기장이라고 한다. 이 회전 자기장 속에 회전축이 있는 영구 자석을 배치하면 자기의 흡인력에 영구 자석이 회전한다. 이것이 영구 자석형 동기 모터의 회전 원리다.

회생 제동
버린 에너지를 회수해 낭비를 줄인다

 전기 자동차나 하이브리드 자동차 특유의 기술이라고 할 수 있는 것이 **회생 제동**(回生制動)이다. 내연 기관을 동력원으로 삼는 기존의 자동차는 감속이나 정지를 할 때 제동 장치에서 운동 에너지를 열에너지로 변환하고, 그 열에너지를 주위에 확산시켰다. 일단 확산된 열에너지를 회수하기는 어렵기 때문에 에너지를 버렸다고도 할 수 있다.

 전기(또는 하이브리드) 자동차의 동력원으로 사용하는 소형 모터는 전기 에너지를 운동 에너지로 변환하는 장치이지만, 사실 대부분의 모터는 외부에서 힘을 가하면 전기를 만들 수 있다. 즉, 발전기로도 사용할 수 있는 것이다. 모터는 이처럼 운동 에너지와 전기 에너지를 상호 변환할 수 있다.

 전기 자동차는 모터가 구동륜과 연결되어 있다. 모터에 전력을 공급하면 구동이 진행되는데, 감속이 필요하면 전력의 공급을 멈춘다. 그러면 바퀴의 회전이 모터에 전해져 발전이 이뤄진다. 이 전력을 충전식 전지에 저장하면, 구동이 필요할 때 사용할 수 있다. 다만 현재의 전기 자동차에 채용된 영구 자석형 동기 모터는 교류 모터의 일종이며, 회생을 통해 발전한 전기도 교류다. 한편 전지가 취급할 수 있는 전기는 직류뿐이다. 그래서 교류를 직류로 변환할 필요가 있다. 이 변환을 정류라고 하며, 정류하는 장치를 **정류 장치** 또는 **컨버터**(converter)라고 한다. 실제 전기 자동차의 대부분은 구동을 제어하는 **인버터**와 회생에 필요한 컨버터가 일체화되어 있다.

그림 1 | 모터와 발전기

전기 에너지가 모터를 경유해 운동 에너지로 바뀐다.

운동 에너지가 모터를 경유해 전기 에너지로 바뀐다.

모터는 전기 에너지와 운동 에너지를 상호 변환할 수 있다.

그림 2 | 구동과 회생 제동

감속 시

바퀴의 회전을 모터에 전달해 발전을 하고, 그 교류 전력을 인버터를 통해 직류 전력으로 변환한 다음 충전지에 저장한다.

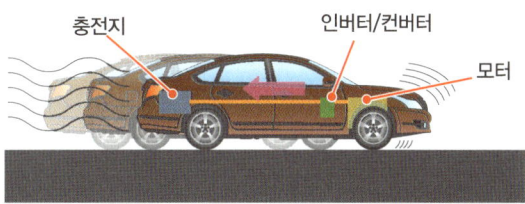

주행 시

충전지의 직류 전력을 인버터를 통해 주행에 적합한 교류 전력으로 변환한 다음 모터에 공급해 구동한다.

2차 전지 전기 자동차
전지의 용량을 키울수록 항속 거리를 늘릴 수 있다

2차 전지는 충전할 수 있는 전지를 의미하며 축전지라고도 하는데, 일반적으로는 배터리라고 부를 때가 많다(쓰고 버리는 전지는 1차 전지라고 한다). 2차 전지를 전원으로 탑재하는 전기 자동차가 **2차 전지 전기 자동차**다. EV에서는 2차 전지의 중량이나 용적이 큰 문제가 되는데, **리튬이온 전지**의 등장으로 차량에 탑재할 수 있는 중량과 용적의 허용 범위 안에서 어느 정도의 용량(충전할 수 있는 전력량)을 확보할 수 있게 되었다. 이 덕분에 전기 자동차의 본격적인 실용화가 시작되었다.

대부분의 경우 2차 전지는 두 종류의 전극과 전해액의 화학 반응으로 충전과 방전을 하는데, 리튬이온 전지는 리튬 산화액과 특수한 탄소질 소재를 전극으로 사용하며 물을 포함하지 않는 유기 전해액을 쓴다. 다른 2차 전지보다 전압이 높고 자연 방전도 적지만 과충전하면 발열하기 쉽고, 과방전하면 전지의 기능을 잃기 때문에 충전과 방전을 세심하게 관리할 필요가 있다.

EV의 실용화는 시작되었지만, 아직 항속 거리는 기존 자동차보다 떨어진다. 급속 충전도 가능하지만 가정에서 충전을 하려면 시간이 오래 걸린다. 급속 충전을 해도 80퍼센트 충전에 20~30분이 걸리며, 이용할 수 있는 충전 시설의 수도 적다. 또 리튬이온 전지는 희소 금속을 원료로 사용하기 때문에 가격이 비싸다. 그래서 지금도 2차 전지의 개량과 개발이 계속되고 있다.

EV에는 보통 **영구 자석형 동기 모터**가 사용되며, 인버터/컨버터를 통해 전지와 연결되어 구동과 회생 제동을 한다. 각 구동륜에 모터를 탑재하는 방식도 있지만, 모터의 회전이 디퍼렌셜 기어에 전달되고 여기에서 다시 구동축을 통해 구동륜에 전달되는 방식이 일반적이다.

그림 1　EV

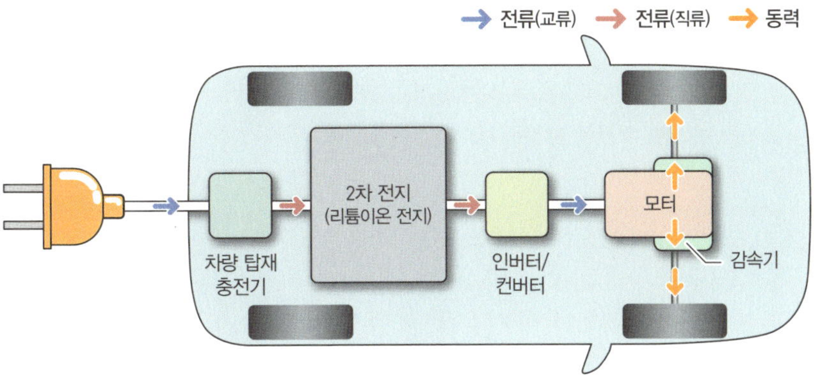

→ 전류(교류)　→ 전류(직류)　→ 동력

차량 탑재 충전기 → 2차 전지 (리튬이온 전지) → 인버터/컨버터 → 모터 → 감속기

2차 전지식 전기 자동차는 외부에서 전기 에너지를 공급할 필요가 있다.

그림 2　리튬이온 전지

개개의 배터리 전압은 낮기 때문에 배터리를 여러 개 조합해 모듈을 구성한다. 다수의 배터리 모듈을 탑재하기 용이한 모양의 배터리 팩으로 만든 다음 차체에 장착한다.

그림 3　모터(좌)와 인버터/컨버터(우)

연료 전지 전기 자동차
수소와 산소로 전기를 만들어 주행한다

연료 전지를 전원으로 탑재하는 전기 자동차가 **연료 전지 전기 자동차**(FCEV)다. 1차 전지는 미리 내장된 물질의 화학 에너지를 전기 에너지로 변환해 방전을 한다. 연료 전지도 화학 변화를 이용하지만, 필요에 따라 연료(화학 에너지)를 보충해 연속해서 사용할 수 있다. 실제로 화학 에너지를 전기 에너지로 변환하는 부분을 연료 전지 모듈이라고 하는데, 이 부분은 발전기 같은 것이라고 생각하면 이해하기 쉬울 것이다. 연료 전지는 이 모듈과 연료 탱크로 구성된다.

연료 전지는 수소와 산소의 화학 반응을 이용한다. 물을 전기 분해하는 것과는 정반대의 반응이다. 산소는 공기 중에 있는 것을 사용할 수 있으므로 수소만 연료로 공급한다. 에탄올 등 수소를 함유한 연료에서 개질기(reformer)로 수소를 추출하는 방법 등이 있는데, 일본에서는 수소를 직접 연료로 만드는 방법이 주류를 이루고 있다.

연료 전지에는 다양한 구조가 있는데, 실용화될 가능성이 높은 구조는 희소 금속을 사용하는 까닭에 가격이 비싸다는 난점이 있다. 한편 회생 제동은 전기 자동차에 꼭 필요하기 때문에 FCEV도 일정 용량 이상의 배터리를 탑재하며, 리튬이온 전지나 니켈 수소 전지를 사용한다.

EV는 시간이 걸리더라도 가정에서 충전이 가능하지만 FCEV의 경우는 연료 공급 시설을 충실히 갖출 필요가 있다. 그래서 일본에서는 2015년까지 대도시 주변에 수소 충전소를 정비한다는 계획을 세우고 있다. 한국 역시 수소 충전소가 충분히 정비될 시기에 맞춰서 비용 절감과 연료 전지의 소형 경량화 등의 문제점을 개선하기 위해 노력하고 있다. 현대기아자동차그룹은 2013년에 세계 최초로 FCEV를 상용화해 전 세계에 보급 중이다.

그림 1 연료 전지

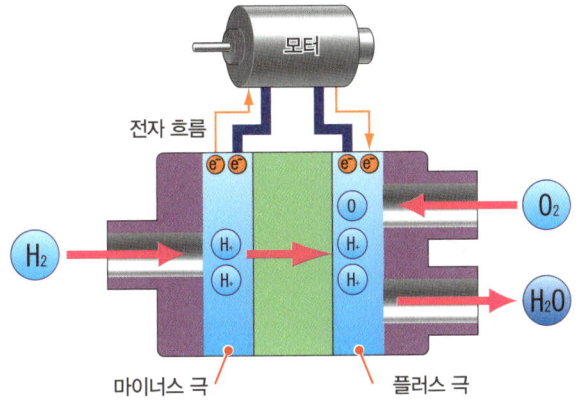

수소와 산소의 화학 반응으로 생성되는 것은 물뿐이다. 그래서 매우 친환경적이다.

그림 2 FCEV의 구성 요소

파워 컨트롤 유닛(인버터/컨버터)

연료 전지

구동용 모터

수소 탱크

배터리(니켈 수소 전지)

FCEV

하이브리드 자동차

두 종류의 동력원을 이용해 주행한다

하이브리드 자동차는 엔진과 모터라는 두 종류의 동력원을 탑재한 자동차로, 크게 직렬식과 병렬식으로 나눌 수 있다.

직렬식 하이브리드는 엔진을 구동에 사용하지 않는다. 엔진으로 발전기를 돌리고 그 전력으로 모터를 돌려 주행한다. 이렇게 하면 에너지를 변환하는 횟수가 늘어나 효율이 나빠질 것 같지만, 2차 전지(배터리)를 병용함으로써 효율을 높일 수 있다. 엔진은 회전수나 부하에 따라 효율이 변하는데, 어느 정도의 용량을 갖춘 배터리에 전력을 저장해놓으면 엔진을 효율이 높은 상태에서 계속 사용할 수 있다. 배터리를 이용해 회생 제동도 할 수 있으므로 종합적인 측면에서 엔진만 있는 자동차보다 효율이 높아진다. EV와 마찬가지로 사전에 가정이나 급속 충전 시설에서 배터리를 충전할 수 있게 하면 더욱 연료 소비를 줄일 수 있다. 이런 시스템은 플러그를 콘센트에 꽂아서 충전하기 때문에 **플러그인 하이브리드**라고 한다.

병렬식 하이브리드는 엔진과 모터 양쪽을 구동에 사용한다. 엔진은 발진할 때나 가속할 때 효율이 나빠진다. 이럴 때 모터가 엔진을 보조하면 엔진의 효율 저하를 막을 수 있다. 회생 제동으로 얻은 전력을 배터리에 저장해 놓았다가 모터 구동에 사용한다. 이렇게 하면 엔진만 있는 자동차보다 효율이 높아진다. 배터리 용량은 그다지 클 필요가 없으므로 시스템이 간결해진다. 사용할 수 있는 전력이 회생 제동을 통해 얻은 것이므로 모터로 보조할 수 있는 비율은 그다지 높지 않지만, 배터리 용량을 키우고 플러그인 하이브리드로 만들면 보조 비율을 높일 수 있다.

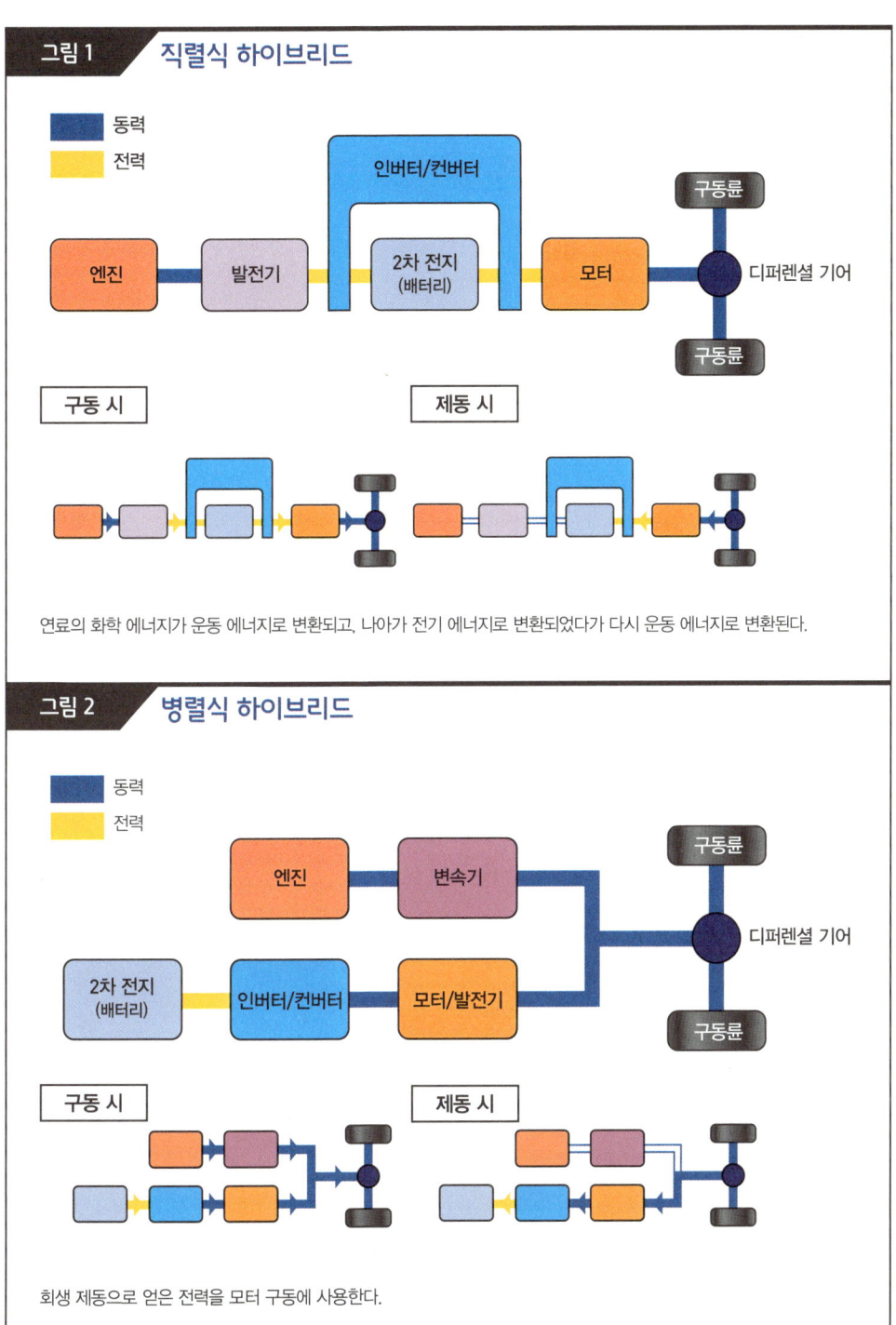

병렬식 하이브리드
회생 제동의 에너지를 이용해 모터로 엔진을 보조한다

현재 수많은 하이브리드 자동차가 시판되고 있다. 하지만 내연 기관 엔진에 비하면 탄생한 지 얼마 되지 않아 표준이라고 할 수 있는 구조가 없고, 여러 가지 유형이 난립하고 있다. 이런 가운데 비교적 간단한 시스템으로 하이브리드화가 가능한 것이 **병렬식 하이브리드**다.

엔진과 변속기 사이에 모터를 배치하고 인버터/컨버터를 통해 배터리와 연결하면 병렬식 하이브리드가 된다. 발진을 할 때나 가속을 할 때 등 엔진이 큰 부하를 받으면 모터를 작동시켜서 엔진을 보조하며, 감속할 때는 모터를 발전기로 작동시켜 회생 제동으로 전력을 배터리에 저장한다. 모터가 이런 위치에 있으면 시동용 모터로도 사용할 수 있다. 예를 들어 발진을 할 때는 모터만을 작동시킨다. 이렇게 해서 자동차가 움직이기 시작하면 동시에 그 힘으로 엔진에 시동이 걸려 엔진만으로도 구동할 수 있다.

두 종류의 동력원이 구동륜을 공유하지 않는 병렬식 하이브리드 시스템도 있다. 예를 들어 앞바퀴에는 FF와 같은 구조로 엔진과 변속기, 디퍼렌셜 기어를 장착하고 뒷바퀴에는 전용 구동 장치로서 모터와 디퍼렌셜 기어 등을 장착한다. 하이브리드 4WD라고도 할 수 있는 구조다. 이 구조라면 동력 전달 장치를 공유하는 부분이 없으므로 FF를 바탕으로 비교적 간단하게 하이브리드화를 달성할 수 있다. 뒷바퀴의 회생 제동으로 축적한 전력을 이용해 발진할 때나 가속할 때 뒷바퀴를 모터로 구동해서 엔진 구동을 보조한다. 또 코너링을 할 때에 4WD 주행(뒷바퀴 구동)을 해서 안전성을 높일 수도 있다.

| 그림 1 | 병렬식 하이브리드 1 |

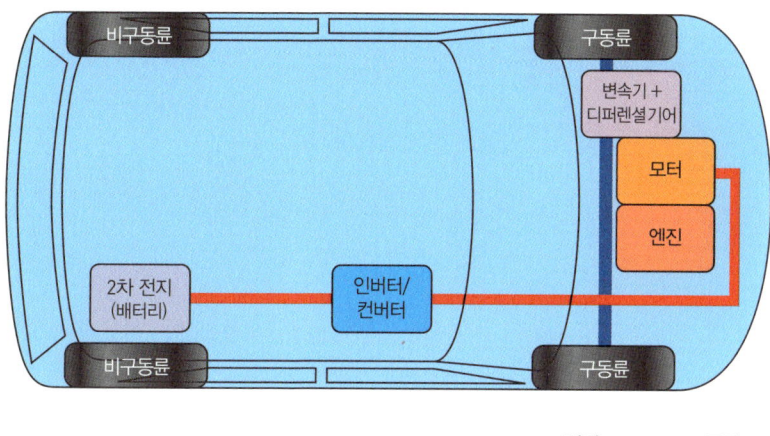

엔진과 변속기 사이에 모터를 배치하면 병렬식 하이브리드가 된다. 이 방식이라면 구동용 모터를 스타터 모터로 사용할 수도 있다.

| 그림 2 | 병렬식 하이브리드 2(하이브리드 4WD) |

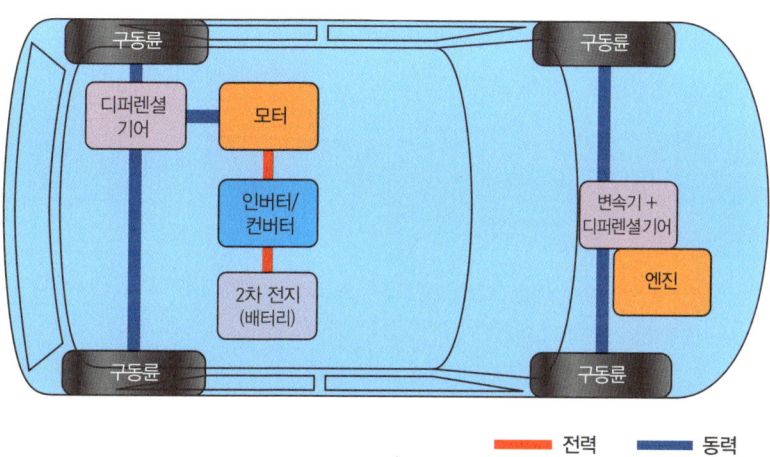

엔진과 모터의 구동 장치를 독립시킨 병렬식 하이브리드. FF를 바탕으로 비교적 간단히 하이브리드화를 이룰 수 있다. 4WD가 되어 안전성을 높일 수도 있다.

동력 분기식 하이브리드

양쪽 동력원을 효율적으로 사용해 주행한다

판매 대수만 놓고 보자면 하이브리드 자동차의 주류라고 할 수 있는 도요타의 프리우스는 직렬식과 병렬식 양쪽을 조합한 방식으로, **동력 분기식 하이브리드**라고도 한다. 구동용 모터와 발전용 발전기를 갖추고, 엔진의 회전은 동력 분배 기구를 통해 구동 장치와 발전기에 전달된다. 구동 장치에는 모터의 회전도 전달된다. 동력 분배 기구는 유성기어를 이용하며, 엔진의 회전을 구동 장치와 발전기 양쪽에 보낼 수도 있고 발전기에만 보낼 수도 있다. 이 시스템을 통해 엔진의 회전을 병렬식처럼 구동에 사용하거나 직렬식처럼 발전에 사용할 수 있다.

다양한 제어 방법을 생각할 수 있는데, 현재는 시동을 걸고 저속 주행을 할 때 배터리에 축적된 전력을 사용해 모터 구동을 한다. 그리고 통상 주행에 들어가면 엔진을 시동해 회전을 구동 장치와 발전기 양쪽에 전달함으로써 엔진 구동과 모터 구동을 병용한다. 급가속을 할 때나 급경사를 주행할 때는 배터리에 축적된 전력도 사용해 모터 구동으로 엔진을 보조한다. 이를 통해 엔진 효율이 떨어지는 것을 막는다. 감속할 때는 회생 제동을 해서 모터로 배터리를 충전한다. 정차 시에는 일반적으로 엔진을 정지하지만, 배터리의 축전량이 부족할 경우 엔진을 가동해 발전을 한다. 통상 주행을 할 때도 축전량이 부족하면 엔진 효율이 저하되지 않는 범위에서 능력을 높여 발전과 충전을 한다.

현재는 배터리의 용량을 키우는 동시에 외부 충전을 가능하게 만든 **플러그인 하이브리드**도 있다. 휘발유보다 전기 에너지의 비용이 더 저렴하기 때문에 통상적인 하이브리드 이상으로 주행 비용을 아낄 수 있다.

그림 1 동력 분기식 하이브리드

발전 시/저속 시

2차 전지의 전력을 사용해 모터 구동만을 한다.

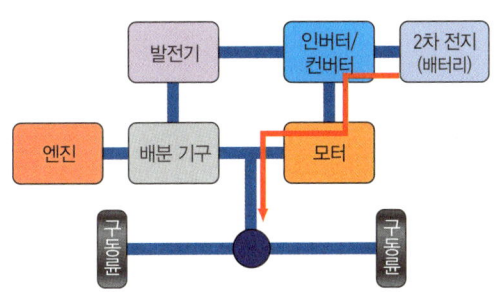

통상 주행 시

엔진 구동과 함께 엔진으로 발전한 전력으로 모터 구동도 한다.

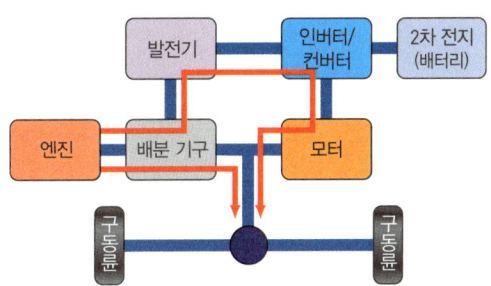

고부하 시

엔진 구동과 모터 구동을 병용하지만, 2차 전지의 전력도 사용해 모터 구동의 비율을 높인다.

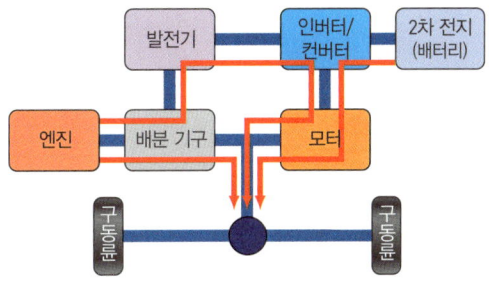

감속 시

모터로 회생 제동을 하고, 발전한 전력을 2차 전지에 저장한다.

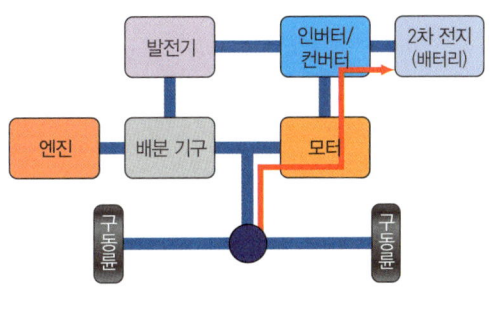

참고 문헌

《자동차 메커니즘 도감》 이데이 다다아키, 그랑프리 출판, 1994년
《속 자동차 메커니즘 도감》 이데이 다다아키, 그랑프리 출판, 1986년
《도해 자동차 공학 입문》 이데이 다다아키, 그랑프리 출판, 1990년
《엔진 기술의 과거·현재·미래》 세나 도모카즈, 그랑프리 출판, 1997년
《엔진 과학 : 가솔린 엔진의 기초 원리부터 최신 기술까지》 세나 도모카즈·가쓰라기 요지, 그랑프리 출판, 1997년
《엔진은 이렇게 되어 있다》 GP 기획 센터 편저, 그랑프리 출판, 1994년
《자동차의 섀시는 이렇게 되어 있다》 GP 기획 센터 편저, 그랑프리 출판, 1995년
《자동차의 메커니즘은 어떻게 되어 있을까? : 엔진 계열》 GP 기획 센터 편저, 그랑프리 출판, 1992년
《엔진의 기초 지식과 최신 메커니즘》 GP 기획 센터 편저, 그랑프리 출판, 1999년
《자동차 용어 핸드북》 GP 기획 센터 편저, 그랑프리 출판, 1993년
《소사전·기계의 구조 : 우리 주변의 기계를 이해하자》 이시바시 세이이치·기시모토 사토루·요시무라 야스오·오시마 도시오·기시모토 유키오 옮김, 고단샤, 1991년
《가솔린 엔진 구조》 전국 자동차 정비 전문학교 협회 편저, 전국 자동차 정비 전문학교 협회, 2005년
《디젤 엔진 구조》 전국 자동차 정비 전문학교 협회 편저, 전국 자동차 정비 전문학교 협회, 2004년
《섀시 구조 1》 전국 자동차 정비 전문학교 협회 편저, 전국 자동차 정비 전문학교 협회, 2004년
《섀시 구조 2》 전국 자동차 정비 전문학교 협회 편저, 전국 자동차 정비 전문학교 협회, 2004년
《자동차용 전장품의 구조》 전국 자동차 정비 전문학교 협회 편저, 산카이도, 1988년
《자동차의 특수 기구》 전국 자동차 정비 전문학교 협회 편저, 산카이도, 1989년
《철저 도해 자동차의 엔진》 우라토치 시게오, 산카이도, 1993년
《그림으로 보고 이해! 자동차의 엔진 : 시원하게 이해할 수 있는 메커니즘 입문서》 우라토치 시게오, 산카이도, 2005년
《자동차 용어 사전》 하타케야마 시게노부·오시카와 히로아키 편저, 산카이도, 1980년
《도해 잡학 자동차의 구조》 미즈키 신페이 감수, 나쓰메사, 2002년

《도해 잡학 자동차의 메커니즘》 후루카와 요시미 감수, 나쓰메사, 2007년
《기계 공학 용어 사전》 니시카와 가네야스·다카다 마사루 감수, 이공학사, 1996년
《도해 입문 쉽게 이해하는 최신 자동차의 기본과 구조》 다마다 마사시·후지와라 노리아키, 슈와시스템, 2009년
《TOYOTA 서비스 스태프 기술 습득서》 도요타 자동차 서비스부

찾아보기

A~Z

2WD   112, 142
4WD   112, 142, 144, 146
ABS   160
AMT   117
AT   116
ATF   110, 130
CVT   116, 132
DOHC식   60
EGR   73
EV   200, 206, 207, 210
FCEV   200, 208
FF   112, 113
FR   112, 113
G센서   160
HEV   200
LLC   93
LSD   138
MR   113
MT   116
OHC식   60
RR   113
SOHC식   60
V형   54
X자형 계통식   152

가

가변 밸브 시스템   62, 70
가속저항   30
가속 페달   70, 89, 90, 124, 172
가속도   20, 21, 160
가솔린 엔진   34, 36~38, 40, 46, 48, 52, 82, 88, 104, 200
가압 냉각   94
가압 밸브   94, 95
각속도   140, 141
감속 기구   102, 103, 171
감쇠력   180, 181
건식 단판 클러치   121
경량화   20, 50, 56, 108, 140, 196, 202, 208
공기저항   30, 31
공기 청정기   68, 69, 71
공기압   192, 193
공명식 소음기   77
공연비   78, 79, 90
공회전   18, 19, 118, 134, 138, 139
과급   64, 65, 108, 109
과급 장치   64, 65
관성 모멘트   48, 49, 121

관성저항   30
관성력   22, 23, 30, 60, 176~178, 197
관성의 법칙   22, 164
구동   12, 13, 22, 26, 60, 61, 71, 92, 93, 96~98, 106, 112, 147, 166, 204, 206, 210~215
구동력   16, 18, 19, 20, 21, 27~29, 31, 42, 114, 124, 142~144, 150, 166, 174, 176, 177, 188, 189, 190, 192
구동축   113, 136, 137, 140, 141, 194, 206
구름저항   30, 31, 186, 189, 192
구배저항   30
구심력   164~167
기밀 작용   100, 101
기통   48~50, 52~58, 66, 69, 72, 73, 82, 84, 88, 102

나

날개차   108, 109, 122~124

내연 기관　32, 33, 200, 201, 204, 212
냉각 손실　40, 41, 73, 96
냉각 작용　100, 101
냉각 장치　64, 65, 89, 92~94, 96
냉각액　89, 92~97
냉각팬　92, 93, 96
노즈다이브　176, 177
노즈업　176, 177

다

다기통 엔진　48, 54
다이어프램　158, 159
다판 클러치　121, 138, 145
단속 기구　112, 113, 116, 132
단속 장치　113, 120
더블 오버헤드 캠축식　60
더블 위시본식　184, 185
도르래　114
독립 현가식 서스펜션　182~184
동기 기구　118
동력 분기식 하이브리드　214, 215
동력 전달 장치　112, 136, 172, 212
동변계　58, 64, 65
드럼 브레이크　152, 156, 157, 162
등속 조인트　140, 141
등판저항　30
디스크 로터　154, 155
디스크 브레이크　154~156, 162
디스크 휠　194

디젤 엔진　38, 39, 52
디퍼렌셜 기어　112, 113, 131, 134, 136~140, 144~147, 182, 206, 211~213
디퍼렌셜 케이스　136
디퍼렌셜 사이드 기어　136, 137
디퍼렌셜 피니언 기어　136, 137

라

라디에이터　92~95, 97, 108
래칫 기구　162, 163
랙　134, 135, 168~171
랙 기어　114
랙 앤드 피니언식　168
로어암　184, 185
로커암식　59
로크업　150, 160, 198
로크업 기구　124
로크업 클러치　124, 125
로터리 엔진　39, 44
롤링　176, 177
리딩 트레일링 슈 형식　156
리튬이온 전지　206~208
링 기어　128, 129, 131
링크　168, 178

마

마그네틱 스위치　102, 103
마찰　16~19, 30, 31, 41, 92, 98, 100, 101, 118, 120, 121, 124, 150~154, 156, 166, 170, 174, 180
마찰 계수　18
마찰 손실　41, 98

마찰저항　30
마찰 클러치　116, 117, 120, 121
마찰력　16, 18~20, 28, 138, 142, 143, 150, 151, 156, 157, 160, 166, 167, 170, 186~189, 194
맥퍼슨 스트럿식　184, 185
머플러　72, 73, 76, 77, 109
멀티 링크식　184
무보수 배터리　106
미연 손실　40, 41
민둥타이어　188

바

바깥기어　114, 115, 128, 134~137, 162
바이패스 경로　96, 97, 109
반력　16, 17, 19, 142, 143, 150, 151, 154, 155, 164~167
방청 작용　100, 101
배기 간섭　72, 73
배기 매니폴드　72~74
배기 밸브　34~37, 39, 51, 62, 63
배기 손실　40, 41, 108
배기 장치　64, 65, 72, 74
배기 포트　34, 35, 50, 51, 72, 73, 81
배기 행정　36~39, 49, 62, 72
배기가스　35, 37, 38, 40, 41, 72~76, 90, 109
배기가스 재순환　73

배기관 72, 73, 76, 77
배기량 52~54
배력 장치 153, 158, 159, 161
배선 84, 87
배터리 82, 85, 103, 106, 107,
　　　206, 207, 208~215
배터리 방전 106
밸브 스템 58, 98
밸브 스프링 58, 59
밸브 시스템 50, 51, 58, 60
밸브 오버랩 62
밸브 타이밍 62, 63
밸브 타이밍 다이어그램 62, 63
밸브 헤드 58
뱅크 54, 55, 60, 68, 73
베벨기어 114, 136, 137
베이퍼 로크 현상 156
벤틸레이티드 디스크 브레이크
　　　154
벨트 60, 61, 104, 105, 114,
　　　115, 132, 133, 187
벨트식 CVT 132, 148
벨트식 변속기 116, 117, 126,
　　　132, 133
변속기 42, 49, 110, 112~114,
　　　116~122, 124, 126,
　　　128, 130~133, 140,
　　　141, 144~147, 172, 200,
　　　211~213
변속비 114, 116~118, 124,
　　　132
병렬식 하이브리드 210~213
보조 기구류 94, 95, 160, 161
보조 탱크 94, 95, 160, 161

부변속기 130
부압 밸브 94, 95
부축 118, 119, 148
브러시리스 AC 모터 202
브레이커 186
브레이크 드럼 156, 157
브레이크 마스터 실린더 152,
　　　153, 155
브레이크 본체 152, 153,
　　　161~163, 196
브레이크 부스터 159
브레이크 슈 156, 157
브레이크 오일 110, 153
브레이크 캘리퍼 154
브레이크 파이프 152, 153
브레이크 패드 154, 155
브레이크 플루이드 110, 153
브레이크 호스 152, 153
브레이크 휠 실린더 156, 157
비드 와이어 186, 187
비스커스 4WD 146
비스커스 LSD 138
빅 엔드 56

사

사륜구동 112, 121, 142, 145,
　　　146
사이드 포스 142, 143, 166,
　　　167
사이드월 186, 187, 190
4행정 사이클 엔진 34
4스트로크 엔진 34
삼원 촉매 74, 90
상사점 34~36, 47, 50~53, 62,

　　　63, 88
상호 유도 작용 82~84
서모스탯 93, 96, 97
서지 탱크 68, 69
세정 작용 101
센터 디퍼렌셜 기어 144, 145
소음기 76
손실 16, 24, 40, 41, 62, 68,
　　　70, 73, 84, 90 ,96, 98, 108,
　　　124, 126, 172
쇼크 업소버 180, 181,
　　　183~185
숄더 186, 187, 190
수동 변속기 110, 112,
　　　116~121, 130, 172
수막현상 188, 192
수평 대향형 54, 55, 60, 68, 73
스로틀 밸브 69, 70, 71, 89, 90
스몰 엔드 56
스윙암식 58, 59
스타터 모터 102~104, 112,
　　　213
스탠딩 웨이브 현상 192, 193
스탠바이 4WD 146, 147
스테이터 122, 123, 125
스프로킷 46, 47, 60
스프링 하중량 196, 197
슬리브 118, 119
습식 다판 클러치 121, 138,
　　　145
승압 82~85
시동 장치 64, 65, 102, 103
실린더 32~40, 48, 50~53, 56,
　　　62, 68, 72, 73, 80, 81, 86,

88, 92, 98
실린더 배열　54, 55, 57
실린더 블록　50, 51, 56, 64, 65, 92, 98, 100
실린더 용적　52, 53, 108
실린더 헤드　50, 51, 56, 64, 65, 72, 86, 87, 92, 98
실린더 헤드 커버　50, 51
싱글 오버헤드 캠축식　60

아

아이들링　42, 124
아이들링 스톱 앤 고　102, 103
안기어　114, 115, 128
알터네이터　104~106
암　56, 58, 60, 168, 178, 182, 184, 185
압력저항　30
압축 행정　36~39, 49, 80, 81, 102
압축비　52, 53, 80, 108
어퍼암　184, 185
에너지 보존의 법칙　24, 25
에어 덕트　68, 69
에어 플로 미터　88, 89
엔진 다운사이징　108
엔진 본체　64, 65, 99, 100
엔진 브레이크　172
엔진 오일　50, 92, 98~101, 110
엔진 컨트롤 유닛　71, 85, 88, 89
연료 분사 장치　78
연료 공급 장치　64, 65, 78, 79, 88

연료 전지 전기 자동차　200, 201, 208
연료 탱크　78, 79, 81
연료 파이프　78, 79
연료 펌프　78~80
연료 호스　78, 79
연소실　34, 35, 38, 50~54, 56, 58, 59, 64, 74, 80, 86, 100, 101
연소실 내 분사식　80, 81
연소실 용적　52, 53
연소·팽창 행정　36~40, 48~50, 56, 57, 82, 100, 181
열기관　32, 33
열에너지　24~26, 30, 32, 33, 36, 40, 41, 52, 76, 77, 94, 121, 124, 152, 180, 204
열효율　40
영구 자석형 동기 모터　202, 203, 206
옆 미끄럼 각　166, 167
오리피스　180, 181
오버러닝 클러치　102, 103
오버쿨　96
오버헤드 캠축식　60
오버 히트　92
오일 갤러리　98, 99
오일 스트레이너　98, 99
오일 필터　98, 99, 101
오일 팬　50, 51, 98~101
오일펌프　98, 99, 127, 148
완충 작용　100, 101
왕복 엔진　34, 38, 39, 44, 46
외연 기관　32, 33

운동 에너지　24~28, 30, 32~36, 38, 40~42, 48, 52, 77, 120~122, 124, 152, 180, 201, 202, 204, 205, 211
워터 재킷　92, 93, 97
워터 펌프　92, 93, 97
원심력　88, 164~167, 176, 177
원판　48, 70, 102, 120, 121, 154
위치 에너지　26~28
유니버설 조인트　140, 169, 171
유성기어　114, 128~131, 144, 214
유성기어식 변속기　116, 117, 128, 130, 131
유압 기구　126, 127, 130, 152, 153, 156, 158, 180
유압 댐퍼　178~180
유압 제어 유닛　160
유압식 파워 스티어링　170, 171
유체 클러치　122, 123, 125
윤활 작용　100, 101
윤활 장치　64, 65, 92, 98~100
이그나이터　84, 85
이그조스트 노트　77
이륜구동　112, 142
2차 전지 전기 자동차　200, 201, 206, 207
인버터　202, 204~207, 209, 211, 213, 215
인젝터　51, 78~81
인치업　190
인터쿨러　108, 109
입력축　116, 118, 119

221

자

자기 배력 작용 156, 157
작용·반작용의 법칙 16
전기 에너지 83, 106, 200~202,
    204, 205, 207, 208, 211
전기 자동차 200~202, 204
전동식 파워 스티어링 170, 171
전자 제어 LSD 138
전자 제어 스로틀 시스템 70,
    71, 89
점화 순서 56, 57
점화 시기 65, 88, 89
점화 장치 64, 65, 82, 84, 85,
    88, 104, 105
점화 코일 82, 84, 85
점화 플러그 34~37, 50, 51, 54,
    59, 60, 82, 84~87, 90, 92
접지 전극 86, 87
정류 장치 204
제동 12, 13, 152, 160, 166,
    174, 176, 210, 211
제동 기구 130
제동 장치 159, 204
조향 12, 13, 164, 168, 170,
    174
조향 기어 박스 168~171
조향 링크 168
조향 장치 168, 169
조향축 168~171
주운동계 56, 64
주행저항 22, 23, 30, 42, 142,
    166, 167
중량 20, 21, 28~30, 112, 150,
    170, 196, 197, 206

중심 전극 86, 87
직동식 58~61
제동력 150, 151, 156, 160,
    166, 174, 177, 188, 190,
    192
직렬 6기통 엔진 66
직렬식 하이브리드 210, 211
직렬형 54, 55
직분식 80
직접 점화 장치 84, 85, 88
진동 56, 66, 175, 178~180,
    186, 190, 196, 197
질소 충전 193

차

차동 제한 장치 138
차동 톱니바퀴 장치 144
차체 접지 87
차축 현가식 서스펜션 182, 183
착화 82, 84~86, 88
초희박 연소 90
촉매 변환기 72~75
추진축 113, 116, 137, 140,
    147, 148
축전지 104~106, 201, 206
출력축 116, 118, 119, 141
충전 장치 64, 65, 85, 104, 106
충전지 205, 206

카

카카스 코드 186, 187
캠 58~60, 98
캠 포지션 센서 88, 89
캠축 60, 61, 84, 88, 89, 98

캠축 풀리 60, 61
커넥팅 로드 47, 48, 51, 55~57
컨버터 204~207, 209,
    211~213, 215
컴퓨터 64, 65, 70, 71, 74, 78,
    79, 84, 85, 88, 89, 96, 102,
    104, 130, 132, 138, 145,
    158, 160, 161, 170, 171,
    178
코너링 포스 143, 166, 167,
    174, 177, 188
코일 스프링 178~180, 183~
    185, 196, 197
크랭크 기구 46, 47, 58
크랭크 암 57
크랭크 저널 56, 57
크랭크 포지션 센서 88, 89
크랭크 핀 55~57
크랭크축 46~48, 50, 51, 54,
    56, 57, 60, 62, 63, 88, 89,
    98, 102~105, 112
크랭크축 풀리 60, 61, 104, 105
클러치 102, 103, 112, 116~
    118, 120~125, 130, 131,
    132, 138, 144, 145
클러치 기구 118, 130
클러치 디스크 120, 121
클러치 커버 120, 121
클러치 페달 120, 121
클리핑 124, 125, 132
클린 디젤 엔진 38

타

타이로드 36, 168, 169

타이밍 벨트　60, 61
태양 기어　128, 129
터미널　86, 87, 105, 107
터보차저　64, 108, 109
터빈 러너　122, 123, 125
토션바　182, 183
토션빔식 서스펜션　183
토크　42~44, 103, 112,
　　　114~118, 120, 122~125,
　　　130, 133, 136, 138, 139,
　　　146, 148, 194, 200, 202
토크 컨버터　49, 122~125, 130,
　　　132, 172
튜브리스타이어　186
트레드　186~189
트레드 패턴　188, 189
트레일링 암　182, 183
트로이달 CVT　132, 148

파

파워 스티어링　126, 170, 171
파워 스티어링 시스템　170
파이널 기어　113, 136, 137
파킹 브레이크　162, 163
팽창식 소음기　77
펌프 손실　41, 68, 90, 108, 172
펌프 임펠러　122, 123, 125
펌핑 브레이크　198
펜트 루프형 연소실　52, 53
편평률　190, 191
평형추　56, 57
포트 분사　80, 81
풀리　105, 114, 115, 132, 133
풀타임 4WD　144~146

풋 브레이크　126, 152, 153,
　　　172
플라이휠　48, 49, 102, 103,
　　　120, 121
플러그인 EV　200
플러그인 하이브리드　210, 214
플루이드　110, 127, 130, 153
피니언 기어　102, 103, 128,
　　　129, 131, 136, 137,
　　　168~171
피니언 기어 캐리어　128, 129
피스톤　32~40, 44, 46~53,
　　　55~57, 62, 68, 81, 84, 88,
　　　96, 98, 100, 101, 109, 126,
　　　152~155, 158, 170, 171,
　　　180, 181
피스톤 로드　180, 181
피스톤 실　154, 155
피스톤 엔진　34

하

하사점　34, 36, 47, 52, 53, 62,
　　　63
하우징　86, 87
하이브리드 자동차　200, 201,
　　　204, 210, 212, 214
회생 제동　204~206, 208,
　　　210~212, 214, 215
회전 속도 차이　120, 144, 146,
　　　147
회전수　42~44, 54, 70, 88, 104,
　　　112, 114~116, 129, 130,
　　　140, 210
회전축　46, 56, 57, 66, 102,

114, 120, 121, 128, 130,
137, 140, 141, 152, 154,
168, 182, 184, 185, 194,
195, 203
훅 조인트　140, 141
휠　194, 195
휠 스핀　18, 19, 142, 143
흡기 매니폴드　68, 69, 72
흡기 밸브　34, 35, 37, 39, 51,
　　　62, 63, 70
흡기 부압　88, 158, 159
흡기 온도 센서　89
흡기 포트　34~36, 50, 51, 80,
　　　81
흡기 행정　36~39, 49, 62, 68,
　　　80, 81, 102
흡기구　58, 59
흡기 장치　64, 65, 68, 69
흡배기 밸브　50, 51, 53, 58,
　　　60~62, 68
흡음식 소음기　77
희박 연소　90

옮긴이 **김정환**

건국대학교를 졸업하고, 일본외국어전문학교 일한통역과를 수료했다. 현재 번역 에이전시 엔터스코리아에서 출판 기획과 일본어 전문 번역가로 활동 중이다. 역서로《자동차 정비 교과서》《경영에 불가능은 없다》《사업에 불가능은 없다》《일과 인생에 불가능은 없다》《손정의 열정을 현실로 만드는 힘》《회사는 어떻게 강해지는가》《생각정리 프레임워크50》《머릿속 정리의 기술》등이 있다.

자동차 구조 교과서
전문가에게 절대 기죽지 않는 자동차 마니아의 메커니즘 해설

1판 1쇄 펴낸 날 2015년 8월 20일
1판 12쇄 펴낸 날 2023년 4월 25일

지은이 | 아오야마 모토오
옮긴이 | 김정환
감　수 | 임옥택

펴낸이 | 박윤태
펴낸곳 | 보누스
등　록 | 2001년 8월 17일 제313-2002-179호
주　소 | 서울시 마포구 동교로12안길 31 보누스 4층
전　화 | 02-333-3114
팩　스 | 02-3143-3254
이메일 | bonus@bonusbook.co.kr

ISBN 978-89-6494-219-2 13550

• 책값은 뒤표지에 있습니다.

보누스 지적생활자를 위한 교과서 시리즈

기상 예측 교과서
후루카와 다케히코 외 지음
신찬 옮김 | 272면

다리 구조 교과서
시오이 유키타케 지음
문지영 감수 | 240면

로드바이크 진화론
나카자와 다카시 지음
김정환 옮김 | 232면

악기 구조 교과서
야나기다 마스조 외 지음
최원석 감수 | 228면

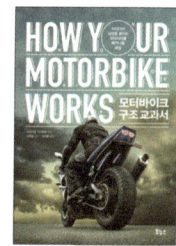
모터바이크 구조 교과서
이치카와 가쓰히코 지음
조정호 감수 | 216면

비행기 구조 교과서
나카무라 간지 지음
김영남 감수 | 232면

비행기 엔진 교과서
나카무라 간지 지음
김영남 감수 | 232면

비행기 역학 교과서
고바야시 아키오 지음
임진식 감수 | 256면

비행기 조종 교과서
나카무라 간지 지음
김영남 감수 | 232면

헬리콥터 조종 교과서
스즈키 히데오 지음
김정환 옮김 | 204면

전술의 본질
기모토 히로아키 지음
강태욱 옮김 | 208면

권총의 과학
가노 요시노리 지음
신찬 옮김 | 240면

총의 과학
가노 요시노리 지음
신찬 옮김 | 236면

고제희의 정통 풍수 교과서
고제희 지음 | 416면

꼬마빌딩 건축 실전 교과서
김주창 지음 | 313면

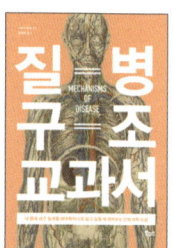
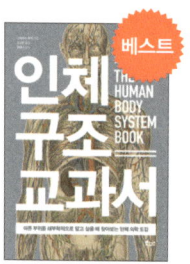
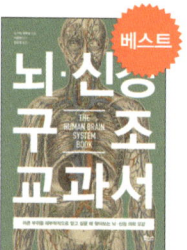
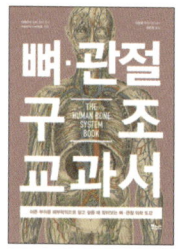
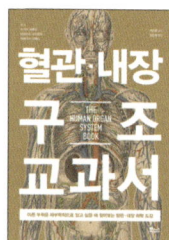

질병 구조 교과서
나라 노부오 감수
윤경희 옮김 | 208면

인체 구조 교과서
다케우치 슈지 지음
전재우 감수 | 208면

뇌·신경 구조 교과서
노가미 하루오 지음
이문영 감수 | 200면

뼈·관절 구조 교과서
마쓰무라 다카히로 지음
다케우치슈지, 이문영 감수
204면

혈관·내장 구조 교과서
노가미 하루오 외 지음
이문영 감수 | 220면

인체 면역학 교과서
스즈키 류지 지음
김홍배 감수 | 208면

인체 생리학 교과서
이시카와 다카시,
김홍배 감수 | 243면

인체 영양학 교과서
가와시마 유키코,
김재일 감수 | 256면

자동차 구조 교과서
아오야마 모토오 지음
임옥택 감수 | 224면

자동차 에코기술 교과서
다가네 히데유키 지음
류민 감수 | 200면

자동차 운전 교과서
가와사키 준코 지음
주재홍 외 감수 | 208면

자동차 정비 교과서
와키모리 히로시 지음
김태천 감수 | 216면

자동차 첨단기술 교과서
다가네 히데유키 지음
임옥택 감수 | 208면

전기차 첨단기술 교과서
톰 덴튼 지음 | 384면

세계 명작 엔진 교과서
스즈키 다카시 지음 | 304면

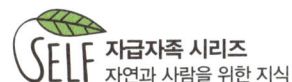

자급자족 시리즈
자연과 사람을 위한 지식

낚시 매듭 교과서
다자와 아키라 지음 | 128면

농촌생활 교과서
성미당출판 지음 | 272면

매듭 교과서
니혼분게이샤 지음 | 224면

무비료 텃밭농사 교과서
오카모토 요리타카 지음 | 264면

부시크래프트 캠핑 교과서
가와구치 타쿠 지음 | 264면

산속생활 교과서
오우치 마사노부 지음 | 224면

**전원생활자를 위한
자급자족 도구 교과서**
크리스 피터슨·필립 슈미트 지음
236면

집수리 셀프 교과서
맷 웨버 지음 | 240면

태양광 메이커 교과서
정해원 지음 | 192면

태양광 발전기 교과서
나카무라 마사히로 지음 | 184면

목공 짜맞춤 교과서
테리 놀 지음 | 224면

**텃밭 농사 흙 만들기
비료 사용법 교과서**
이에노히카리협회 지음 | 160면

| 인문·교양

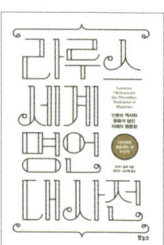

**라루스
세계 명언 대사전**

모리스 말루 지음 | 832면

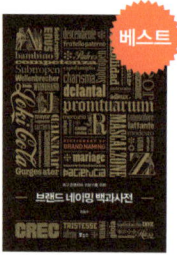

**브랜드 네이밍
백과사전**

류동수 지음 | 752면

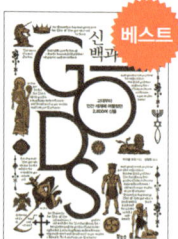

신 백과사전

마이클 조던 지음 | 728면

악마 백과사전

프레드 게팅스 지음 | 552면

정적을 제거하는 비책

마수취안 지음 | 493면

**섬문화 답사기
: 신안편**

김준 지음 | 712면

**섬문화 답사기
: 여수 고흥편**

김준 지음 | 656면

**섬문화 답사기
: 완도편**

김준 지음 | 600면

**섬문화 답사기
: 진도 제주편**

김준 지음 | 648면

**섬문화 답사기
: 통영편**

김준 지음 | 464면

| 헬스케어

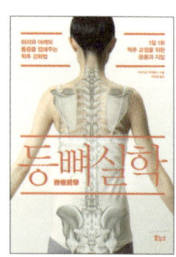

등뼈실학

이시가키 히데토시 지음
이진원 옮김 | 152면

**절반만 먹어야
두 배 오래 산다**

후나세 슌스케 지음
오시연 옮김 | 264면

**아프다면 만성염증
때문입니다**

이케타니 도시로 지음
오시연 옮김 | 216면

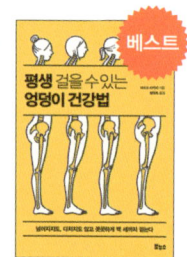

**평생 걸을 수 있는
엉덩이 건강법**

마쓰오 다카시 지음
황미숙 옮김 | 200면

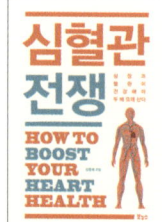

심혈관 전쟁

김홍배 지음 | 200면